林富士

Red Lips and Black Teeth:
A Cultural History of Betel Nuts

縱觀檳榔文化史

紅唇與黑齒

林富士 著

三民書局

推薦序

中央研究院院士　杜正勝

檳榔微物也，唯其用大矣哉！

這句借中國古文格式來稱述販夫走卒習知的小東西，讀過林富士教授這本論述中國中古時代檳榔文化的遺著，應該會一目了然，也會覺得「其用大矣」四字還遠遠不足以說盡其實際。所謂知微見著，本書毋寧說是從檳榔鉤畫一幅歷史長景 (panorama)，涵蓋東南亞作核心的大陸與海洋廣大地區。

百年來，世界史學潮流普遍地從上層研究導向下層，形成一波波新史學；其中一個領域是想藉慣常習見的事事物物透視歷史面貌。於是在不同階段構成各有特色的新史學，但基本上都環繞著社會與人群，故亦謂之新社會史。新社會史基於歷史乃有機聯繫之整體的認知，當探索社會人群的生活和文化時，以小見大，從看似不足輕重的事物揭發歷史發展的重要現象。

三十多年前我提出這樣的研究，第一次公開演講「什麼是新社會史」時 (1992)，舉幾個例證以討論方法學，如盜墓、鬍髯和床榻，淺嚐而止，以後也沒有再就個別課題深入研究。及至三十年後，看到富士這份書稿，深獲我心，油然興起知音的喜悅，也感佩他為「什麼是新社會史」做出經

典的示範。然而遺憾的是，想不到他竟英年早逝，私情懷念之餘更惋惜史學界一大損失。

　　本書呈現的檳榔文化，時間集中在中國中古時期，部分篇章下逮清代臺灣，據整理富士遺稿的學友說，宋、元、明、清的基本資料，他已收集齊備，因病而未能論述成篇。不過，就現在彙整出來的中古時代而言，他不但開發一個歷史研究新領域，讓我們清楚地了解檳榔在中國有過非常豐富而有趣的歷史，也提供一個歷史研究的新架構，深刻地解析外來名物參與社會、生活和文化的交錯關係。

　　中文「檳榔」兩字一望即知是形聲的外來語，據本書考證，中國文獻先寫作「賓桹」，後作「檳榔」，都是標音。其字根「賓」和「郎」，不論各別文字或合成一詞，中文的意義都和綠皮白肉的橢圓形果子扯不上關係。這種果子臺灣原住民族怎麼稱呼，我沒有考查，但臺灣話（閩南語）稱作 Pineny，據考可能源自馬來語 Pinang，應該先傳到閩粵沿海，擴及內陸地區，後來再從福建傳到臺灣。

　　檳榔散布地域甚廣，主要集中在南島語族聚居地，關於各地的原名、植物學上的原生地、其文化面貌，是單一起源或多地發展等等問題的探討，一兩百年前興盛的歷史語言學 (philology)，這也是歐洲東方學者所擅長的研究法，現在應該還值得借鏡。譬如我年輕時翻譯德裔美國學者 Berthold Laufer 的 *Sino-Iranica*（1903；中譯勞佛，《中國與伊朗》，1975）是此道的翹楚。勞佛論述伊朗傳入中國的植物、礦物以及中國傳往伊朗的名物，利用他具備古今多種語文的素養，根據文獻逐一考辨，因而追尋傳播的歷程，檳榔研究的意趣委實與之相近。本書雖然在這方面有所嘗試，唯語文論據

猶有不足，此固時代學風之差異，也是我們的學術訓練比較缺乏之故。不過現在考察名物的原鄉與傳播痕跡可以憑藉的資料和方法比前賢所能應用者豐富而且多樣，不限於 philology，本書研究檳榔所列舉的方法路徑乃更加詳備，這雖然是學術發展的結果，但和作者方法學思考之周密也有關係。

一流的歷史語言學者（或訓詁考據家）不會單單滿足於考辨文物，多能以「物」見「人」，關注社會文化。上面提到的 *Sino-Iranica*，附標題就是 *Chinese Contributions to the History of Civilization in Ancient Iran With Special Reference to the History of Cultivated Plants and Products* ，我譯作「古代伊朗與中國之文化交流」。本書考察漢至南北朝檳榔傳入中國，而後隋唐五代繼續擴展，作者關注的即是檳榔引發的文化現象。

林富士教授斷定檳榔傳入中國始自漢朝，即使文獻證據不多，但從海洋史來看，仍有合理的背景和條件。中國雖然在春秋時代就有「四海」的觀念和詞彙，但先秦的中國人真正看到的海則只有東海和南海而已，北海和西海只為符應「四方」才湊合出來，至若親身經驗，已晚到兩漢了。即使是對東方海面，中國人也想像多於真實，燕齊海上方士創造三神山，誘引王侯追求不死之藥，講的越神奇就證明越缺乏了解。

南海倒比較不同，《漢書‧地理志》說南海交趾七郡，「中國往商賈者多取富焉」。這七郡包括今天的廣東、廣西到越南中北部，中國商人去那邊收購犀角、象牙、玳瑁、真珠等特產，賣回國內，因而致富；貿易都會設在番禺，即今之廣州。至於遙遠的南方，從越南中部以南，包括許多陸地東南亞與海島東南亞國家，「自武帝以來皆獻見」；而中國也派遣使臣攜帶黃金絲綢去購買「明珠、壁（璧）流離、奇石異物。」

　　中國與南海諸國既然互遣使節，民間行為往往先於官方，必然早已有所往來。遠程貿易追求高利潤，故多集中在珍貴的犀角、象牙或珊瑚等奢侈品，然而像日常食用的檳榔，大概也會隨著移動人口的生活習慣傳入。中國人首先可能抱著好奇的態度，當作遠方異物看待；由於其味滑美可口，遂成為蔬果之類的食物，打入庶民生活。對於這個新物產認識越深，發現它還有醫療效果，遂納入本草藥書。中國人認為檳榔味辛性溫，無毒，可以助消化、治水腫，繼而晉升為道教養生的神祕醫療品，如陶弘景所說：「殺三蟲，去伏屍、治寸白。」兼具治病與長生的功能。

　　新物品帶有原生地文化，到了另一地方又會在地化，形成新文化。檳榔既然這麼奇妙，它的用途越廣，便越發貴重，不但是達官貴人酬酢餽贈的禮品，也是供養高僧大德的物品。這段檳榔榮光歷史，是本書作者辛勤爬梳中古史籍文獻的成果，他的識見則具有發矇振聵之功。

　　一種外來物品如果能打入主流社會，又成為主流意識，它的地位就確立了，富士教授引用東晉俞益期的《與韓康伯牋》就是有力的例證。俞益期南遊，看到檳榔樹，吃了檳榔，有感而寫信給友人，描述檳榔樹和果的樣子，講他漫步林下寥朗蕭條的心情，遺憾因檳榔「性不耐霜，不得北植」，是以「弗遇長者之目」而「令人恨深」。可見以想魏晉名士在修直亭亭的檳榔林下長吟的幽境，主流意識檳榔被視與松、竹、梅或菊花同一層次了。檳榔這種外來常物的確進入中國社會的主流文化，難怪富士教授說，五、六世紀，檳榔成為統治階級的身分象徵。

　　本書建構檳榔傳入中國而形成特殊文化的過程，從少數人的好奇，到大眾的食物和上等禮品，又成為藥用植物，方士追求長生，名士風雅相尚，

都離不開檳榔。本書的研究實可作為從名物考察文化交流的典範。

常言道，歷史著作是古今的對話，也是作者與史料的對話。一流歷史家關注的課題多離不開他的現代，富士教授論檳榔歷史而從「檳榔西施」說起，就是具體的呈現。本書從過去審視現在，也從現在解讀過去，隨處可見，而瘟疫和食品安全兩專章尤其透露他這方面的治史風格。然而檳榔文化這個課題在現代的臺灣很容易陷於政治不正確，但他並沒有迴避。

歷史上曾經歷榮光百千年的檳榔，多年來在臺灣面臨很尷尬的局面。政府和社會說它破壞水土，是土壤流失的罪魁，（但高山蔬菜和高山水果呢？）醫生說它是口腔癌的禍首，（與中醫學相去何其遙遠！）宗教界也把它列為十戒之一，（好像從不知道它是過去供養高僧大德的珍異口味？）我想歷史情境不同了，富士教授研究檳榔雖然帶點打抱不平的意味，當無恢復其歷史榮光之意圖，只不過一秉他的治學風格，堅持「求真」的精神而已吧。

在研究計畫執行過程中，他籌辦過一個檳榔巡迴展覽，頗受到牙醫學界某資深教授的壓力，而能淡定處理，我想因有理據，故能淡然。現在從這本遺著，仍可感受他那種尊重史實的韌性，也讓我們體會雖千萬人吾往矣的氣概。古人有云：「讀其書而知其人」，富士教授其可謂學術界的俠者乎！

附帶說明，本書係富士教授十餘年前國科會研究計畫的多篇報告，與已發表和未發表論文的集結，生前未能集成書，今經友人陳元朋教授和及門弟子陳藝勻博士整理，又獲得三民書局蕭遠芬小姐規劃出版，他們雖或追念故人舊誼，實亦有功於學界，深足可感，是為序。

杜正勝

西元 2023 年 8 月 15 日於史語所

推薦序

國家中醫藥研究所所長　蘇奕彰

　　林富士教授是我非常敬佩的歷史學者,我們都來自農業為主的雲林縣,富士長我五歲,我習慣稱他「富士兄」。

　　1994 年富士兄於美國普林斯頓大學取得博士學位返回史語所服務,1995 年任史語所副研究員;我也在 1995 年取得中國醫藥大學中醫研究所博士學位,並留在校任副教授,兼任中醫基礎學科主任,負責醫學史、中醫文獻學,以及《內經》、《難經》等中醫經典課程的教學。中醫歷史與經典課程一直是傳統中醫教育的核心,早期教師多為在 1949 年前後來臺的各省中醫菁英,在中醫典籍文獻領域功力深厚。1990 年後,大師級中醫前輩多數凋零,固然不缺興趣閱讀中醫典籍的研究生,但未經史學與文獻學扎實的訓練,無法成為大學殿堂的教師與研究學者!

　　2000 年無意間閱讀到杜正勝先生〈形體、精氣與魂魄——中國傳統對「人」認識的形成〉一文,心裡非常驚喜,因為「形體、精氣與魂魄」正是中醫基礎醫學的核心議題,隨即到史語所向時任所長的杜正勝先生請益,杜先生親切的介紹有關「新史學」與「生命醫療史」的內容,這對一直侷限於醫學視野的我無異是耳目一新。此後,史語所舉辦的「亞洲醫學史學

會」年會與所慶的學術研討會，被我列為必參加的學術活動。就在 2004 年第二次年會「宗教與醫療」學術研討會上，我與富士兄一見如故，也開啟近二十年的深厚情誼。

富士兄的四個研究領域（巫覡研究、精魅文化、祝由醫學、檳榔文化）都與中醫相關，《黃帝內經》開始記載有關鬼神治病、祝由醫學的內容；我們童年常在農村與廟會中活動，習慣了赤腳仙、乩童、爐丹、道符的存在；檳榔更是常見的中藥與生活文化中的特殊品項；而為了解中醫基礎醫學核心議題「形體、精氣與魂魄」在生命的定義、內涵與運作，我投入氣功的研究，也特別關注歷史上佛、道兩家對生命、生死與修煉的論述，這些都恰好與富士兄的研究領域相關，而各自有不同面向的看法，兩人中、西醫學與歷史文化議題交錯對話居然毫無障礙。

2006 年富士兄聽我提起臺灣四百多年醫療史中，現代醫學只占近百年，而庶民醫療（包括漢醫、宗教醫療、藥籤、草藥仙、手抄本醫書、武館的接骨整復等）在臺灣醫療史中一直被忽略！因此，在他指導下，我們進行了兩年「二十世紀初臺灣地區醫療手抄本之數位典藏」計畫。2007–2011 年，富士兄借調至中興大學，先後擔任臺文所所長、文學院院長，得地利之便，我與富士更常碰面；2008 年我接任中醫研究所所長，為了醫史文獻研究人才與師資養成，特別在碩士及博士班規劃了「醫史文獻組」，並開放非醫師研究生就讀，特別鼓勵文史哲科系所畢業生參與。富士兄更協助規劃了醫療史講座，陸續邀請時任中興大學副校長的黃寬重先生及中研院生命醫療史研究室的多位老師蒞臨演講。這個改變培養出多位研究中醫醫療史的博士，同時規劃了臺灣中醫醫療史的研究議題（2018 年由國家中

醫藥研究所開啟「臺灣中醫藥醫療文化記憶」研究，並納入該所典籍資訊組的研究重點）。在此基礎下，醫家與史家的對話成為深具學術意義的活動，2012 年 5 月在中研院近史所成立「新醫史讀書會」；6 月在中國醫藥大學成立了「臺灣中醫醫史文獻學會」；2013 年 3 月在中國醫藥大學召開「醫家與史家的對話：傳統中醫學術知識的歷史傳承與變革」國際學術研討會，會中邀請杜正勝先生擔任大會演講，雖然我是掛名的發起人及主席，其實富士兄才是真正的規劃推動者。

　　檳榔文化是富士兄關注的本土議題，本書是他過去國科會研究計畫的多篇報告與論文的集結，內容包含醫藥、歷史與社會研究面向，資料與論述相當完整與嚴謹，完全可以呈現富士兄治學的態度與面對政治社會問題的風範。品茶閒聊間，富士兄提到檳榔巡迴展引起醫學界與社會的負面聲音，並很輕鬆的表示，他就是呈現歷史文化發展的真相！我想到類似的中藥問題還不少，如同樣在歷史上曾經很輝煌的硃砂、雄黃等中藥，也因毒副作用而翻轉民眾的認知與態度，繼而影響管理政策。其實當代的是非與歷史文化發展是兩回事，事物的價值常受時空條件與新資訊揭露的影響，比如現代醫學在二戰前臨床很缺乏有效藥物，戰後才因科研投入而逐漸產出有效的抗生素、麻醉止痛及抗癌等各種疾病治療藥物，這些藥物也會出現嚴重毒副作用，臨床決策上無非是效益大於副作用即可使用，而社會經濟發展造就生活品質提升與壽命延長，醫療效用與食品安全的價值考量自是有別於古代，做為學者「求真」是必須的，但以今日條件非議前人則不恰當。

　　從中醫角度對早期社會檳榔醫療價值來看，臺灣自古以來就被視為瘴

瘴之地,盛行許多傳染病(瘟疫),如瘧疾、痢疾、登革熱等,甚至偶有霍亂與鼠疫流行。在沒有公共衛生、醫療制度與有效現代醫學藥物的年代,本土的植物(青草藥)才是及時的救命材料。民眾疾病照護依靠流傳於宗族、宗教團體、地方社團(曲館、武館)的經驗醫療(靠師徒制以口述或手抄本傳承)。

瘟疫不同於四時感冒,患者很快就出現呼吸與腸胃道的合併症狀,在沒有靜脈輸液、呼吸照護等支持療法下,感染性疾病很快就會致命,這在瘧疾、登革熱、流感及 SARS 等疾病尤其明顯,因此除了清熱解毒的草藥外,作用於腸胃與三焦膜原的檳榔、草果就是常用藥物,而缺乏醫師處方調劑下,最便利民眾使用的自然是「不需煎煮、攜帶方便」的食品化檳榔(青仔)。

回想 1960 年代常幫祖母購買檳榔記憶,在參照《傷寒雜病論》後,最讓我驚訝的「商品」是「青仔剖開中夾著桂皮、甘草片、荖花,再外包荖葉」的檳榔,桂皮的溫陽通脈、甘草和中、青仔的降氣通腑、荖葉與荖花的宣散解表,像極了治療外感表裡同病的「中藥複方」!1990 年代,我經常去南投山區訪友,山裡人見面常是遞一口檳榔再打招呼,淋雨或飲食不潔出現畏寒身痛,亦是先來一口檳榔,咀嚼後立即出現身熱汗出、神清氣爽的感覺,無怪乎檳榔從防治瘟疫的材料(洗瘴丹),變成提神食品與社交禮品。檳榔與荖葉的慢性毒理研究已經清楚,食品要求安全,做為食品的確不妥,但從歷史與文化研究來看,卻有其時代意義。

2020 年 2 月我到任國家中醫藥所所長,適逢新冠肺炎 (COVID-19) 全球疫情,我以明代《攝生眾妙方》中「荊防敗毒散」為基礎進行處方調整,

在基礎與臨床研究團隊及藥廠協力合作下，成功研發出「臺灣清冠一號」中藥，讓中醫防疫在全球醫療史上留下記錄，富士兄得知大為開心！現在這本書即將付梓，回憶近二十年的機緣，仍可感受他真摯的性格與無畏的氣魄，更感念他對臺灣本土文化與醫療史研究的貢獻！追念故友情誼，及其為臺灣中醫醫療史的貢獻，是為序。

蘇奕彰　敬序

西元 2023 年 8 月 30 日

編輯說明

國立東華大學歷史學系教授兼系主任　陳元朋

在林富士先生的學術生命史裡，與檳榔的相關研究，最早是在「中國中古時期的檳榔文化：以西元一至十二世紀的文獻為主的初步考察」(2010–2013)，以及 「近代中國的檳榔文化：以地方志材料為主的探討(1200–1950 AD)」(2013–2016)，這兩個跨季度的國科會專題研究計畫中展現其初步成果。不過，若就動機之發韌而言，時間或許更早，應該是在千禧年的前後，先生便已對檳榔產生興趣。是時，中央研究院歷史語言研究所的醫療史與禮俗宗教史研究正方興未艾，而在我們共同研讀古代醫學與宗教文本的場合裡，檳榔留住了先生的目光。在我猶新的記憶裡，也是在這個時間點上的一個炎熱午後，在史語所的休息室中，他興奮但含蓄地探詢我吃檳榔的身體感，並斬釘截鐵地表示自己日前曾經目擊我在工作場域外嚼食檳榔的實況。

像林富士先生這樣關切庶民生活方方面面的史家，當代日常總能引發知識探索上的興味，及從而衍生出相涉的歷史脈絡。事實也是如此。在兩次國科會計畫成果發表之外，先生又先後撰成〈試論影響食品安全的文化因素：以嚼食檳榔為例〉(《中國飲食文化》2014)、《紅唇與黑齒：檳榔文

化特展展覽手冊》(2014)、〈檳榔入華考〉(《歷史月刊》2017)、〈檳榔與佛教：以漢文文獻為主的探討〉(《中央研究院歷史語言研究所集刊》2017)、〈中國隋唐五代時期的檳榔文化〉(《新史學》2018)、〈瘟疫、社會恐慌與藥物流行〉(《文史知識》2013) 等文發表；並且初步完成了宋遼金、元、明與韓國檳榔文化的史料纂輯與部分章節。在此，我們可以看到的是，先生對於檳榔的歷史研究，不獨是貫時性的，亦且還是跨領域的，他顯然有意藉檳榔以溝通古今，藉檳榔以闡述當代日常習慣的多元形成歷史。

原本該與童乩、祝由一併成為富士先生學思主體的檳榔，卻在 2018 年面臨坎坷。這一年，先生先是遭逢喪偶之痛，接著又被診斷出罹患胰臟癌，在心靈與身體的雙重打擊下，有關檳榔的研討計畫遂致頓挫。然而，先生誠君子，自強不息終究還是他的本色。他儘管在歷時三年的艱辛治療過程裡，他仍然勉力完成了「檳榔的履歷」這個寫作計畫，並以「檳榔的原鄉」、「檳榔的流動」、「從自用到分享」、「從藥物到毒品」等章節安排，完善了有關「檳榔文化史」的原初構想。2021 年，林富士先生終於離苦得樂。不過，雖然直至逝世，他有關檳榔的專書還尚未竟功，但歷史記載中原本零落的檳榔身影卻已然藉他之手而婆娑成林。林先生留給學界的，不僅是檳榔的生命史，更是一種研究態度與範式。

我這輩研究醫療史、宗教史與生活史的學人，在各自的研學生涯裡大概都受過林富士先生的啟發與提攜。職是之故，先生離世之後，我輩乃有集結先生檳榔研究成果的念頭。由於先生在離世前已留下成熟的構想，專書的編纂乃有遵循的理路。在這部以檳榔為主題的歷史專書中，我們除了將相關已經發表的論文按照先生的章節規劃次第呈現外，若干未定稿件未

來將擺放在「紅唇與黑齒：檳榔文化特展」(https://reurl.cc/blzbar) 以利讀者後續察考運用。我們的共同想法是：延展先生的學思生命，讓他的學術研究得以續為後學指南。

　　哲人日已遠，典型在夙昔。

　　是為本書之出版緣由。

陳元朋　謹識

西元 2023 年 9 月 6 日

「紅唇與黑齒：檳榔文化特展」

紅唇與黑齒：
縱觀檳榔文化史

目　次

導　論[*]

　　最近三十年左右，檳榔在臺灣可以說備受矚目與爭議，不僅經常成為媒體報導的對象，[1] 許多不同領域的學者也紛紛以檳榔作為研究的主題，有人從社會的角度探討嚼食檳榔與特定族群（原住民）[2] 或社會階層與社會群體（勞工、農民、中學生）的關係；[3] 有人從經濟的角度探索檳榔的

* 初稿始撰於 2013 年 7 月 7 日，小暑之日。

1. 以「檳榔」為關鍵詞，利用 Google 的搜索引擎查詢，可以找到 7,950,000 筆資料（檢索日期 2013/07/30）。

2. 例如：李秀玉，〈原住民嚼食檳榔口腔黏膜病變之調查研究〉，《中華牙醫學會訊》，126（1997），頁 50-51；林瑤棋，〈從唐山人土著化談臺灣人吃檳榔及拜阿立祖〉，《臺灣源流》，32（2005），頁 141-151。

3. 例如：吳乃德，〈檳榔和拖鞋，西裝及皮鞋：臺灣階級流動的族群差異及原因〉，《臺灣社會學研究》，1（1997），頁 137-167；鍾兆惠，〈屏東縣國、高中（含五專）生吸菸、嚼檳榔之盛行率及對健康危害認知調查研究〉，《大仁學報》，15（1997），頁 205-226；劉美媛、周碧瑟，〈臺灣地區在校青少年嚼檳榔的流行病學研究〉，《中華公共衛生雜誌》，19：1（2000），頁 42-49；鄭雅愛，〈檳榔嚼食行為與滿州鄉鄉民口腔癌前病變的關係〉，《臺灣口腔醫學會雜誌》，17：1（2001），頁 1-14；鄭斐芬、李景美，〈屏東縣國中學生對嚼檳榔之知識、態度及嚼食行為研究〉，《衛生教育學報》，18（2002），頁 167-183；郭淑珍、丁志音，〈茶行裡的檳榔客：嚼食檳榔的社會脈絡初探〉，《臺灣社會研究季刊》，63（2006.9），頁 143-209。

生產、消費和產業的問題；[4] 有人記錄、報導、反思「檳榔攤」與「檳榔西施」的「景觀」與社會現象；[5] 有人從歷史的角度探尋檳榔文化的發

---

4. 例如：國立屏東農業專科學校，《臺灣地區檳榔產業之經濟研究》（屏東：國立屏東農業專科學校，1990）；薛玲，《臺灣地區檳榔產銷問題之研究》（嘉義：國立嘉義農業專科學校農業經濟科，1990）；黃萬傳，〈檳榔產銷之農經問題〉，《農藥世界》，142（1995），頁 55–61；楊郁敏、許績天，〈政府政策 v.s 農民權益：從檳榔消費大戰談起〉，《臺灣經濟研究月刊》，19：7（1996），頁 50–54；王柏山、任如、黃淑芬，〈臺灣檳榔種植與檳榔攤分布之區域差異〉，《社會科教育研究》，2（1997），頁 119–177；黃萬傳、陳睿以，〈臺灣檳榔消費者行為之計量分析〉，《臺灣銀行季刊》，49：1（1998），頁 291–326；傅祖壇、陳信通，〈風險性物品之消費行為：臺灣檳榔之實證〉，《農業經濟叢刊》，4：2（1999），頁 223–250；傅祖壇、黃萬傳，〈檳榔之產銷、消費及產業未來走向分析〉，《農業金融論叢》，43（2000），頁 111–145；潘美玲，〈臺灣的檳榔消費文化〉，收入朱燕華、張維安編，《經濟與社會：兩岸三地社會文化的分析》（臺北：生智，2001），頁 221–231；李恬儀，〈檳榔商品化的形成與消費文化轉變之研究〉（臺北：臺灣大學森林學研究所碩士論文，2003）；林政欽，〈檳榔攤消費文化及空間意涵之研究〉（桃園：中原大學室內設計學系碩士論文，2003）；游小珺、韋素瓊、戴文遠，〈臺灣檳榔產業可持續發展研究〉，《臺灣農業探索》，6（2010.12），頁 20–24。

5. 例如：李亞芳，《檳榔西施寫真集》（臺北：京緻文化，1997）；黃天仁，《檳榔西施：李真真寫真集》（臺北：京緻文化，1998）；原筠，《檳榔西施》（臺北：邀月文化出版，1998）；莊舜惠，《臺北地區檳榔攤空間特性之研究》（臺北：臺灣大學建築與城鄉研究所碩士論文，1999）；邱花妹，〈檳榔西施與八家將的世界〉，《天下雜誌》，221（1999），頁 234–240、242；陳金英，〈對檳榔西施的再思考：檳榔西施質性研究〉，《生活應用科技學刊》，1：2（2000），頁 181–203；江朝貴，〈從「檳榔西施」探討青少年的價值觀〉，《學生輔導通訊》，70（2000），頁 26–43；吳瓊華，《臺灣・女性・寫真：吳瓊華「檳榔西施」複合媒材・裝置作品專輯 1998–2000》（臺南：臺南縣文化局，2001）；高燦榮，〈檳榔、檳榔攤、檳榔西施〉，《藝

展；[6] 有人從生態的角度探討栽植檳榔對於水土保持所造成的影響；[7] 有

術論衡》，7（2001），頁 121–176；陳敬實，《片刻濃妝：檳榔西施影像輯》（臺北：桂冠，2002）；蕭興南，〈臺灣「檳榔西施」的符號與社會意義〉（宜蘭：佛光人文社會學院社會學研究所碩士論文，2002）；林子新，〈檳榔島：敘述、品味與儀式性的分析〉（新竹：國立清華大學社會學研究所碩士論文，2006）。

6. 例如：何一凡，〈檳榔、竹與清代臺灣的社會〉，《史聯雜誌》，12（1988.7），頁 16–23；尹章義，〈臺灣檳榔史〉，《歷史月刊》，35（1990.12），頁 78–87；殷登國，〈臺灣的檳榔文化史〉，《源雜誌》，6（1996.11），頁 36–39；葛應欽，〈嚼食檳榔的文化源流〉，《健康世界》，162（1999.6），頁 32–34；林翠鳳，〈竹與檳榔的文獻觀察：以「陶村詩稿」為例〉，《臺中商專學報》，31（1999），頁 111–130；朱憶湘，〈1945 年以前臺灣檳榔文化之轉變〉，《淡江史學》，11（2000），頁 299–336；簡炯仁，〈「檳榔」考〉，收入《臺灣開發與族群》（臺北：前衛出版社，2001），頁 436–441；蔣淑如，〈清代臺灣的檳榔文化〉（臺中：東海大學歷史學研究所碩士論文，2002）；林富士，〈檳榔入華考〉，《歷史月刊》，186（2003.7），頁 94–100；黃佐君，〈檳榔與清代臺灣社會〉（桃園：國立中央大學歷史研究所碩士論文，2006）；周明儀，〈從文化觀點看檳榔之今昔〉，《南華大學通識教育與跨域研究》，5（2008），頁 111–137。

7. 例如：林壯沛，〈山坡地栽植檳榔對水土保持之影響〉，《臺灣水土保持》，11（1995），頁 10–14；吳輝龍、張文詔、黃俊德，〈坡地檳榔園試區水土流失量第一年成果初步探討〉，《中華水土保持學報》，26：3（1995），頁 197–209；林辰雄，〈檳榔對國內環境的影響及對策〉，《農政與農情》，54（1996），頁 22–25；杜政榮，〈環境保護殺手——檳榔之問題探討〉，《空大生活科學學報》，2（1996），頁 133–153；吳輝龍，〈檳榔樹冠對降雨沖蝕能量之影響〉，《中華水土保持學報》，28：1（1997），頁 33–46；陳信雄，〈檳榔——臺灣澇旱之災的始作俑者〉，《科學月刊》，28：10（1997），頁 800–805；陸象豫、黃良鑫、傅鶴翹，〈檳榔園水文特性之研究〉，《臺灣林業科學》，14：2（1999），頁 211–221；陸象豫，〈坡地檳榔園水文特性探討〉，《林業研究專訊》，7：5（2000），頁 5–6；黃凱易，〈坡地超限利用

人從公共衛生及醫學的角度探討嚼食檳榔對於健康所造成的傷害（主要是口腔癌）[8] 或正面功能（如抗氧化、消除口臭等）；[9] 也有人從文化與法律

與土石流災害空間關係之分析——以雲林古坑華山地區檳榔園為例〉，《中華水土保持學報》，33：3（2002），頁 191–200。

8. 例如：朱迺欣，〈嚼食檳榔對腦波之影響——頻率分析與部位圖形〉，《臺灣醫學會雜誌》，93：2（1994），頁 167–169；朱迺欣，"Sympathetic Skin Responses to Betel Chewing"，《臺灣醫學會雜誌》，93：3（1994），頁 260–262；靳應臺，〈檳榔與口腔病變〉，《科學月刊》，26：9（1995），頁 734–737；李正喆，〈頰黏膜癌——最具代表性的檳榔口腔癌〉，《臺灣醫學》，1：5（1997），頁 638–647；李秀玉，〈原住民嚼食檳榔口腔黏膜病變之調查研究〉，《中華牙醫學會訊》，126（1997），頁 50–51；張育超，〈檳榔植物鹼對人類牙齦纖維母細胞之影響〉，《中華牙醫學雜誌》，17：1（1998），頁 23–29；楊振昌，〈檳榔的毒性〉，《臨床醫學》，43：3（1999），頁 168–173；葛梅貞、李蘭、蕭朱杏，〈傳播管道與健康行為之關係研究：以嚼檳榔為例〉，《中華公共衛生雜誌》，18：5（1999），頁 349–362；林易超、柯政全、謝天渝，〈檳榔及其添加物致突變性之研究〉，《臺灣口腔醫學會雜誌》，16：1（2000），頁 273–295；韓良俊，《檳榔的健康危害》（臺北：健康世界雜誌，2000）；賴美淑總編輯，《檳榔嚼塊與口腔癌流行病學研究》（臺北：國家衛生研究院，2000）；賴美淑總編輯，《檳榔嚼塊的化學致癌性暨其防制：現況與未來》（臺北：國家衛生研究院，2000）；賴美淑總編輯，《嚼檳榔與口腔癌癌基因、抑癌基因的突變和表現》（臺北：國家衛生研究院，2000）；蕭雅雯、楊奕馨、謝天渝，〈檳榔及其添加物對口腔黏膜病變影響之統合分析〉，《臺灣口腔醫學會雜誌》，16：1（2000），頁 296–313；論壇健康促進與疾病預防委員會，《口腔癌前病變及癌前狀態之診斷、治療、預後與化學預防——以嚼食檳榔相關者為重點》（臺北：國家衛生研究院，2001）；論壇健康促進與疾病預防委員會，《嚼食檳榔引發之口腔黏膜下纖維化症：流行病學與致病機轉》（臺北：國家衛生研究院，2001）；論壇健康促進與疾病預防委員會，《檳榔相關口腔癌前病變之流行病學研究》（臺北：國家衛生研究院，2001）；黃湧澧，〈嚼食檳榔——相關口腔病灶的類型〉，《臺灣牙醫界》，20：

的角度討論檳榔所引發的社會爭議與規範問題。[10]

　　而在研究、討論與爭辯的過程中，檳榔在臺灣似乎逐漸被「污名化」(stigmatization)。其中，最具關鍵性的一步是官方的定調。1997 年 4 月 8 日，行政院核定通過了〈檳榔問題管理方案〉。這個方案列舉了檳榔所帶來

1／2（2001），頁 47–54；鄭雅愛，〈檳榔嚼食行為與滿州鄉鄉民口腔癌前病變的關係〉，《臺灣口腔醫學會雜誌》，17：1（2001），頁 1–14；李蘭、潘怜燕、陳秀熙，〈成年人嚼食檳榔與戒嚼檳榔的相關因子〉，《醫學教育》，5：4（2001.12），頁 312–323；溫啟邦、鄭秋汶、鄭丁元等著，〈國人嚼檳榔的現況與變化——探討嚼檳榔與吸菸之關係〉，《臺灣衛誌》，28：5（2009），頁 407–419。

9. 例如：Chin-Kun Wang and Wen-Hsiu Lee, "Separation, Characteristics, and Biological Activities of Phenolics in Areca Fruit," *Journal of Agricultural and Food Chemistry*, 44:8 (1996), pp. 2014–2019; Chin-Kun Wang, Wen-Hsiu Lee and Chin-Hui Peng, "Contents of Phenolics and Alkaloids in *Areca catechu* Linn. During Maturation," *Journal of Agricultural and Food Chemistry*, 45:4 (1997), pp. 1185–1188; Chin-Kun Wang, Su-Lin Chen and Mei-Guey Wu, "Inhibitory Effect of Betel Quid on the Volatility of Methyl Mercaptan," *Journal of Agricultural and Food Chemistry*, 49:4 (2001), pp. 1979–1983；楊震南、周正俊，〈檳榔嚼塊配料不同溶劑抽出物之抗菌活性〉，《食品科學》，24：5（1997），頁 497–505；郭玫君、馮惠萍、吳明娟，〈檳榔、荖花及荖葉抑菌作用之探討〉，《嘉南學報》，26（2000），頁 186–191；倪依東、王建華、王汝俊，〈檳榔的藥理研究進展〉，《中藥新藥與臨床藥理》，2004：3（2004），頁 224–226。

10. 例如：王俊秀，〈新竹市「檳榔景觀」的調查與分析：「環境正義」的觀點〉，《國立臺灣大學建築與城鄉研究學報》，（1998），頁 23–31；王蜀桂，《臺灣檳榔四季青》（臺北：常民文化，1999）；劉緒倫，〈檳榔衛生管理自治條例之法律探討〉，《醫事法學》，7：4／8：1（2000），頁 26–27；林奕鼎，〈檳榔文化作為一個鬥爭的場域〉（臺中：東海大學社會學研究所碩士論文，2003）。

的四大問題：一是個人健康（嚼食會增加罹患口腔癌的風險）；二是自然生態（種植氾濫會嚴重影響水土保育）；三是公共衛生（檳榔殘渣會污染環境）；四是社會秩序（風俗）（林立的檳榔攤及「檳榔西施」招徠生意的行為，不僅占用道路，也會破壞社會「秩序」）。因此，行政院認為「不應鼓勵嚼食檳榔」，並責成各個政府部門（包括農委會、國防部、財政部、內政部、衛生署、環保署、教育部、國科會）利用各種辦法解決「檳榔問題」。[11] 於是乎，「檳榔有害」儼然成為臺灣社會的主流價值，有位學者甚至認為檳榔會招致「亡國滅種」，並嚴厲斥責：「檳榔的氾濫、檳榔文化在臺灣的盛行與固著，代表的是臺灣人民反智的與墮落的心態」，並大聲呼籲要「早日把這些檳榔危害清除乾淨」。[12]

　　無論如何，自從行政院〈檳榔問題管理方案〉公布之後，在解決「檳榔問題」的作為方面，各相關部會幾乎都是以「宣導」檳榔的「健康危害」為主，企圖降低民眾「嚼食檳榔的比例」。因此，「檳榔致癌」在很短的時間內便成為臺灣社會的主流論述，[13] 而當檳榔在 2003 年被世界衛生組織

---

11. 詳見韓良俊主編，《檳榔的健康危害》（臺北：健康世界雜誌，2000），〈附錄五〉，頁 238–246。

12. 詳見韓良俊主編，《檳榔的健康危害》，〈附錄一〉，頁 204–207；〈附錄二〉，頁 208–225。

13. 1998 年 10 月，國家衛生研究院成立了「健康促進與疾病預防委員會」（召集人為賴美淑），宗旨在於「發掘我國當前健康促進與疾病預防之重要問題與評估其現況，並探討有關工作之優先次序」，初期工作以「文獻回顧」(literature review) 的方式進行，主題則是以「疾病與危險因子交叉之方法」選定，第一期所選定的四大主題包括：一、菸害與心血管疾病；二、飲食與生長發育；三、檳榔與口腔癌；四、運動與體適能。這四個主題被認為是「保健」方面「現今臺灣最重要的課題」。每個主

(World Health Organization) 轄下的國際癌症研究總署　（The International Agency for Research on Cancer，簡稱 IARC）列為第一類致癌物之後，官方與專家更是藉此宣告：檳榔就是「致癌物」![14] 同時，行政院衛生署也不斷宣導有關檳榔的「正確」知識，在其官方網站不時張貼相關的訊息與短文，而許多公共衛生機構、醫院和各級學級，在進行「拒絕檳榔」的宣導、教育之時，也經常引述衛生署的「官方說法」。

　　但是，我們的「官方說法」其實大有問題。例如，2002 年 10 月 7 日，行政院衛生署食品藥物管理局的網站發布了一篇「宣導性」短文，題為〈檳榔的歷史〉，文中在介紹世界各地「嚼食檳榔的歷史」時宣稱：

　　　　明朝時漢人移民臺灣，發現原住民嚼食檳榔塊，入境隨俗，因此檳

題之下，又分二主三子個子題。其中，「檳榔與口腔癌」有三個子題，而其報告書便是最具代表性的論述，詳見賴美淑總編輯，《檳榔嚼塊與口腔癌流行病學研究》；賴美淑總編輯，《檳榔嚼塊的化學致癌性暨其防制：現況與未來》；賴美淑總編輯，《嚼檳榔與口腔癌癌基因、抑癌基因的突變和表現》。

14. 詳見行政院衛生署國民健康局網站 2003 年 8 月 19 日所發布的新聞。網址：http://www.bhp.doh.gov.tw/BHPNet/Web/News/News.aspx?No=2007122500392　（檢索日期 2013/01/24）。案：國際癌症研究總署認為「由動物實驗，檳榔子單獨之致癌性證據已經充分」，因此改變其 1987 年的看法，將檳榔由原本的第二級致癌物改列為第一類致癌物。這樣的轉變，似乎和臺灣國家衛生研究院的研究報告有密切的關係，甚至可能受到臺灣學者的強烈影響。事實上，在決定過程中，國際癌症研究總署共邀集了全世界 7 個國家 16 個學者組成工作小組，臺灣大學公衛學院預防醫學研究所陳秀熙教授和臺灣大學醫學院臨床牙醫學研究所鄭景暉副教授便代表臺灣受邀參加，而陳秀熙曾任前述的國家衛生研究院「健康促進與疾病預防委員會」的委員，而鄭景暉則是前述《檳榔嚼塊的化學致癌性暨其防制：現況與未來》的主要撰述者。

　　　　檳榔塊也成為當時入藥、社交、送禮的重要物品。[15]

這顯然認為「漢人」在中國大陸原本沒有嚼食檳榔的習慣，要到了臺灣之後，受到「原住民」的影響，才有了相關的禮俗。可是，這一篇短文同時又說：

　　　　一千多年前，《南史》卷十五記載，丹陽劉穆嗜吃檳榔塊，沒錢買時
　　　　還向親戚討食，作官後常以檳榔待客。後唐韓愈、北宋蘇東坡曾做
　　　　詩讚美檳榔，南宋朱熹有每天嚼食的習慣，明李時珍的《本草綱目》
　　　　將檳榔塊收錄其中。[16]

假如這個說法是正確的，那麼「漢人」在中國大陸嚼食檳榔的歷史至少已有一千多年，不是十七世紀才開始，也不必到臺灣來向「原住民」學習。這是自我矛盾的說法。

　　事實上，學界對於臺灣檳榔文化的形塑者究竟是原住民還是漢人也是爭論不休。一方認為臺灣嚼食檳榔的情形，從考古資料來看，應該有四、五千年的歷史，文字記錄則可追溯到西元十七世紀荷蘭和中國的文獻，因

---

15. 詳見行政院衛生署食品藥物管理局的網站「公告資訊」。網址：http://www.fda.gov.
　　tw/TC/newsContent.aspx?id=1706&chk=bcaa93af-125c-44c8-a649-ae7bcf1e920d&par
　　am=pn%3d356%26cid%3d3%26cchk%3d46552e96-810a-42c3-83e1-bd5e42344633（檢
　　索日期 2013/07/15）。

16. 詳見行政院衛生署食品藥物管理局的網站「公告資訊」。網址：http://www.fda.gov.
　　tw/TC/newsContent.aspx?id=1706&chk=bcaa93af-125c-44c8-a649-ae7bcf1e920d&par
　　am=pn%3d356%26cid%3d3%26cchk%3d46552e96-810a-42c3-83e1-bd5e42344633（檢
　　索日期 2013/07/15）。

此，應該是原住民（番人，南島民族）的舊有習慣，閩粵一帶的漢人，原本嚼食風氣並不普遍或是沒有此一習慣，直到明清時期移民來臺之後，受到原住民的影響，才沾染此風。另一方則是主張原住民原本並沒有這樣的習俗，是受到漢人從中國帶來的習俗影響才開始嚼食檳榔。不過，也有人認為原住民和漢人在西元十七世紀以前都已各自養成嚼食檳榔的習慣。[17]

那麼，真相是什麼？吃檳榔只是臺灣原住民或中國漢人的習慣嗎？吃檳榔只侷限於某些特定的社會階層或社會群體嗎？如果檳榔是有害的毒物，那麼，為什麼有人要吃檳榔？檳榔真的是百害而無一利嗎？

若要回答上述問題，我想我們必須以更寬闊的視野探索「檳榔文化」的空間分布，從歷史的角度探討「檳榔文化」的內涵與發展，[18] 不能只看臺灣本身，也不能只著眼於當代。因此，本書擬以中國的「檳榔文化」為主體，探討「檳榔文化」的「原鄉」與入華經過；檳榔在中國社會所發揮的功能和所引發的爭議；檳榔嚼食者的身分、階層和體驗；以及檳榔「社會形象」的古今之變。

---

17. 相關的主張和討論，詳見德重敏夫，〈食檳榔の風俗〉，《民俗臺灣》，3：10（1943），頁 34–41；王四達，〈閩臺檳榔禮俗源流略考〉，《東南文化》，2（1998），頁 53–58；陳其南，〈檳榔文化的深度探索〉，《聯合報》，1999 年 12 月 7 日，14 版（文化版）；葛應欽，〈嚼食檳榔文化源流〉，頁 39–45；朱憶湘，〈1945 年以前臺灣檳榔文化之轉變〉，《淡江史學》，11（2000），頁 299–336；蔣淑如，〈清代臺灣的檳榔文化〉，頁 4–5、32–36；林富士，〈檳榔入華考〉，《歷史月刊》，186（2003.7），頁 94–100；林瑤棋，〈從唐山人土著化談臺灣人吃檳榔及拜阿立祖〉，《臺灣源流》，頁 141–151；黃佐君，〈檳榔與清代臺灣社會〉，2006），頁 4–7。

18. 本書所謂的「檳榔文化」是指人對於檳榔（物自身）的認知、使用及態度，以及檳榔的社會功能和文化意涵。

檳榔的原鄉與國度[*]

一、引　言

　　嚼食檳榔不是臺灣或中國獨有的文化。根據歷史學者朵恩‧榮尼 (Dawn F. Rooney, 1940–　) 在 1990 年代所繪製的一張〈嚼食檳榔地理分布圖〉 (Geographical Distribution of Betel Chewing) 及其解說來看，「檳榔文化」所及之處，大致是西經 40 度至東經 170 度、南緯 15 度至北緯 40 度的地理範圍，也就是說，西起東非海岸、馬達加斯加 (Madagascar)，東至太平洋群島的美拉尼西亞 (Melanesia)、蒂科皮亞 (Tikopia)，南起巴布亞紐幾內亞 (Papua New Guinea)，北至中國，都有人在吃檳榔。[1] 不過，必須注意的是，在她的〈嚼食檳榔地理分布圖〉中，中國大陸的部分其實只限於東部和南部的沿海地帶。

---

[*] 初稿始撰於 2013 年 7 月 7 日，小暑之日；完稿於 2014 年 7 月 4 日。

1. 詳見 Dawn F. Rooney, *Betel Chewing Traditions in South-East Asia* (Kuala Lumpur: Oxford University Press, 1993), pp. 1–2. 案：學者對於嚼食檳榔的地理分布範圍都只是概略的推斷，出入相當大，例如，也有人認為應該是介於西經 68 度至東經 178 度、南緯 20 度至北緯 30 度之間；詳見 Peter A. Reichart, *Betel and Miang, Vanishing Thai Habits* (Bangkok; Cheney: White Lotus, 1996), p. 11.

　　而根據世界衛生組織轄下的國際癌症研究總署在二十一世紀初的調查、統計來看，則全球嚼食檳榔的人口總數大約有六億人之多，有嚼食經驗或習慣者大約占世界人口總數的 10% 至 20%，較為盛行的國家或地區有：印度 (India)、巴基斯坦 (Pakistan)、孟加拉 (Bangladesh)、斯里蘭卡 (Sri Lanka)、馬爾地夫 (Maldives)、中國 (China)、臺灣 (Taiwan)、緬甸 (Myanmar)、泰國 (Thailand)、寮國 (Laos)、柬埔寨 (Cambodia)、馬來西亞 (Malaysia)、新加坡 (Singapore)、印尼 (Indonesia)、菲律賓 (The Philippines)、巴布亞紐幾內亞、帛琉 (Palau)、關島 (Guam)、尼泊爾 (Nepal)、越南 (Vietnam)、肯亞 (Kenya)、所羅門群島 (Solomon Islands)，以及南非、東非、歐洲（尤其是英國）、北美（尤其是美國）的亞洲移民社群。但是，主要還是集中於南亞、東南亞一帶，以及太平洋群島、臺灣、海南島和中國的東南部。[2]

　　這樣的分布情形，應該是長期發展的結果，而且還在持續變動之中。[3]

---

2. 詳見 IARC (The International Agency for Research on Cancer), *Betel-quid and Areca-nut Chewing and Some Areca-nut-derived Nitrosamines, IARC Monographs on the Evaluation of Carcinogenic Risks to Humans*, 85 (Lyon, 2004), pp. 52–78; IARC, *Personal Habits and Indoor Combustions, IARC Monographs on the Evaluation of Carcinogenic Risks to Humans*, 100E (Lyon, 2009), pp. 333–372.

3. 曾經繪製過〈嚼食檳榔地理分布圖〉的學者至少有 Dawn F. Rooney、R. A. Donkin、H. Brownrigg、Thomas J. Zumbroich，但他們的分布圖都無法呈現不同時期的變動狀態，相關討論詳見 Peter A. Reichart, *Betel and Miang, Vanishing Thai Habits*, p. 11; Thomas J. Zumbroich, "The Origin and Diffusion of Betel Chewing: A Synthesis of Evidence from South Asia, Southeast Asia and Beyond," *eJournal of Indian Medicine*, 1 (2007–2008), pp. 87–140, esp. p. 90.

不過，種植檳榔或嚼食檳榔的文化應該有一個起源地，而要找出其「原鄉」的所在地似乎並不困難。就像抽菸、喝咖啡、吃巧克力（可可）一樣，雖然已經是當今遍及全世界的習慣，但是，飲食史的專家依然可以找出菸草(tabaco)、咖啡 (coffee) 豆、可可 (cocoa/cacao) 豆的原產地，甚至可以推斷其種植及食用風氣的擴散過程，[4] 不過，事情似乎沒有如此簡單。

　　嚴格來說，一般所謂的 「吃檳榔」 其實是嚼食 「檳榔嚼塊」 (betel quid)，嚼塊中往往包含多種成分，而世界各地嚼食檳榔的方式雖然有一些出入，但是 「檳榔嚼塊」 基本上都是以檳榔子 (nut of Areca catechu/betel nut)、荖藤 (Piper betel) 和熟石灰 (slaked lime) 這三種東西配組而成，只是檳榔子和荖藤的品種會有所差異，針對檳榔子所做的加工處理（如去皮、煮熟、曬乾、烘烤、醃製等）會有所不同，荖藤的取用部位（包括花果、荖葉〔leave of Piper betel〕、根莖）也各有偏好，石灰則大多取自牡蠣之類的貝殼或是石灰岩，而「添加物」（如菸草、椰肉、香料等）也會因地而異，只有少數地方會省去荖藤或熟石灰。[5] 除此之外，檳榔子和荖藤不容易保存，因此，在近代冷藏技術或快速運輸工具發明之前，有嚼食檳榔習

---

4. 詳見柯特萊特 (David T. Courtwright) 著，薛絢譯，《上癮五百年》(Forces of Habit: Drugs and the Making of the Modern World) （北縣：立緒文化出版社，2002），頁74–76；菲利普・費爾南德斯・阿莫斯圖著 (Felipe Fernandez–Armesto)，韓良憶譯，《食物的歷史：透視人類的飲食與文明》（新北：左岸文化），頁 275–280。

5. 詳見 Dawn F. Rooney, *Betel Chewing Traditions in South-East Asia*, pp. 16–29; 賴美淑總編輯，《檳榔嚼塊的化學致癌性暨其防制：現況與未來》，頁 3；賴美淑總編輯，《檳榔嚼塊與口腔癌流行病學研究》，頁 5–6 ； IARC, *Betel-quid and Areca-nut Chewing and Some Areca-nut-derived Nitrosamines*, pp. 41–52; IARC, *Personal Habits and Indoor Combustions*, pp. 333–335。

慣的人群分布地區，勢必無法遠離上述三種配料的產地。再者，檳榔與荖
藤的生長都需要特定的氣候與生態環境，[6] 因此，同時能生產檳榔、荖藤
和石灰的地點，尤其是熱帶、亞熱帶的島嶼和大陸的濱海地區，便成為檳
榔文化最可能的發源地。[7] 然而，想要明確地指出檳榔文化的原鄉究竟在
何處，其實非常困難，必須同時掌握並考量植物學 (botany)、生物地理學
(biogeography)、 生物考古學 (bioarchaeology)、 考古學、 歷史語言學
(historical linguistics)、歷史文獻和民族誌的材料。[8]

---

6. 一般來說，檳榔喜歡陽光與高溫，但溫度也不能過高，而且溫差變化不能過於劇
   烈，濕度也必需適中，不耐乾旱，也忌積水，因此南北緯 28 度的熱帶、亞熱帶地
   區的雨林、山谷最適合。荖藤（又叫蔞藤、扶留藤、枸醬）適合的生長環境與檳榔
   相當類似；詳見覃偉權、 范海闊主編，《檳榔》（北京：中國農業大學出版社，
   2010），頁 52–55；唐建，〈蜀枸醬與蒟醬考〉，《中華文化論壇》，2003：3（2003），
   頁 36–40。

7. 參見 Thomas J. Zumbroich, "The Origin and Diffusion of Betel Chewing: A Synthesis
   of Evidence from South Asia, Southeast Asia and Beyond," p. 126.

8. 參見 Thomas J. Zumbroich, "The Origin and Diffusion of Betel Chewing: A Synthesis
   of Evidence from South Asia, Southeast Asia and Beyond," pp. 90–91. 案：此文是有關
   檳榔文化的起源與擴散問題，截至目前為止，最具全面性和綜合性的研究。可惜的
   是，他極少運用中文的歷史文獻，對於臺灣地區的考古材料也相當陌生，此外，他
   對於荖藤的食用部位也只注意荖葉而忽略花果、根莖。

二、原鄉的探索：從語言和物質文化下手

㈠歷史語言學的推測

　　有人從「語源」判斷，檳榔的命名應該起源於馬來語的 *pinang*，而與檳榔相關的詞彙與語詞變化則是以印尼最為豐富，因此，其起源地應該是在馬來西亞或是印尼群島。[9] 但是，如果從南島語系 (Austronesian languages) 擴散的起源地來看，有人認為臺灣也有可能是檳榔文化的原鄉。雖然生物地理學或考古學的資料都無支持這樣的推斷，但學者認為臺灣的南島語族在西元前 2,000 年左右抵達菲律賓巴丹群島 (Batanes Islands) 之前，就已經熟知檳榔此物。[10] 總之，從歷史語言學的角度來看，檳榔的原鄉應該是在南島語族的所在地，但確切的地點則無定論。

㈡生物地理學的角度

　　從植物學和生物地理學的角度來看，學界對於檳榔的「物種源起」之地也有不同的看法。印度的安達曼群島 (Andaman Islands)、印尼的爪哇 (Java)、馬來西亞、菲律賓，都各有其支持者，連臺灣、關島都有人提及，

---

9. 詳見 Anthony Reid, "From Betel-Chewing to Tobacco Smoking in Indonesia," *Journal of Asian Studies*, 44:3 (1985), pp. 529–547; Dawn F. Rooney, *Betel Chewing Traditions in South-East Asia*, p. 13.

10. 詳見 Thomas J. Zumbroich, "The Origin and Diffusion of Betel Chewing: A Synthesis of Evidence from South Asia, Southeast Asia and Beyond," pp. 100–101.

而較被認可的地點則是菲律賓。[11] 至於荖藤原始物種或親屬物種的分布，則從島嶼地帶的爪哇和新幾內亞 (New Guinea)、馬來西亞，到大陸地帶的越南和中國南方，都有其蹤影，難以斷定其源頭。[12]

㈢考古學的證據

考古學的討論則更複雜。有人大膽推測，早在西元前 12,000 年，新幾內亞、南印度一帶就已出現人工種植的檳榔。但是，根據新幾內亞北部考古遺址所出土的疑似檳榔子，經過碳 14 測定的年代，最早似乎只能推到西元前 3,800 年左右，較早的反而是泰國西北部「神洞」(Spirit Cave) 遺址，疑似荖藤或檳榔種子的測定年代為西元前 7,000－前 5,600 年左右，但也有人懷疑其物種的推定，而即使是，也無法據此推斷當時的人已有吃檳榔的習慣。至於印度南部所發現的疑似檳榔種子，最早也只能推至西元前 2,700 年左右，而且，物種的鑑定及相關考古報告都不清楚，真實性令人懷疑。[13]

㈣牙齒的痕跡

另一種考古學的證據是來自出土遺骸中的牙齒。根據牙齒的病理分析、牙齒耗損的情形及牙齒殘留的浸染色澤和物質，我們有時可以推斷死者生

---

11. Thomas J. Zumbroich, "The Origin and Diffusion of Betel Chewing: A Synthesis of Evidence from South Asia, Southeast Asia and Beyond," p. 9.

12. Thomas J. Zumbroich, "The Origin and Diffusion of Betel Chewing: A Synthesis of Evidence from South Asia, Southeast Asia and Beyond," p. 9.

13. Thomas J. Zumbroich, "The Origin and Diffusion of Betel Chewing: A Synthesis of Evidence from South Asia, Southeast Asia and Beyond," pp. 97–98.

前可能有嚼食檳榔的習慣。[14] 而從這一類的材料來看，目前所知的最早遺
存是在菲律賓西南部巴拉望島 (Palawan Island) 杜勇洞 (Duyong Cave)，不
僅出土了有檳榔漬痕 (betel stain) 的牙齒骨骸，骨骸旁還有六枚蚶殼，可能
是作為裝置石灰之用，其中一枚還殘留有石灰，其年代大約是西元前
2,660 年。[15]

　　臺灣也有這一類的發現。年代最早的或許是屏東的墾丁史前文化，大
約是西元前 2,500－前 2,000 年，若干出土的人齒有咀嚼檳榔的遺痕。[16] 其
次是臺東的卑南文化，大約是西元前 1,400－前 800 年（或西元前 3,300－
前 2,300 年），出土遺骸的人齒中，也可找到咀嚼檳榔的痕跡。[17] 再者，臺

---

14. 關於這個議題的討論，參見 Michael Pietrusewsky and Michele Toomay Douglas, *Ban Chiang, a Prehistoric Village Sitein Northeast Thailand. I: The Human Skeletal Remains* (Philadelphia: University of Pennsylvania Museum of Archaeology and Anthropology, 2002); Marc F. Oxenham, Cornelia Locher, Nguyen Lan Cuong and Nguyen Kim Thuy, "Identification of *Areca catechu* (Betel Nut) Residues on the Dentitions of Bronze Age Inhabitants of Nui Nap, Northern Vietnam," *Journal of Archaeological Science*, 29:9 (2002), pp. 909–915; Thomas J. Zumbroich, "The Origin and Diffusion of Betel Chewing: A Synthesis of Evidence from South Asia, Southeast Asia and Beyond," pp. 98–99.

15. 詳見 Thomas J. Zumbroich, "The Origin and Diffusion of Betel Chewing: A Synthesis of Evidence from South Asia, Southeast Asia and Beyond," p. 99.

16. 詳見李光周，《墾丁國家公園的史前文化》（臺北：行政院文化建設委員會，1987），頁 26–29。

17. 詳見 Chao-Mei Lien, "The Interrelationship of Taiwan's Prehistoric Archeology and Ethnology," in Kuang-Chou Li et al., eds., *Anthropological Studies of the Taiwan Area: Accomplishments and Prospects* (Taipei: Department of Anthropology, National Taiwan

北八里十三行遺址出土的 291 具人骨遺骸，根據張菁芳利用牙齒耗損及牙
齒殘留的浸染色澤所做的分析，當地人「牙齒耗損頻率高」，「牙結石、捲
邊與齒槽吸收的發生率亦很高」（「可能與其過度使用口腔有關，也有可能
是牙周病的病癥」），「齲齒頻率相當低」，「可能有嚼食檳榔或菸草之類物質
的習慣」，[18] 由於此一遺址最主要的文化層年代主要集中於西元 500–800 年
左右（或西元 200 –1,200 年左右），[19] 此時菸草尚未傳入臺灣，而低齲齒率
與高牙周病率又是檳榔嚼食者的牙齒疾病特徵，[20] 因此，我們幾乎可以斷
定十三行的居民（平埔族）有嚼食檳榔的習慣。除此之外，近年來考古工
作者在臺南科學工業園區共發掘二千多具遺骸，也提供了一些線索。距今

University, 1989), pp. 173–192, esp. pp. 181–182; Chao-Mei Lien, "The Neolithic
Archaeology of Taiwan and the Peinan Excavations," *Indo-Pacific Prehistory
Association Bulletin*, 11 (1991), pp. 339–352, esp. pp. 343–345. 案：這兩篇文章也收入
於連照美，《臺灣新石器時代卑南研究論文集》（臺北：國立歷史博物館，2003），
頁 209–226、227–272。此外，卑南文化的年代，由於其存續時間相當長，使用不
同地點出土樣品測試出來的年代也相當分歧，最早與最遲的年代相差約三千年（約
西元前 3,300– 前 300 年），而樣品測定年代較為集中的則是大約西元前 1400– 前
800 年；詳見連照美、宋文薰，《卑南遺址發掘 1986–1989》（臺北：國立臺灣大學，
2006），頁 208–210。

18. 張菁芳，〈十三行遺址出土人骨之形態學與病理學分析及其比較研究〉（臺北：國立
臺灣大學人類學研究所碩士論文，1993），頁 81–93、104–105。

19. 詳見張菁芳，〈十三行遺址出土人骨之形態學與病理學分析及其比較研究〉，頁 17。

20. 詳見大橋平治郎，〈臺灣ニ於クル檳榔子嗜好習性者ノ齒牙ノ研究特ニ其臨床的觀
察竝ニ齒牙ニ著染スル色素ノ本態及實驗的研究〉，《日本齒科學會雜誌》，26:1
（1933），頁 1–23；馬朝茂，〈食檳榔に就いて〉，《民俗臺灣》，3：10（臺北，
1943），頁 14–17。

年代最老的「南關里東遺址」（約西元前 3,000 年），其出土的人齒「都有
著色現象」，但因埋藏過久，研究者「無法判定是吃檳榔染色所致，或是因
為其他埋藏環境因素所造成」。[21] 而最為明確的考古發現應該是屏東墾丁
國家公園的社頂出土的排灣族石棺墓葬，其中一座石棺中有 1 個檳榔盒，
「盒中留有石灰及只剩纖維的檳榔」，另外還有 3 件鐵片「可能是當地吃檳
榔時做塗抹石灰之用」。由於棺中同時出土了 2 枚鑄有年代的銀圓 (1786、
1862)，因此，其埋葬年代應該是在十九世紀後期。[22]

　　越南也有不少和檳榔有關的考古發現。年代較早的是西元前 2,000 –
前 1,500 年左右的馮元文化 (Phung Nguyen culture) 和同豆文化 (Dong Dau
culture)，其次是西元前 400 – 前 10 年左右的東山文化 (Dong Son culture)，
這都在北部、中部，前者的證據力較薄弱，後者則有明確的牙齒檳榔漬痕
分析報告。[23] 此外，中南部地區也有所發現，如胡志明市（西貢）附近的

21. 詳見陳叔倬、邱鴻霖、臧振華、李匡悌、朱正宜，〈南關里東遺址出土人骨研究初
　　步報告〉，收入《2009 年度臺灣考古工作會報會議論文集》（臺北：中央研究院人
　　文社會科學研究中心考古學研究專題中心，2010），頁 5-2-1～5-2-7。

22. 詳見黃士強、陳有貝、顏學誠，《墾丁國家公園考古民族調查報告》（臺北：內政部
　　營建署墾丁國家公園管理處，1987），頁 30–33，圖版 30。案：關於臺灣與東南亞
　　考古遺址中與檳榔相關的資料，本人曾請教史語所考古學門的同事，包括臧振華、
　　劉益昌、陳光祖、陳維鈞、陳仲玉、李匡悌、邱斯嘉等，並蒙他們惠賜口頭意見或
　　書面資料，特此致謝。

23. 詳見 Marc F. Oxenham, Cornelia Locher, Nguyen Lan Cuong and Nguyen Kim Thuy,
　　"Identification of *Areca catechu* (Betel Nut) Residues on the dentitions of Bronze Age
　　Inhabitants of Nui Nap, Northern Vietnam," *Journal of Archaeological Science*, 29:9
　　(2002), pp. 909–915; Xuân Hiên Nguyên, "Betel-chewing in Vietnam: Its Past and
　　Current Importance," *Anthropos*, 101 (2006), pp. 499–518; Thomas J. Zumbroich, "The

Giong Ca Vo 遺址也有牙齒遺骸可供判定，其年代大約是西元前 500 年左右，而在其西北方不遠處的富正 (Phu Chanh) 遺址則出土了檳榔子，由於伴隨著西漢時期的「四乳虺龍鏡」一起出土，因此，被判定為西元前一世紀的隨葬品。這兩者遺址都屬於所謂的同奈文化 (Dong Nai culture)。[24] 而鄰近這個文化區的柬埔寨，在吳哥博瑞 (Angkor Borei) 的墳墓區出土了 61 具人類遺骸，男女老少都有，其中，不少遺骸的牙齒都有相當明顯的檳榔漬痕，其年代則大致是西元前 200 年到西元 400 年。[25] 此外，泰國東北部坤敬市 (Khon Kaen City) 附近的 Non Pa Kluay 也出土了 19 具人類遺骸，部分遺骸的牙齒漬痕似乎是因為咀嚼檳榔所造成，其年代大致是西元前 2,000 – 前 200 年。[26]

Origin and Diffusion of Betel Chewing: A Synthesis of Evidence from South Asia, Southeast Asia and Beyond," p. 103.

[24] 詳見 Yamagata Mariko, Pham Du Manh and Buh Chi Hoang, "Western Han Bronze Mirrors Recently Discovered in Central and Southern Vietnam," *Indo-Pacific Prehistory Association Bulletin*, 21 (2001), pp. 99–106; Thomas J. Zumbroich, "The Origin and Diffusion of Betel Chewing: A Synthesis of Evidence from South Asia, Southeast Asia and Beyond," pp. 105–106.

[25] 詳見 Michael Pietrusewsky and Rona Ikehara-Quebral, "The Bioarchaeology of the Vat Komnou Cemetery, Angkor Borei, Cambodia," *Indo-Pacific Prehistory Association Bulletin*, 26 (2006), pp. 86–97; Thomas J. Zumbroich, "The Origin and Diffusion of Betel Chewing: A Synthesis of Evidence from South Asia, Southeast Asia and Beyond," p. 106.

[26] 詳見 Michael Pietrusewsky, *Prehistoric Human Remains from Non Pa Kluay, Northeast Thailand* (Dunedin, N.Z.: Department of Anthropology, University of Otago, 1988), pp. 1–9.

㈤擴散的推論

　　根據 Thomas J. Zumbroich 的說法，從湄公河流域 (Mekong Valley) 沿
著越南海岸線一直到紅河三角洲 (Red River Delta)，有相當古老的檳榔文
化。這個區域雖然和太平洋島嶼的南島語族有過接觸，但從語言材料來看，
雙方的檳榔文化可能是獨自發展而來。而從較為明確的物質材料來看，大
約在西元前 500 年左右，這個區域已有普遍的嚼食檳榔習慣，同時由紅河
三角洲一帶傳入中國南方。到了西元元年左右，更由越南向西擴散至東南
亞大陸一帶（包括柬埔寨、泰國、寮國、緬甸等地）。[27] 至於廣大太平洋島
嶼區的檳榔文化，主要是隨著南島語族的移動而擴散，以菲律賓或印尼東
部為起點，在西元前 1,500 年左右傳至馬里亞納群島 (Marianas)，西元前
1,000 年左右傳至帛琉。此外，南島語族也很可能在西元前 1,600 年左右將
檳榔文化帶到俾斯麥群島 (Bismarck Islands)，並在西元前 1,500 年之後隨
著拉皮塔文化 (Lapita culture) 經過西南太平洋擴散至所羅門群島、聖克魯
斯群島 (Santa Cruz Islands) 一帶。[28]

---

27. Thomas J. Zumbroich, "The Origin and Diffusion of Betel Chewing: A Synthesis of
　　Evidence from South Asia, Southeast Asia and Beyond," pp. 110–111.

28. Thomas J. Zumbroich, "The Origin and Diffusion of Betel Chewing: A Synthesis of
　　Evidence from South Asia, Southeast Asia and Beyond," p. 112.

三、歷史文獻中的檳榔地

㈠梵文與巴利文的傳述

　　印度和中國或許都不是檳榔的原鄉，卻是當今檳榔最重要的生產與消費地區。而其歷史文獻，不僅記載了自身的檳榔文化，還提及周邊地區的情形，讓我們對於檳榔文化在古代世界的分布情形，可以有較清楚的認識。例如，印度的梵文史詩《羅摩衍那》(*Rāmāyaṇa*) 之中，有個詞彙 *tāmbūlika*，便有人解讀為「檳榔販者」(betel seller)。《羅摩衍那》的成書大約是在西元前 300– 前 200 年，但其所記載的故事發生的年代應該更早，大約是在西元前 750– 前 500 年間。假如這是正確的，那麼，我們可以說，最早在西元前八世紀，最晚在西元前三世紀，印度已經有檳榔的買賣。不過，《羅摩衍那》的成書、版本、年代問題都相當複雜，書中所提及的詞彙是否真的意指「檳榔販者」，也還有爭議。[29]

　　其次，斯里蘭卡的巴利文史書《島嶼紀事》(*Dīpavaṃsa*) 曾提及孔雀王朝的阿育王 (Ashoka Maurya, 304–232 BC) 在接受灌頂之時（大約是西元前 270 年），眾天神帶來了許多不同的食物，其中便有蔞藤 (*nāgalatā*) 和檳榔 (*pūga*)。而另一本史書《大史》(*Mahāvaṃsa*) 則在敘述阿育王皈依佛教之事時也有類似的記載，並說他在灌頂之後曾以大量的蔞藤（蔞葉）供養佛教的比丘。[30] 上述二書，《島嶼紀事》大概成書於西元第三世紀後，《大

---

29. Thomas J. Zumbroich, "The Origin and Diffusion of Betel Chewing: A Synthesis of Evidence from South Asia, Southeast Asia and Beyond," p. 116.

史》則編成於西元第五世紀，因此，這究竟是史實還是傳說，還有商榷的
餘地。而且，學者對於巴利文的解譯往往不盡相同，甚至南轅北轍，令人
難以抉擇。例如，德國的藥物學家勒溫 (Louis Lewin, 1850–1929 AD) 在其
有關檳榔、荖藤與嚼食荖葉的開山之作 *Über Areca catechu, Chavica betle
und das Betelkauen* (Stuttgart, 1889) 中曾引述《大史》說：西元前 504 年，
斯里蘭卡國王 Paṇḍukābhaya 的一位公主曾送荖葉（或說是檳榔）給她的情
人。此外，他還提到西元前 161 年，斯里蘭卡國王 Duṭṭhagāmaṇī 在和泰米
爾人 (Tamils) 的戰鬥中似乎因為口嚼檳榔而染紅雙唇，以致泰米爾人造謠
說他受傷流血。這兩則「傳說」經常被探討檳榔文化起源的學者引述，但
是，也有學者根據巴利文《大史》的其他譯本指出，這似乎只是勒溫誤讀
文獻而傳述的「故事」，並非事實。[31] 不過，《大史》的確提到國王
Duṭṭhagāmaṇī（活躍於 161–137 BC）曾在阿努拉德普勒 (Anurādhapura) 興
建大舍利塔 (*Mahāthūpa*)，獎賞工人時，不僅給予金錢、衣服、飲食、香
花、糖，還賜與五種口含的香藥。原文並未說明究竟是指哪五種香藥，但
根據較晚（西元八或九世紀）的註解，其中應該包含檳榔和樟腦。[32]

---

30. Thomas J. Zumbroich, "The Origin and Diffusion of Betel Chewing: A Synthesis of
   Evidence from South Asia, Southeast Asia and Beyond," p. 116. 另參摩訶那摩等著，韓
   廷傑譯，《大史：斯里蘭卡佛教史》（臺北：佛光文化，1996），頁 31、36。案：中
   文譯本將 *nāgalatā* 譯為「那伽羅多樹做的齒木」、「那伽羅多的齒木」。

31. Thomas J. Zumbroich, "The Origin and Diffusion of Betel Chewing: A Synthesis of
   Evidence from South Asia, Southeast Asia and Beyond," p. 117.

32. 詳見 Thomas J. Zumbroich, "The Origin and Diffusion of Betel Chewing: A Synthesis
   of Evidence from South Asia, Southeast Asia and Beyond," pp. 117–118. 另參摩訶那
   摩等著，韓廷傑譯，《大史：斯里蘭卡佛教史》，頁 220。

此外，印度傳統醫學「阿育吠陀」（*āyurveda*，或譯阿輸吠陀）中的
《闍羅迦集》（*Carakasaṃhitā*，或譯《遮羅迦集》）已提到可以咀嚼檳榔
(*tāmbūla*) 及其他香藥（荖葉、樟腦、肉豆蔻、小豆蔻、蓽澄茄、丁香、香
葵子）以潔淨、芳香口腔。而《妙聞集》(*Suśrutasaṃhitā*) 則說以檳榔和上
述香藥（無小豆蔻）以及石灰一同咀嚼，可以減少流涎，治療喉嚨的疾病，
而且有益心臟的保健。在睡醒、用餐、沐浴、嘔吐之後服用，相當有益健
康。[33] 上述二書的成書年代，眾說紛紜，基本上都非一時一人之著作，不
過，一般認為《闍羅迦集》（或譯《遮羅迦集》）應該早於《妙聞集》，前者
大約成書於西元一世紀的印度西北部，後者則大約成書於西元二至三世紀
印度中東部。[34]

學界對於印度古代的曆年、語言和文獻的解讀或現代轉譯，往往分歧
不一，因此，無論是根據梵文還是巴利文文獻對於檳榔的記載，我們都很
難確定印度和斯里蘭卡一帶的檳榔文化究竟始於何時何地。

㈡漢文字的描述

至於中國的文獻，最早提到「檳榔」的似乎是西漢武帝之時（141–87

---

33. 詳見 Thomas J. Zumbroich, "The Origin and Diffusion of Betel Chewing: A Synthesis
of Evidence from South Asia, Southeast Asia and Beyond," pp. 118–119.

34. 關於《闍羅迦集》和《妙聞集》的成書年代及地域的討論，詳見 Gerrit Jan
Meulenbeld, *A History of Indian Medical Literature* (Groningen: E. Forsten, 1999–
2002), vol. IA, pp. 105–115, 333–352；廖育群，《阿輸吠陀：印度的傳統醫學》（瀋
陽：遼寧教育出版社，2002），頁 1–37；廖育群，《認識印度傳統醫學》（臺北：東
大圖書，2003），頁 33–44。

BC 在位）司馬相如（約 179–117 BC）所寫的〈上林賦〉。在描述上林苑
（皇帝的御花園）的景物時，司馬相如提到苑中種植著多種植物，其中有
「仁頻并閭」。歷代的注疏家幾乎都認為這是指「仁頻」和「并閭」兩種不
同的植物，「仁頻」是檳榔，而「并閭」是椶（棕）。不過，也有一些不同
看法。例如，三國時期魏國 (220–265 AD) 的孟康認為「仁頻」就是椶，但
是，同時期的張揖卻說「并閭」是椶，而唐代顏師古 (581–645 AD)《漢書
注》則認為「仁頻即賓桹（檳榔）」。此外，也有人企圖調和兩說，例如，
李善 (630–689 AD)《文選注》便根據《仙藥錄》「檳榔，一名椶」的說法，
斷定「仁頻即檳榔」，司馬貞 (679–732 AD)《史記索隱》則是引姚氏之說
云：「檳，一名椶，即仁頻也。」[35]

　　總之，我們相信，西元前第二世紀時，西漢王朝的首都長安（今陝西
西安）確實可能已經出現檳榔樹。根據《三輔黃圖》的記載，漢武帝在元

---

35. 司馬遷，《史記》，卷 117，〈司馬相如列傳〉，頁 3030；班固，《漢書》，卷 57 上，
　　〈司馬相如傳〉，頁 2560；蕭統編，李善注，《文選》（上海：上海古籍出版社，
　　1986），卷 8，〈賦・畋獵中・司馬長卿上林賦〉，頁 369。案：現代學者大多認為
　　「仁頻」 是印尼爪哇語 jambi （義指檳榔） 的對音，「檳榔」 則是來自馬來語
　　pinang，但也有人認為漢文的「檳」běl(u) 來自南亞語系 (Austroasiatic languages)，
　　原本是指蒟醬，「榔」的音 (làng)、義（高木；高大的喬木）則是來自南亞語系中的
　　泰語， 兩者複合後轉稱目前所稱之檳榔； 詳見 Camille Imbault-Huart, "Le Bétel,"
　　T'oung Pao, 5 (1894), pp. 311–328; 汪大淵著，蘇繼廎校釋，《島夷誌略校釋》（北
　　京：中華書局，1981），〈麻逸〉，頁 37；松本信廣著，〈檳榔の古名について〉，《史
　　學雜誌》，52：7 (1941)，頁 839；松本信廣，〈檳榔と芭蕉——南方產植物名の研
　　究〉，收入松本信廣先生古稀紀念會編，《東亞民族文論攷》（東京：誠文堂新光社，
　　1968），頁 721–750。

鼎六年 (111 BC) 滅了南越之後，曾經從南越（兩廣、越南一帶）移來各種
「奇草異木」，種植在上林苑中新建的「扶荔宮」，[36] 而根據元代駱天驤（大
約活躍於 1223–1300 AD）纂修的《類編長安志》記載，在各種奇草異木之
中，便包括了「龍眼、荔枝、檳榔、橄欖、千歲子、甘橘」各百餘棵，但
因生態環境差異太大，不久之後便枯萎而死，雖然曾嘗試再度從南方移植，
但終究不成功。[37]

　　無論如何，隨著「南越國」（約 203–111 BC）被併入漢帝國的版圖，
中國自然成為檳榔文化圈的一員。當時的「南越國」所轄之地，大致包括
目前廣東、廣西的大部分地區，福建的一小部分地區，以及海南島、香港、
澳門和越南北部、中部一帶。[38] 這些地區在西元前二世紀時，應該已經可
以看到相當多的檳榔樹。至於嚼食檳榔的相關記錄，最早應該是東漢章帝

36. 嵇含，《南方草木狀》引《三輔黃圖》曰：「漢武帝元鼎六年，破南越，建扶荔宮，
　　以植所得奇草異木。」《百川學海》本，卷上，頁 1–2。案：《三輔黃圖》的作者不
　　詳，成書年代也充滿爭議，或說是南朝梁、陳之際（西元第六世紀），或說是唐朝
　　中葉之後（西元第八世紀），但是，六朝人已有引述此書者，因此，其主要內容應
　　該完成於西元第六世紀之前。
37. 駱天驤纂修，《類編長安志》云：「扶荔宮，在上林苑中。漢武帝元鼎六年，破南
　　越，起扶荔宮，以植所得奇草異木。菖蒲百本，山薑十本，甘蕉十二本，留求子十
　　本，桂百本，密香、指甲花百本，龍眼、荔枝、檳榔、橄欖、千歲子、甘橘皆百
　　本。土木南北異宜，歲時多枯瘁。荔枝自交趾移植百株於庭，無生者，連年猶移植
　　不息。後數歲，偶三二株稍茂，終無華實，帝亦珍惜之。一旦萎死，守吏坐誅者數
　　十人，遂不復蒔矣。其實則歲貢郵傳者，疲斃於道，極為生民之患。至漢安帝時，
　　交趾郡守特陳其弊，遂罷貢。」《宋元方志叢刊》本，卷 2，〈宮殿室庭〉，頁 277b。
38. 關於秦漢時期的「南越國」及其所轄之地，陳佳榮，《隋前南海交通史料研究》（香
　　港：香港大學亞洲研究中心，2003），頁 42–44。

（75–88 AD 在位）、和帝時期（88–105 AD 在位）議郎楊孚的《異物志》，書云：

> 檳榔，若筍竹生竿，種之精硬，引莖直上，不生枝葉，其狀若柱。
> 其顛近上末五六尺間，洪洪腫起，若瘣木焉；因坼裂，出若黍穗，
> 無花而為實，大如桃李。又生棘針，重累其下，所以衛其實也。剖
> 其上皮，煮其膚，熟而貫之，硬如乾棗。以扶留、古賁灰并食，下
> 氣及宿食、白蟲，消穀。飲啖設為口實。[39]

這不僅詳細描述了檳榔的生物特性（外觀、生長及開花結果的過程），也介
紹了嚼食檳榔的方法（將檳榔子去皮、煮熟、曝乾，然後和扶留、古賁灰
共食），以及檳榔的醫藥功能。關於嚼食方式，《異物志》在介紹扶留的時
候也說：

> 古賁灰，牡礪灰也。與扶留、檳榔三物合食，然後善也。扶留藤，
> 似木防己。扶留、檳榔，所生相去遠，為物甚異而相成。俗曰：「檳
> 榔扶留，可以忘憂」。[40]

可惜的是，《異物志》原書已經亡佚，以上這兩段文字是引自北魏
(386–534 AD) 賈思勰的《齊民要術》，[41] 而且，在隋 (581–618 AD) 之前，

---

39. 賈思勰，《齊民要術》〔繆啟愉校釋，繆桂龍參校，《齊民要術校釋》〕（北京：
　　農業出版社，1982），卷 10，〈五穀、果蓏、菜茹非中國物產者・檳榔〉，頁 600 引。

40. 賈思勰，《齊民要術》，卷 10，〈五穀、果蓏、菜茹非中國物產者・扶留〉，頁 623 引。

41. 這兩段內容也被其他文獻轉引，但文字略有出入，相關的討論，詳見吳永章，《異
　　物志輯佚校注》（廣州：廣東人民出版社，2010），〈食果・檳榔〉，頁 120–125；〈玉

至少有四、五人都曾撰寫過以「異物志」為名的著作，所以，這兩段材料是否確實出自楊孚之手，還無法完全確定。不過，楊孚是南海「河南」（今廣州市海珠區下渡村）人，而以「異物志」為書名及文類的寫作風潮也是由他開始，因此，在他專門介紹南方「異物」的書中提到故鄉的檳榔，應該很有可能。[42]

根據上述文獻，我們可以大膽推斷，中國南方的部分住民開始嚼食檳榔，最晚應該不會晚於西元一世紀。然而這地區的族群與文化，與未被納入中國版圖的周邊地區（包括現在的越南中南部、柬埔寨等地），其實高度親似，因此，如果結合前述的考古資料來看，則其開始嚼食檳榔的年代應該不會晚於西元前二世紀。

㈢中國的周邊

1.三國至南北朝時期

在漢王朝併吞南越國並設立郡縣之後，中國和東南亞地區的互動便更加頻密，中國文獻對於這個區域的風土、物產、人情的記載也逐漸增多，其中不少都涉及當地的檳榔文化。例如，《林邑國記》（大約成書於西元六世紀以前）便說林邑當地「家有數百樹」檳榔。[43] 林邑國又叫占婆 (Champa) 王國，位於現在的越南中、南部一帶。有些學者認為，在西元前

石・古賁灰〉，頁 201–202。

42. 關於楊孚的生平以及《異物志》，詳見吳永章，《異物志輯佚校注》，〈前言〉，頁 1–25。

43. 賈思勰，《齊民要術》，卷 10，〈五穀、果蓏、菜茹非中國物產者・檳榔〉，頁 600 引。

1,000– 前 500 年間，有一些南島語系的人群從島嶼區（可能是 Borneo）遷移到越南海岸一帶，他們和原本居住在當地之南亞語系的孟－高棉 (Mon-Khmer) 語族有所互動，後來才建立了林邑國。在越南中部考古遺址所發現的沙黃 (Sa Huýnh) 文化（約 1000 BC–200 AD），混合了南亞語系和南島語系的一些文化特徵，可能就是林邑國人的先祖，其檳榔文化起源相當早。[44]

其次，屬於孟－高棉語族的另一古國扶南（在今柬埔寨境內），鄰近林邑國，其檳榔文化也很早就見於記載。例如，蕭子顯 (489–537 AD) 的《南齊書》便說扶南國「多檳榔」，常被林邑國「侵擊」，其國王曾經在齊武帝永明二年 (484 AD) 派遣使者到中國獻禮並求援，而在進貢的禮物之中，便有「瑇瑁檳榔柈一枚」。[45]

此外，姚思廉 (557–637 AD) 的《梁書》則提到「在南海洲上」的干陀利國「俗與林邑、扶南略同」，也生產檳榔，而且，「檳榔特精好，為諸國之極」，在宋孝武帝時期（454–464 AD 在位），其國王也曾派遣使者到中國進貢。[46] 不過，究竟干陀利國的所在地是印尼蘇門答臘的巨港 (Palembang；原稱舊港) 還是馬來半島的吉打 (Kedah)，學界似乎尚無定論。[47]

---

44. Thomas J. Zumbroich, "The Origin and Diffusion of Betel Chewing: A Synthesis of Evidence from South Asia, Southeast Asia and Beyond," p. 105.

45. 蕭子顯，《南齊書》（北京：中華書局，1972），卷 58，〈列傳・南夷・扶南國〉，頁 1015–1017。案：關於林邑、扶南之間的衝突、交戰，以及中國介入的始末，詳見劉淑芬，〈六朝南海貿易的開展〉，《食貨月刊》，復刊 15：9 & 10 (1986)，頁 9–24；陳佳榮，《隋前南海交通史料研究》（香港：香港大學亞洲研究中心，2003），頁 54–55。

46. 姚思廉，《梁書》（北京：中華書局，1973），卷 54，〈列傳・諸夷・海南諸國・干陀利國〉，頁 794。

總而言之，最晚從西元前第二世紀開始，一直到西元第六世紀，中國人對於東南亞大陸區的越南、柬埔寨一帶，以及島嶼區的印尼或馬來西亞一帶的檳榔文化，已經逐漸熟知。

2.隋唐至兩宋時期

其後，從隋唐到兩宋時期 (581–1279 AD)，中國文獻對於這個地區檳榔文化的記載仍然不斷，除了上述諸國之外，提及的地點也更多。例如，唐代僧人義淨 (635–713 AD) 在唐高宗（649–683 AD 在位）咸亨三年 (672 AD) 曾到過裸人國，在當地看到「椰子樹、檳榔林森然可愛」。[48] 一般認為裸人國是在目前印度的尼科巴群島 (Nicobar Islands)。[49]

其次，杜佑 (735–812 AD)《通典》提到哥羅國的禮俗「嫁娶初問婚，惟以檳榔為禮，多者至二百盤」；[50] 丹丹國「土出金銀、白檀、蘇方木、檳榔」。[51] 哥羅國又叫哥羅富沙羅國，地點應該就是目前馬來西亞西北部的吉打，[52] 而丹丹國的地點也應該是在目前馬來西亞境內，只是究竟是馬來半島東北的哥打巴魯 (Kota Baru) 附近的 Tendong，還是西岸的曼絨市（Dindings；舊稱天定），或是新加坡附近，學界並無定說。[53]

---

47. 陳佳榮、謝方、陸峻嶺，《古代南海地名匯釋》（北京：中華書局，1986），頁 964；陳佳榮，《隋前南海交通史料研究》，頁 56。

48. 義淨，《大唐西域求法高僧傳二卷》，《大正新脩大藏經》（東京：大正一切經刊行會，1924–1934），冊 51，T2066，卷下，頁 7c–8a。

49. 陳佳榮、謝方、陸峻嶺，《古代南海地名匯釋》，頁 907、1006。

50. 杜佑，《通典》，卷 188，〈邊防四・南蠻下・哥羅〉，頁 5089。

51. 杜佑，《通典》，卷 188，〈邊防四・南蠻下・丹丹〉，頁 5102。

52. 陳佳榮、謝方、陸峻嶺，《古代南海地名匯釋》，頁 966–967、972。

再者，袁滋 (749–818 AD)《雲南記》說雲南「多生大腹檳榔」，但也指出其根源是 「彌臣國來」。[54] 彌臣國應該是在當今緬甸西南方勃生河 (Pathein River) 東岸的勃生（Pathein；舊稱 Bassein）附近，或是在緬甸伊洛瓦底江（Ayeyarwady River；舊稱 Irrawaddy River）流入印度洋安達曼海 (Andaman Sea; Burma Sea) 的出海口附近。[55]

樊綽 （活躍於 862–865 AD）《南夷志》（又名《蠻書》） 則說崑崙國「出象及青木、香旃檀、檳榔、琉璃、水精、犀牙等物」。[56] 此處所說的崑崙國，地點應該是在當今緬甸薩爾溫江（Salween River；中國稱之為怒江）口附近，或是在泰國境內。[57]

此外，宋代歐陽修 (1007–1072 AD)《新唐書》提到闍婆（在今印尼爪哇島上）附近的婆賄伽盧「國土熱，衢路植椰子、檳榔，仰不見日」，[58] 可見此地盛產檳榔。但婆賄伽盧的地點究竟何在，學界異說甚多。或說是指今緬甸西南部阿拉干 (Arakan) 山脈貫穿的若開邦 （Rakhine State ； 舊稱 Arakan State）附近的古都 Barakura；或說是在馬來半島上；或認為這是婆賂伽盧之誤，也就是婆露伽斯，在印尼爪哇島東部的錦石 (Gresik) 一帶。[59]

---

53. 陳佳榮、謝方、陸峻岭，《古代南海地名匯釋》，頁 1060。

54. 李昉等，《太平御覽》，卷 971，〈果部八・檳榔〉，頁 4437a 引。

55. 陳佳榮、謝方、陸峻岭，《古代南海地名匯釋》，頁 911–912。

56. 李昉等，《太平御覽》，卷 789，〈四夷部十・南蠻五・崑崙國〉，頁 3627a 引。

57. 「崑崙國」屢見於中國古籍，或指西方崑崙，或指南海崑崙。若是南海崑崙，則或是泛稱中南半島、馬來群島一帶，或是特指其中的某個地區，必須依內容判定。此處所指，一般認為是特指目前緬甸或泰國境內的古代小國；詳見陳佳榮、謝方、陸峻岭，《古代南海地名匯釋》，頁 505–508。

58. 歐陽修，《新唐書》，卷 222 下，〈列傳第一百四十七下・南蠻下〉，頁 6307–6308。

這三種說法，似乎以爪哇說較為可能，因為一般認為闍婆即今印尼爪哇島或特指該島東北角的泗水（Surabaya；或譯蘇臘巴亞）一帶。[60] 事實上，闍婆曾經在北宋太宗淳化三年 (992 AD) 十二月，派遣使者到首都開封，奉獻了不少「貢物」，其中一項是「玳瑁檳榔盤二面」，[61] 可見這一帶應該都是檳榔的產區。

至於兩宋時期的情形，北宋樂史 (930–1007 AD)《太平寰宇記》雖然也有記載，但基本上只是抄錄過去的文獻而成，可以不論。真正重要的是南宋趙汝适 (1170–1231 AD)《諸蕃志》（撰於 1225 AD）的資料。趙汝适曾經擔任福建路市舶提舉，兼權泉州市舶，前後四年 (1224–1227 AD)，由於職務上的便利，他能廣泛接觸當時到泉州貿易的各國商人，因此，《諸蕃志》的內容應有不少是他親自訪談所得。[62] 而他提到檳榔產地共有八國：交趾國、占城國 (Campa/Annam)、三佛齊國、細蘭國、闍婆國、注輦國、浡泥國、麻逸國 (Mindoro)。[63] 其中，交趾國在越南北部，占城國在越南中部，闍婆國在印尼爪哇，都已見於前朝記錄。而其餘五國出產檳榔則似乎是首度見於宋代文獻。三佛齊國在今印尼蘇門答臘東南部，都城原本在巨港（舊港），大約在西元十一世紀中葉遷都到較為北邊的詹卑（Jambi；現

---

59. 陳佳榮、謝方、陸峻岭，《古代南海地名匯釋》，頁 737–738。

60. 楊博文校釋，《諸蕃志校釋》（北京：中華書局，2000），卷上，〈闍婆國〉，頁 55–57，楊博文注釋；陳佳榮、謝方、陸峻岭，《古代南海地名匯釋》，頁 954–955。

61. 徐松輯，四川大學古籍整理研究所標點校勘，王德毅校訂，《宋會要輯稿》，〈蕃夷·闍婆國·太宗·淳化三年〉，頁蕃夷四之九七。

62. 趙汝适著，楊博文校釋，《諸蕃志校釋》，〈前言〉，頁 1–8。

63. 趙汝适著，楊博文校釋，《諸蕃志校釋》，卷上，〈志國〉，頁 1、8–9、34–36、51–52、54–55、74–77、135–137、141；卷下，〈志物〉，頁 186。

譯為占碑）；[64] 細蘭國就是目前的斯里蘭卡（舊稱錫蘭）；[65] 注輦國是南印度的古國，興起於西元九世紀，到西元十三世紀已蔚為大國，主要領土在今印度東南方的烏木海岸 （Coromandel Coast；又叫科羅曼德爾海岸） 一帶，其政治中心可能在今吉斯德納河（Kistna River/Krishna River；又叫奎師那河） 流入孟加拉灣 (Bay of Bengal) 河口地帶的內洛爾 (Nellore)；[66] 浡泥國在現在婆羅洲 (Borneo) 島西北岸，印尼語又叫加里曼丹 (Kalimantan) 島；[67] 麻逸國則是指今菲律賓第七大島民都洛 (Mindoro)。[68] 此外，趙汝适在統括性的介紹諸國各種物產時還說：「檳榔產諸番國籍海南四州，交趾亦有之。」[69] 因此，當時東南亞、南亞一帶，出產檳榔的地方似乎不限於上述八國。

其次，宋元之際的馬端臨 (1254–1323 AD)《文獻通考》也提到九個出產檳榔的國家，包括：交趾國、哥羅國、干陀利國、闍婆國、丹丹國、占城國、三佛齊國、勃泥國、注輦國。[70] 這些國家其實都已見於宋代或宋代

---

64. 趙汝适著，楊博文校釋，《諸蕃志校釋》，卷上，〈志國・三佛齊國〉，頁 36–38；陳佳榮、謝方、陸峻嶺，《古代南海地名匯釋》，頁 1045–1046。

65. 趙汝适著，楊博文校釋，《諸蕃志校釋》，卷上，〈志國・細蘭國〉，頁 53。

66. 趙汝适著，楊博文校釋，《諸蕃志校釋》，卷上，〈志國・注輦國〉，頁 77–78；陳佳榮、謝方、陸峻嶺，《古代南海地名匯釋》，頁 929。

67. 趙汝适著，楊博文校釋，《諸蕃志校釋》，卷上，〈志國・浡泥國〉，頁 137–138；陳佳榮、謝方、陸峻嶺，《古代南海地名匯釋》，頁 917–918。

68. 趙汝适著，楊博文校釋，《諸蕃志校釋》，卷上，〈志國・麻逸〉，頁 142；陳佳榮、謝方、陸峻嶺，《古代南海地名匯釋》，頁 988。

69. 趙汝适，《諸蕃志》，卷下，〈志物・檳榔〉，頁 186。

70. 馬端臨，《文獻通考》，卷 330，〈四裔考七・南三〉，頁 2591b–2594b；卷 331，〈四

以前的文獻，馬端臨只是抄錄或整理，因此，基本上只是反映兩宋時期（甚至是宋以前）中國周邊的情形。事實上，上述九國之中，交州（交趾）、占城、三佛齊、闍婆、勃泥、注輦等六地，也可見於脫脫 (1314–1355 AD) 等人編撰的《宋史》，[71] 這都未超過《諸蕃志》所提及的地區。

3.元明清時期

到了元 (1271–1368 AD)、明 (1368–1644 AD)、清 (1644–1911 AD) 三朝時期，中國文獻對於周邊國家地理、物產、風俗、民情的記載更是大幅增加，描述也更加詳細而清楚，其中，提到生產檳榔或有食用檳榔的國家也不少。以下僅舉較具代表性的著作略作說明。其中最重要的是元代汪大淵 (1311–1350 AD) 的《島夷誌略》，這是他的親身遊歷之作，其所提供的資訊也較前人豐富而確實。[72] 在這本書中，他所提到的檳榔產地共有十六個：麻逸、交趾、遐來勿、羅斛、八節那間、蘇門傍、龍牙菩提、蒲奔、東西竺 (Pulo Aur)、花面、東淡邈、大八丹、土塔、須文那、小唄喃、放拜。[73]

裔考八・南四〉，頁 2600a；卷 331，〈四裔考八・南四〉，頁 2603a；卷 332，〈四裔考九・南五〉，頁 2606a–2606c；卷 332，〈四裔考九・南五〉，頁 2607a；卷 332，〈四裔考九・南五〉，頁 2608b–2609a；卷 332，〈四裔考九・南五〉，頁 2610a；卷 332，〈四裔考九・南五〉，頁 2610c；卷 332，〈四裔考九・南五〉，頁 2611a–2611b。

71. 脫脫等，《宋史》，卷 488，〈外國列傳四〉，頁 14061；卷 489，〈外國列傳五〉，頁 14077–14083、14088、14091、14094、14095–14096。

72. 汪大淵著，蘇繼廎校釋，《島夷誌略校釋》，〈敘論〉，頁 1–15。

73. 汪大淵著，蘇繼廎校釋，《島夷誌略校釋》，頁 33–34、50–51、93、114、138、184–185、190–191、199–200、227、234、277、280、285、314、321、337；卷下，〈志物〉，頁 186。

　　上述這些地方，除了麻逸和交趾之外，都是第一次被提及出產檳榔。
退來勿（退來物）可能就是印尼東部的蘇拉威西島 (Sulawesi Island)。[74] 羅
斛應該是吉蔑族 (Khmers) 在泰國昭披耶河（Chao Phraya River；漢語稱之
為湄南河）一帶所建立的古國，都城在今泰國中部的華富里 (Lopburi)。[75]
八節那間應該是指印尼中爪哇島北岸的北加浪岸 (Pekalongan)。[76] 蘇門傍
可能是指印尼爪哇島東邊的馬都拉島 (Madura Island)。[77] 龍牙菩提應該是
指馬來半島西岸吉打 (Kedah) 州附近的凌加衛島 (Langkawi Island；又名蘭
卡威、呼羅交怡)。[78] 蒲奔應該是在印尼加里曼丹 (Kalimantan) 島南部彭布
安河 (Pembuang River) 河口瓜拉彭布安 (Kuala Pembuang) 一帶。[79] 東西竺
應該是指馬來西亞柔佛 (Johor) 州東海岸的奧爾島 (Pulau Aur)。[80] 花面應該

74. 汪大淵著，蘇繼廎校釋，《島夷誌略校釋》，頁 93–95；陳佳榮、謝方、陸峻岭，《古
　　代南海地名匯釋》，頁 970。案：退來勿（退來物）的地點考證，學界尚無定論，
　　在此暫且遵從蘇繼廎的意見。

75. 汪大淵著，蘇繼廎校釋，《島夷誌略校釋》，頁 115–117。

76. 汪大淵著，蘇繼廎校釋，《島夷誌略校釋》，頁 139–140；陳佳榮、謝方、陸峻岭，
　　《古代南海地名匯釋》，頁 1017。

77. 汪大淵著，蘇繼廎校釋，《島夷誌略校釋》，頁 185–186；陳佳榮、謝方、陸峻岭，
　　《古代南海地名匯釋》，頁 1051。案：也有人認為蘇門傍就是《明史》所載的蘇門
　　邦，在今泰國境內，即素攀 (Suphan)，又名素攀武里 (Suphanburi)。本文遵從蘇繼
　　廎的意見，認為應該是指印尼的馬都拉島。

78. 汪大淵著，蘇繼廎校釋，《島夷誌略校釋》，頁 191–192；陳佳榮、謝方、陸峻岭，
　　《古代南海地名匯釋》，頁 979。

79. 汪大淵著，蘇繼廎校釋，《島夷誌略校釋》，頁 200–201；陳佳榮、謝方、陸峻岭，
　　《古代南海地名匯釋》，頁 1018。

80. 汪大淵著，蘇繼廎校釋，《島夷誌略校釋》，頁 228–229；陳佳榮、謝方、陸峻岭，

是在印尼蘇門答臘 (Sumatera) 多巴湖（Lake Toba；又譯多峇湖）與帕尼河 (Pane River) 區域，是由馬來族的峇搭 (Battak) 人所建立的古國。[81] 東淡邈或許應該寫作束淡邈，其地可能是在今印度西南邊近海的果阿 (Goa)，西元十四世紀時是一個伊斯蘭教的小國。[82] 大八丹應該是在今印度西南角近海的坎納諾爾 （Cannanore/Kannur；又譯坎努爾）、特利切里 （Tellicherry/Thalassery；又譯塔拉斯塞爾伊） 一帶。[83] 土塔應該是在今印度東南角近海的訥加帕塔姆（Negapatam；又譯納加帕蒂南）。[84] 須文那又寫作須門那，可能是在今印度西部的孟買 (Mumbai; Bombay) 北邊，靠近巴塞因 （Bassein/Vasai；又名瓦賽） 的一個古代港口。[85] 小唄喃應該就是其他文獻所說的小葛蘭，在今印度西南海岸邊的俱藍（Coilam/Kollam；又譯奎隆）。[86] 放拜即今印度西部的孟買 (Mumbai; Bombay)。[87]

《古代南海地名匯釋》，頁 903。

81. 汪大淵著，蘇繼廎校釋，《島夷誌略校釋》，頁 234–237；陳佳榮、謝方、陸峻岭，《古代南海地名匯釋》，頁 912、1003–1004。

82. 汪大淵著，蘇繼廎校釋，《島夷誌略校釋》，頁 278–279；陳佳榮、謝方、陸峻岭，《古代南海地名匯釋》，頁 1040–1041。

83. 汪大淵著，蘇繼廎校釋，《島夷誌略校釋》，頁 281；陳佳榮、謝方、陸峻岭，《古代南海地名匯釋》，頁 935。

84. 汪大淵著，蘇繼廎校釋，《島夷誌略校釋》，頁 286–287；陳佳榮、謝方、陸峻岭，《古代南海地名匯釋》，頁 1003。

85. 汪大淵著，蘇繼廎校釋，《島夷誌略校釋》，頁 315–316；陳佳榮、謝方、陸峻岭，《古代南海地名匯釋》，頁 1048。案：有人認為須文那或須門那是在今印度孟買西北邊的松納特 (Somnath)，也有人認為是在孟買南邊的哈勒彼德 (Halebidu/Halebeedu)。本文遵從蘇繼廎的意見，認為應該是在孟買北邊的巴塞因附近。

86. 汪大淵著，蘇繼廎校釋，《島夷誌略校釋》，頁 322–323；陳佳榮、謝方、陸峻岭，

這十六個地點，以當今的版圖來看，一個在菲律賓（麻逸），一個在越南（交趾），一個在泰國（羅斛），五個在印尼（遐來勿、八節那間、蘇門傍、蒲奔、花面），兩個在馬來西亞（龍牙菩提、東西竺），六個在印度（東淡邈、大八丹、土塔、須文那、小唄喃、放拜）。若和元代以前的記載比較，整體而言，這些地點距離中國更加偏南、偏西。

明代的情形，比較重要的記載可見於費信 (1388–？ AD) 的《星槎勝覽》（成書於 1436 AD）和馬歡的《瀛涯勝覽》（成書於 1451 AD）。費信和馬歡都曾以翻譯官的身分數度隨鄭和 (1371–1433 AD) 下西洋，他們的著作雖然也參考、引述前人的記載（尤其是前述的《島夷誌略》），但也不乏親身見聞。[88] 關於檳榔產地或相關習俗，《星槎勝覽》提到的有八國：占城國、靈山 (Cap Varella)、暹羅國 (Siam)、爪哇國、小唄喃國／小葛蘭國、東西竺、麻逸國、大唄喃國／大葛蘭國。[89]《瀛涯勝覽》提到的則有六國：占城國、爪哇國、暹羅國、蘇門嗒剌國、錫蘭國 (Ceylan)、榜葛剌國

《古代南海地名匯釋》，頁 1024–1025。

87. 汪大淵著，蘇繼廎校釋，《島夷誌略校釋》，頁 337–338；陳佳榮、謝方、陸峻岭，《古代南海地名匯釋》，頁 917。

88. 關於這兩本書的成書過程和主要內容，詳見費信著，馮承鈞校注，《星槎勝覽校注》（1938；臺北：臺灣商務印書館，1962），〈《星槎勝覽校注》序〉，頁 1–7；馬歡著，馮承鈞校注，《瀛涯勝覽校注》（1935；臺北：臺灣商務印書館，1962），〈《瀛涯勝覽校注》序〉，頁 1–19；古永繼，〈《瀛涯勝覽》《星槎勝覽》《西洋番國志》簡析〉，收入高發元主編，《世界的鄭和：第二屆昆明鄭和研究國際會議論文集》（昆明：雲南大學出版社，2005），頁 242–252。

89. 費信著，馮承鈞校注，《星槎勝覽校注》，〈前集〉，頁 2、7、11、31；〈後集〉，頁 2、11、16。

(Bengal)。[90] 這十四國之中，去除重複者三國（占城、爪哇、暹羅）之後，共有十一國，但其中的大唄喃國可能根本就不存在，或是與小唄喃國同指一地，[91] 因此只有十國，其中，占城、爪哇（闍婆）、小唄喃、東西竺、麻逸、錫蘭（細蘭）六國都已見於以前的文獻。而靈山在今越南中部東岸的華列拉岬 (Cap Varella)，[92] 與占城相連。暹羅為現在泰國的舊稱，先前提到的羅斛就在泰國南部。[93] 蘇門嗒剌並非指今蘇門答臘全島，而是指該島西北角的亞齊 (Aceh)，[94] 先前提到的三佛齊國、花面都在此島上，只是位置不同。因此，真正首次見於記載的只有榜葛剌國，也就是現今的孟加拉國和印度的西孟加拉邦 (West Bengal) 一帶。[95]

清代的情形，較具代表性的著作似乎是清高宗（1735–1796 AD 在位）敕撰，成書於乾隆四十九年 (1784 AD) 的《清朝文獻通考》（《欽定皇朝文獻通考》）。此書提到的檳榔出產與禮俗之地有九國：三佛齊、文郎馬神、占城、柔佛、緬甸、安南、暹羅、柬埔寨、莽均達老。[96] 這些地名有些已

---

90. 馬歡著，馮承鈞校注，《瀛涯勝覽校注》，頁 4、11、19–20、30、37、60。

91. 根據馮承鈞的看法，《星槎勝覽》所載的大唄喃國，是費信抄錄《島夷誌略》所載小唄喃國的資料而成，應該沒有這個地點。詳見費信著，馮承鈞校注，《星槎勝覽校注》，〈後集〉，頁 16。

92. 陳佳榮、謝方、陸峻嶺，《古代南海地名匯釋》，頁 1069。

93. 陳佳榮、謝方、陸峻嶺，《古代南海地名匯釋》，頁 1037。

94. 馬歡著，馮承鈞校注，《瀛涯勝覽校注》，頁 27。

95. 陳佳榮、謝方、陸峻嶺，《古代南海地名匯釋》，頁 913–914。

96. 清高宗敕撰，《清朝文獻通考》（臺北：臺灣商務印書館，1987），卷 238，〈四裔考二・東南夷・三佛齊〉，頁 4742c–4743a；〈四裔考二・東南夷・三佛齊（文郎馬神買哇柔附）〉，頁 4743a–4743b；卷 239，〈四裔考三・南夷・占城〉，頁 4748b；〈四

見於前朝的記載（三佛齊、占城、暹羅、柬埔寨），有些沿用至今（緬甸、
柔佛），而安南就是前面經常提到的交趾。[97] 首度出現的文郎馬神在今印尼
加里曼丹 (Kalimantan) 島南岸的馬辰 (Banjarmasin)，[98] 莽均達老則是指菲
律賓民答那峨（Mindanao；又譯棉蘭老）島南部的哥達巴都（Catabato；
又譯哥打巴托）一帶。[99]

　　其他的零星記載，姑且不論。但是，成書於乾隆四十二年 (1777 AD)
的《西域聞見錄》有一段記載卻是值得一提。此書是滿人七十一（姓尼瑪
查，號椿園；死於 1785 AD 前後）在庫車辦事處任職時所寫，他曾經在新
疆居住十餘年，因此，書中所描述西域各國的風土人情，大多是親自見聞
而來。[100] 其中，他提到溫都斯坦 (Hindustan) 的物產時說：

> 粳糯、秔稻及瓜果、蔬菜，靡不繁植。檳榔、栨榔、椶櫚、橘柚，
> 在在成林，冬不凋葉。[101]

　　裔考三・南夷・彭亨（附）〉，頁 4750a；卷 243，〈四裔考七・西南夷・雲南土司
　　二・緬甸〉，頁 4783a；卷 296，〈四裔考四・南一・安南〉，頁 7450a–7450b；卷
　　297，〈四裔考五・南二・暹羅〉，頁 7450a–7461c；〈四裔考五・南二・柬埔案〉，頁
　　7463c；〈四裔考五・南二・莽均達老〉，頁 7465a。

97. 陳佳榮、謝方、陸峻岭，《古代南海地名匯釋》，頁 928–929。

98. 陳佳榮、謝方、陸峻岭，《古代南海地名匯釋》，頁 908–909。

99. 陳佳榮、謝方、陸峻岭，《古代南海地名匯釋》，頁 932。

100. 李亞茹，〈清人七十一與《西域聞見錄》〉，《新疆大學學報（哲學人文社會科學
　　版）》，2008：5 (2008)，頁 67–71；張揚、余敏輝，《西域聞見錄》版本、作者及
　　史料價值〉，《合肥師範學院學報》，31：1 (2013)，頁 74–81。

101. 椿園，《西域聞見錄》（《青照堂叢書》本），卷 3 上，〈外藩列傳上・溫都斯坦〉。

　　溫都斯坦又稱痕都斯坦、痕奴斯坦，最早是波斯人對於印度河一帶的
稱呼，確切的地理範圍則隨時代不同而有不小的變異，不過，一般來說，
大致不出北印度、喀什米爾 (Kashmir)、巴基斯坦、阿富汗 (Afghanistan) 一
帶，曾經是蒙兀兒帝國（Mughal Empire, 1526–1858；又譯莫臥兒帝國）的
一部分，而且是信奉伊斯蘭教的地區。[102] 但是，若以清乾隆時期的文獻來
看，當時所說的痕都斯坦，北界在北緯 29 度 15 分，南邊則與印度接壤，
東界在東經 72 度，與喀什米爾，因此，其主要疆域應該在今巴基斯坦境
內。[103] 此地緯度已高，卻仍可見到檳榔，相當特殊。無論如何，蒙兀兒帝
國大約從第二個君王胡馬雍 (Humayun, 1508–1556 AD) 統治時期 (1530–
1556 AD) 起，就因受到印度妻妾的影響，逐漸接受來自北印度的檳榔文
化，並創製了不少風格獨特的玉製檳榔盒與檳榔痰盂，部分還保留在臺北
的故宮博物院。[104]

---

102. 詳見周南泉，〈痕都斯坦與其地所造玉器考〉，《故宮博物院院刊》，1998 ： 1
　　（1998），頁 60–66、98 ； Amita Satyal, "The Mughal Empire, Overland Trade, and
　　Merchants of Northern India, 1526–1707," Ph. D. Dissertation, University of California,
　　Berkeley (2008), pp. 1–45.

103. 詳見周南泉，〈痕都斯坦與其地所造玉器考〉，《故宮博物院院刊》，1988 ： 1
　　（1998），頁 60–62。

104. 詳見吳偉蘋，〈乾隆皇帝的伊斯蘭檳榔盒：異文化的想像與認識〉，《故宮文物月
　　刊》，301 （2008），頁 70–81。案：關於蒙兀兒帝國的檳榔文化，除了器物之外，
　　在其傳世的繪畫作品也有所描述。

4.清初的臺灣

關於臺灣出產檳榔的情形及嚼食檳榔的風氣，隨著大清國在康熙二十三年 (1684 AD) 將臺灣正式納入版圖，也開始密集見於中國的文獻。起初，臺灣隸屬於福建省，設有一府（臺灣府）三縣（臺灣縣、諸羅縣、鳳山縣）。首任臺灣知府是蔣毓英（任期 1684–1689 AD），在他所纂修的《臺灣府志》（成書於 1685 AD）中，描述臺灣的物產時，便已提到檳榔及其食用方式：

> 檳榔：向陽曰檳榔，向陰曰大腹，實可入藥。叢似椰而低，實如雞心而差大。和蔞藤食之，能醉人。粵甚盛，且甚重之，蓋南方地濕，不服此無以祛瘴。蔞藤蔓生，葉似桑，味辛，和檳榔食。[105]

此書很清楚的告訴我們當時的吃法是將檳榔子（實）和蔞藤（籐）、蔞葉一起嚼食，而且，這個習俗和「粵人」（廣東移民）原鄉的物產與風氣有關，嚼食的動機是為了防治瘴癘之害。其次，福建長樂人林謙光在清康熙二十六年 (1687 AD) 來臺擔任臺灣府儒學教授，在他編纂的《臺灣府紀略》（刊於 1690 AD）中，在介紹臺灣「果之美者」時也提到檳榔。[106] 緊接著，高拱乾在擔任福建分巡臺灣廈門兵備道期間 (1691–1695 AD) 纂修完成的

---

105. 蔣毓英，《臺灣府志》（《臺灣文獻叢刊》65），卷 4，〈物產志・果之屬〉，頁 74。案：本文所使用的臺灣方志史料，除非另外註明者外，均使用臺灣銀行經濟研究室編的《臺灣文獻叢刊》本（臺北：臺灣銀行經濟研究室，1957–1972），為避免繁瑣，以下不再一一註明出版資訊。

106. 林謙光，《臺灣府紀略》，收入臺灣銀行經濟研究室編，《澎湖臺灣紀略・臺灣紀略》（《臺灣文獻叢刊》104；臺北：臺灣銀行經濟研究室，1961），〈物產〉，頁 63。

《臺灣府志》（成書於 1695 AD），也說臺灣出產檳榔，「能醉人，可以祛瘴」，[107] 府學的學田還「雜植椰、檨、檳榔等樹」。[108] 其後，浙江人郁永河 (1645–？ AD) 在清康熙三十六年 (1697 AD) 來臺灣工作、遊歷約九個月，並於次年 (1698 AD) 將他的見聞撰成《裨海紀遊》，而在這本書中，他對於臺灣住民嚼食檳榔的方式也有以下描述：

> 獨榦凌霄不作枝，垂垂青子任紛披；摘來還共蔞根嚼，贏得唇間盡染脂。（檳榔無旁枝，亭亭直上，……子形似羊棗，土人稱為棗子檳榔。食檳榔者必與蔞根、蠣灰同嚼，否則澀口且辣。食後口唇盡紅。）[109]

他的觀察或著重與蔣毓英纂修的《臺灣府志》略有不同，他發現嚼食檳榔必須與蔞（簍）根、蠣灰同嚼，否則會澀口且辣，食後則會口唇盡紅。

到了西元十八世紀，漳州人陳夢林 (1664–1739 AD) 等在清康熙五十六年 (1717 AD) 所纂修完成的《諸羅縣志》仍提到：

> 土產檳榔，無益饑飽，云可解瘴氣；薦客，先於茶酒。閭里雀角或相詬誶，其大者親鄰置酒解之，小者輒用檳榔。百文之費，而息兩氏一朝之忿；物有以無用為有用者，此類是也。然男女咀嚼，競紅於一抹；或歲靡數十千，亦無謂矣。[110]

---

107. 高拱乾，《臺灣府志》（《臺灣文獻叢刊》65），卷 7，〈風土志・土產〉，頁 199–200。

108. 高拱乾，《臺灣府志》（《臺灣文獻叢刊》65），卷 2，〈規制志・學田〉，頁 34。

109. 郁永河，《裨海紀遊》（《臺灣文獻叢刊》44），卷上，頁 15。

110. 周鍾瑄修，陳夢林、李欽文纂，《諸羅縣志》（《臺灣文獻叢刊》141），卷 8，〈風俗志・漢俗〉，頁 145。

這段文字相當簡潔的說明了檳榔在臺灣漢人社會的主要功能（解瘴癘、款待賓客、解糾紛），以及臺灣人好嚼的原因（防治疾病），同時也指出，無論男女都不惜耗費數萬錢在嚼食檳榔上。其後，由臺灣府海防捕盜同知兼臺灣縣知縣王禮 (？–1721 AD) 掛名主修，於康熙五十九年 (1720 AD) 纂成的《臺灣縣志》也說：

> 檳榔之產，盛於北路、次於南路，邑所產者十之一耳。但南北路之檳榔，皆鬻於邑中，以其用之者大也。[111]

由此可見，當時臺灣各地都出產檳榔，臺灣縣所在的「中路」（今臺南一帶）則是各方檳榔匯聚、交易之處，需求也最大。不過，產量較多的是「北路」，也就是當時諸羅縣（大致是今嘉義、雲林、彰化一帶）以北的地方，產量次多的是「南路」，也就是當時鳳山縣（大致是今高雄、鳳山一帶）以南的地方。

　　總之，從西元十七世紀下半葉到十八世紀上半葉，無論是官修方志還是私人撰述，大多會注意到臺灣的檳榔及相關禮俗，而類似的記載也不斷出現在十八世紀下半葉到十九世紀末的各種臺灣文獻之中，因數量龐大，在此不再具引。

㈣西方、中東與東亞人士的異國見聞

　　除了印度和中國的文獻之外，歐美、中東以及東亞各國士人，或因經商，或因旅行，或因傳教，或因研究，或因出使，或因殖民，有些會到南

---

111. 王禮修，陳文達纂，《臺灣縣志》（《臺灣文獻叢刊》103），〈輿地志‧風俗‧雜俗〉，頁 58。

亞、東南亞以及中國短期或長期居留，並記錄他們在當地的生活、業務、
觀察與見聞，因而留下形形色色的日記、遊記、書信、報導、通訊、報告
等，其中不乏與檳榔相關的資料。但因資料眾多，而且已有若干著作作過
介紹，在此便不再一一引述，[112] 只舉分別與臺灣和中國有關的兩種資料，
略作說明。

例如，西元十七世紀，荷蘭東印度公司 (Vereenigde Oost-Indische
Compagnie) 在東南亞及東亞進行商貿與殖民活動時，便留下了不少記錄。
以《巴達維亞城日記》(*Dagh-register gehouden int Casteel Batavia*) 的內容
來看，荷蘭人登陸臺灣不久就已開始注意當地的物產，1624 年 2 月便記載
西拉雅人居住的蕭壟地區（今臺南佳里）出產「檳榔子、香蕉、檸檬、橘
子、西瓜、匏瓜、甘蔗及其他美味之鮮果」。[113] 1634 年 5 月記載該公司在
暹羅的商務員為了運銷日本特別準備了各種當地的貨物，其中便有「檳榔
子一萬一千斤」。[114] 1634 年 11 月又記載該公司的商船替商人從暹羅載運諸
多貨品銷往日本，其中有檳榔子一萬斤。[115] 1636 年 2 月則記載該公司於
1635 年 11 月 23 日「以白人五百人分為七隊進軍」，出征麻豆（今臺南麻
豆），勝利之後，在 11 月 24 日「將周圍栽種多數檳榔及椰子樹之麻豆住

---

112. Dawn F. Rooney, *Betel Chewing Traditions in South-East Asia*, pp. 1–15; 瑪潔莉‧謝
　　佛 (Marjorie Shaffer) 著，顧淑馨譯，《最嗆的貿易史：小小胡椒，打造世界經濟版
　　圖》（臺北：商業周刊，2013），頁 46、50–51、119、291–292。

113. 東印度公司原著，村上直次郎日譯，郭輝重譯，《巴達維亞城日記》(*Dagh-register
　　gehouden int Casteel Batavia*)（臺北：臺灣省文獻委員會，1970），頁 33。

114. 東印度公司，《巴達維亞城日記》，頁 120–121。

115. 東印度公司，《巴達維亞城日記》，頁 141–142。

屋，盡予以破壞並加以焚燬，但植物則予以保存」。同年 12 月 3 日，麻豆頭人及村民到熱蘭遮城（Zeelandia；今臺南安平古堡）正式投降，並「將檳榔及椰子小樹數株，栽種入土，以為歸順之證據」。同年 12 月 18 日，雙方簽訂協約，其中第二條說：「我等以獻呈栽種土上之椰子及檳榔小樹表示將我等自祖先以來所有麻豆村及附近平地……，完全移讓於荷蘭諸州之議會」。[116] 從這四則「日記」來看，在西元十七世紀上半葉，檳榔似乎已普遍栽種在臺灣原住民西拉雅人的住屋周遭，而且被視為主要的財產或領土標誌。但是，在荷蘭統治時期的臺灣，檳榔似乎還不是主要的經濟作物，不是荷蘭人鼓勵種植或課稅的作物。[117] 至於日本則是檳榔的進口國，而暹羅（泰國）是主要的供應國家之一，臺灣只是其轉運站。[118] 由於日本一直都沒有嚼食檳榔的風氣，而且一直到十八世紀才由荷蘭人引植檳榔樹，[119] 因

---

116. 東印度公司，《巴達維亞城日記》，頁 150–152。案：根據江樹生譯註，《熱蘭遮城日記》(*De Dagregisters van het Kasteel Zeelandia*) 的記載，並非栽種檳榔及椰子樹，而是「交出種在土裡的小檳榔樹及小椰子樹，表示轉讓麻豆社及其附近土地給荷蘭政府」（臺南：臺南市政府，2000–2011，第一冊，頁 222）。從此之後，臺灣各地原住民歸順荷蘭的儀式與協約便依麻豆模式；詳見蔣淑如，〈清代臺灣的檳榔文化〉，頁 33–34。

117. 關於荷蘭統治時期臺灣主要的經濟作物，參見韓家寶 (Pol Heyns) 著，鄭維中譯，《荷蘭時代臺灣的經濟‧土地與稅務》(*Economy, Land Rights and Taxation in Dutch Formosa*)（臺北：播種者文化，2002）。

118. 十七世紀的臺灣是東亞世界商貿活動的主要轉運站之一。詳見曹永和，〈導論：十七世紀作為東亞轉運站的臺灣〉，收入石守謙主編，《福爾摩沙：十七世紀的臺灣‧荷蘭與東亞》（臺北：國立故宮博物院，2003），頁 13–32；陳國棟，〈轉運與出口：荷據時期的貿易與產業〉。收入石守謙主編，《福爾摩沙：十七世紀的臺灣‧荷蘭與東亞》，頁 53–74。

此，日本進口檳榔可能是受中國醫學的影響，主要是當作藥物使用。[120]

　　此外，荷蘭占領臺灣時期 (1624–1661 AD)，來臺的荷蘭官員、商人與傳教士也留下了不少有關臺灣風土人情的記錄，其中，也有提到檳榔者。例如，第一位到臺灣傳揚基督新教的荷蘭傳教士干治士 (Georgius Candidius, 1597–1647 AD)，在 1628 年 12 月 27 日寫給荷蘭東印度公司的臺灣長官努易茲 (Pieter Nuyts, 1598–1655 AD) 的備忘錄中，便提到臺灣原住民所種植的水果中「檳榔也很豐富」，而尫姨 (*Inibs*) 在祭神的時候會殺豬，並以「煮熟之米、檳榔和大量的飲料」作為祭品。[121]

　　朝鮮人柳得恭 (1748–1807 AD) 在乾隆五十五年 (1790 AD) 出使北京時，[122] 曾與緬甸使節團相遇，並有所交談和相互饋贈禮物，事後以一詩記此事云：

---

119. 檳榔樹（苗）在 1720 年由荷蘭輸入長崎，其後栽植在四國南部、九州一帶。琉球也有。詳見水村四郎等，《本草圖譜總合解說》（京都：朋友書店，1986–1991），第三冊，頁 1538–1540。

120. 詳見朝比奈泰彥編修，《正倉院藥物》（大阪：植物文獻刊行會，1955），頁 201–202。

121. 詳見甘為霖 (William Campbell) 英譯，李雄揮漢譯，《荷據下的福爾摩莎》(*Formosa Under the Dutch: Described from Contemporary Records, with Explanatory Notes and a Bibliography of the Island*)（臺北：前衛出版社，2003），頁 19、35。

122. 關於柳得恭的生平及著作，詳見朴現圭，《中國學者評論朝鮮柳得恭的〈灤陽錄〉與〈燕臺再游錄〉》，《韓國學論文集》，第九輯（哈爾濱：黑龍江朝鮮民族出版社，2001），頁 94–103；王振忠，〈朝鮮柳得恭筆下清乾嘉時代的中國社會──以哈佛燕京圖書館所藏抄本《泠齋詩集》為中心〉，《中華文史論叢》，2008：2（2008），頁 133–177。

銀盒檳榔滿滿懷，微吟俚曲踏天街。未駝覺抓何官職，石筆縈回看篆蝸。[123]

首句所描寫的是緬甸使節團吃檳榔的情景，他自注說：

緬甸凡二十八人，使者四人，……小銀盒盛檳榔、扶留藤葉、蛤灰，藏於衣領內，時時探出，以藤葉裹灰食之。嚼檳榔，微微唱曲，步於庭中。[124]

由此可見，緬甸人即使遠赴異邦，仍隨身攜帶檳榔。

四、結　語

無論是檳榔的原生地，或是人工種植檳榔的發源地，還是嚼食檳榔的文化原鄉，我們大概已經無法指出一個確切的地點。但是，無論是從歷史語言學、生物地理學、考古學的資料，還是歷史文獻的記載來看，我們相信，檳榔的起源地應該不在非洲、歐洲或美洲，而是在亞洲大陸的東南沿海一帶或是太平洋的島嶼區。事實上，當今檳榔的主要產地和嚼食人口，基本上也仍然集中在南亞、東南亞、中國南方、臺灣和太平洋群島這個區域，在這之外的歐、美、非三洲及中東、東亞地區，我們只能零星的看到一些「檳榔族」，而且，他們的原鄉大多是在南亞和東南亞。這也顯示檳榔的

---

123. 詳見柳得恭，《灤陽錄》〔金毓黻主編，《遼海叢書》〕（瀋陽：遼瀋書社，1985），卷1，〈緬甸使者〉，頁323a。

124. 詳見柳得恭，《灤陽錄》〔金毓黻主編，《遼海叢書》〕，卷1，〈緬甸使者〉，頁323a。

物產與文化版圖，並不像咖啡、菸草、玉米、番薯、番茄等物，隨著十五世紀末展開的「哥倫布交換」(The Columbian Exchange) 而有太大的變化。[125]

---

125. 詳見克羅斯比 (Alfred W. Crosby) 著，鄭明萱譯，《哥倫布大交換：1492 年以後的生物影響和文化衝擊》(*The Columbian Exchange: Biological and Cultural Consequences of 1492*)（臺北：貓頭鷹，2008），頁 89–140；柯特萊特著，薛絢譯，《上癮五百年》，頁 74–76。

檳榔入華考：漢至南北朝[*]

一、引言：檳榔是中國「土產」？

　　檳榔的原鄉究竟何在，已經引發學者不少的討論，但是，在所有的推測之中，幾乎沒有人將中國納入考量。不過，我們其實也沒有明確的證據可以將華南地區完全排除在外，尤其是兩廣（包括海南島）、雲南一帶，一方面接壤中南半島諸國（今越南、寮國、柬埔寨、泰國、緬甸等），另一方面也鄰近南海一帶的海島諸國（今菲律賓、馬來西亞、新加坡、印尼等），而這些地方都是檳榔可能的原鄉之一，至少，長期以來都一直被認為是檳榔物產與文化的熱點。因此，在遙遠的古代，華南地區的住民，也有可能和中南半島、南海諸島的住民，共同或先後創造了嚼食與種植檳榔的文化。

　　當然，在我們的思維及日常用語裡，已經很難去除現代的「國家」疆域及「族群」界線，因此，當代「中國」的版圖常會干擾我們對於古代東亞、東南亞世界的認知和陳述，檳榔就是一個鮮明的例子。目前中國出產檳榔最多、嚼食檳榔風氣最盛的地方應該是廣東（尤其是海南島），但在秦統一中國 (221 BC) 之前，這個地方應該還不能算是中國的領土，而即使秦

---

* 編按：本章內容係作者增修 2003 年發表之〈檳榔入華考〉而成，原文刊載於《歷史月刊》，186（2003.7），頁 94–100。初稿完成於 2017 年 6 月 27 日。

漢帝國將其疆域擴展至當今的雲南、兩廣、越南,早期當地人的政治、文化、族群認同恐怕也和「中原」一帶的中國人很不一樣,所以,在古代及中古時期的中國境內,即使有檳榔,應該還不能算是「中國」的土產。

因此,我們在此姑且將檳榔視為外來之物,看看它是如何進入中國,以及進入中國之後的流布和不同時期的盛衰情形。但是,要「測量」檳榔文化在傳統社會的盛衰,其實相當困難。我們無法透過調查、訪談的方式,估算「檳榔嚼食率」(也就是有嚼食檳榔習慣者占總人口數的比率),也無法精細的分析嚼食人口中的性別比率、地理分布、階層分布、年齡分布。此外,我們也無法進行產業調查,以便掌握檳榔的種植數量、面積、產地、產量、銷售量、販售價格(產值)等資料。在此,我們只能利用古人所留下的蛛絲馬跡,以旁敲側擊的方式進行推測。其中,比較能夠反映檳榔流佈情形及普遍程度者,應該是:一、以檳榔為母題的文學、藝術、工藝(器具)創作;二、使用或嚼食檳榔的經驗記錄與社會觀察(包括禮俗、宗教、醫藥、經濟等面向);三、對於檳榔(物種)的認知與描述(知識建構);四、以檳榔為名的人文聚落(村落、城鎮、街道等)和自然景觀(河流、島嶼、山岳等)。以下便以上述四種材料為主體,考察檳榔入華的因緣、流布與盛衰。

二、占有與移植:漢帝國與檳榔的第一類接觸 (206 BC–24 AD)

古代的中國人何時開始接觸到檳榔,已經無法確考。我們只知道在傳統中國文獻中,最早提到「檳榔」的是司馬相如在西漢武帝時期所寫的〈上

林賦〉。在描述上林苑（皇帝的御花園）的景物時，司馬相如提到苑中種植著多種植物，其中有「仁頻并閭」。歷代的注疏家幾乎都認為這是指「仁頻」和「并閭」兩種不同的植物，「仁頻」是檳榔，而「并閭」是椶（棕）。不過，也有一些不同看法。例如，三國時期魏國的孟康認為「仁頻」就是椶，但是，同時期的張揖卻說「并閭」是椶，而唐代顏師古《漢書注》則認為「仁頻即賓桹（檳榔）」。此外，也有人企圖調和兩說，例如，李善《文選注》便根據《仙藥錄》「檳榔，一名椶」的說法，斷定「仁頻即檳榔」，司馬貞《史記索隱》則是引姚氏之說云：「檳，一名椶，即仁頻也。」[1]

總之，我們相信，西元前第二世紀時，西漢王朝的首都長安確實可能已經出現檳榔樹。根據《三輔黃圖》的記載，漢武帝在元鼎六年征服南越之後，曾經從南越（兩廣、越南一帶）移來各種「奇草異木」，種植在上林苑中新建的「扶荔宮」，[2] 而根據元代駱天驤纂修的《類編長安志》記載，

---

1. 司馬遷，《史記》，卷117，〈司馬相如列傳〉，頁3030；班固，《漢書》，卷57上，〈司馬相如傳〉，頁2560；蕭統編，李善注，《文選》，卷8，〈賦・畋獵中・司馬長卿上林賦〉，頁369。案：現代學者大多認為「仁頻」是印尼爪哇語 jambi（義指檳榔）的對音，「檳榔」則是來自馬來語 pinang，但也有人認為漢文的「檳」běl(u) 來自南亞語系 (Austroasiatic languages)，原本是指蒟醬，「榔」的音 (làng)、義（高木；高大的喬木）則是來自南亞語系中的泰語，兩者複合後轉稱目前所稱之檳榔；詳見 Camille Imbault-Huart, "Le Bétel," *T'oung Pao*, 5 (1894), pp. 311–328; 汪大淵著，蘇繼廎校釋，《島夷誌略校釋》，〈麻逸〉，頁37；松本信廣著，〈檳榔の古名について〉，《史學雜誌》，52：7（1941），頁839；松本信廣，〈檳榔と芭蕉——南方產植物名の研究〉，收入松本信廣先生古稀紀念會編，《東亞民族文論攷》（東京：誠文堂新光社，1968），頁721–750。

2. 嵇含，《南方草木狀》引《三輔黃圖》曰：「漢武帝元鼎六年，破南越，建扶荔宮，以植所得奇草異木。」《百川學海》本，卷上，頁1–2。案：《三輔黃圖》的作者不

在各種奇草異木之中，便包括了「龍眼、荔枝、檳榔、橄欖、千歲子、甘橘」各百餘棵，但不久之後便枯萎而死，雖然曾經嘗試再度從南方移植，但終究不成功。[3]

　　假如後人對於漢代文獻的解讀是對的，那麼，在漢武帝的時候，中國的長安（陝西西安）已經可以看到檳榔樹了，但是，上林苑中的檳榔樹並不是當地的原生植物，而是從異域移植而來。這或許是檳榔樹首度越過長江流域，進入華北地區。不過，當時移植到長安的檳榔樹究竟活了多久就不知道了，因為，檳榔是熱帶、亞熱帶的植物，不耐霜雪，除非「扶荔宮」有類似「暖房」的設置，否則，以長安的緯度和氣候恐怕不利檳榔生長，至少，要開花結果似乎很難。因此，無論是漢武帝還是司馬相如，恐怕都沒吃過檳榔。

　　無論如何，隨著「南越國」（約 203–111 BC）被併入秦漢帝國的版圖，中國自然成為檳榔文化圈的一員，當地的檳榔樹自然也就成為「中國」的物種。當時的「南越國」所轄之地，大致包括目前廣東、廣西的大部分地

詳，成書年代也充滿爭議，或說是南朝梁、陳之際（西元第六世紀），或說是唐朝中葉之後（西元第八世紀），但是，六朝人已有引述此書者，因此，其主要內容應該完成於西元第六世紀之前。

3. 駱天驤纂修，《類編長安志》云：「扶荔宮，在上林苑中。漢武帝元鼎六年，破南越，起扶荔宮，以植所得奇草異木。菖蒲百本，山薑十本，甘蕉十二本，留求子十本，桂百本，蜜香、指甲花百本，龍眼、荔枝、檳榔、橄欖、千歲子、甘橘皆百本。土木南北異宜，歲時多枯瘁。荔枝自交趾移植百株於庭，無生者，連年猶移植不息。後數歲，偶三二株稍茂，終無華實，帝亦珍惜之。一旦萎死，守吏坐誅者數十人，遂不復薛矣。其實則歲貢郵傳者，疲斃於道，極為生民之患。至漢安帝時，交趾郡守特陳其弊，遂罷貢。」《宋元方志叢刊》本，卷2，〈宮殿室庭〉，頁 277–2。

區，福建的一小部分地區，以及海南島、香港、澳門和越南北部、中部一帶。[4] 因此，這些地區最晚從在西元前二世紀開始，應該就已經可以看到相當多的檳榔樹。但是，在西漢時期，中原地區的知識階層對於檳榔應該還是非常陌生，檳榔樹基本上只存活於被征服者的世界中，而當地的「原住民」（主要是南亞語系的越族）也沒有馬上完全「漢化」。

三、歸化與認識：「漢人」與檳榔的第二類接觸 (206 BC–220 AD)

然而，在漢武帝之後，南越既成為中國的領土，中央也曾在當地設置郡縣，遣派官吏、士兵前往統治，因此，中原人士和當地的「原住民」之間必然會有所交流，對於當地的物產、風俗會逐漸熟稔，而當地人也會開始受到中原文化的洗禮。事實上，考古材料也可以印證這個推測。例如，在今胡志明市（西貢）西北方不遠處的富正遺址，便出土了檳榔子，而且還伴隨著西漢時期的「四乳虺龍鏡」（主要流行於西元前一世紀），這個遺址的文化特徵被判定為越南古老的同奈文化。[5]

---

4. 「南越國」首度臣服於中國是在秦始皇三十三年 (214 BC)，成為中國的三郡之地：南海郡（廣東）、桂林郡（廣東、廣西一帶）、象郡（越南中部、北部一帶）。秦末中國大亂，南越又宣告獨立，至漢武帝元鼎五年 (112 BC)，中國才又出兵征服南越，並於平定之後設九郡：南海（廣東）、珠崖（海南）、儋耳（海南）、合浦（廣東、廣西、海南）、蒼梧（廣西）、鬱林（廣西）、交趾（越南北部）、九真（越南中部）、日南（越南中南部）。關於中國與南越國的關係，詳見陳佳榮，《隋前南海交通史料研究》（香港：香港大學亞洲研究中心，2003），頁 42–44。

5. 詳見 Yamagata Mariko, Pham Du Manh and Buh Chi Hoang, "Western Han Bronze

　　除了領土的擴張之外，從西漢開始，中國南方和南洋、印度洋一帶的
交流也逐漸活絡，[6] 外國的商人與傳教者（主要是佛教僧侶）往往會將當
地的一些「土產」帶進中國，而檳榔正是南洋、南亞一帶的特產之一。因
此，西漢之後的「漢人」應該有不少機會接觸到檳榔。

　　而在東漢王朝 (25–220 AD) 移都洛陽之後，隨著政治、經濟、文化重
心的南移，中國的「漢人」與南方異族、外國異物之間的交流應該會更密
切。以檳榔來說，檳榔樹雖然難以移植到黃河流域，但檳榔子在採收之後，
卻不難流向北方（為利於保存，一般會先製成檳榔乾），只是絕少見於記
載。唯東漢章帝、和帝時期議郎楊孚的《異物志》提到：

> 檳榔，若笥竹生竿，種之精硬，引莖直上，不生枝葉，其狀若柱。
> 其顛近上未五六尺間，洪洪腫起，若瘣木焉；因坼裂，出若黍穗，
> 無花而為實，大如桃李。又生棘針，重累其下，所以衛其實也。剖
> 其上皮，煮其膚，熟而貫之，硬如乾棗。以扶留、古賁灰并食，下
> 氣及宿食、白蟲，消穀。飲啖設為口實。[7]

這不僅詳細描述了檳榔的生物特性（外觀、生長及開花結果的過程），也介
紹了嚼食檳榔的方法（將檳榔子去皮、煮熟、曝乾，然後和扶留、古賁灰

Mirrors Recently Discovered in Central and Southern Vietnam," *Indo-Pacific Prehistory Association Bulletin*, 21 (2001), pp. 99–106; Thomas J. Zumbroich, "The Origin and Diffusion of Betel Chewing: A Synthesis of Evidence from South Asia, Southeast Asia and Beyond," *eJournal of Indian Medicine*, 1 (2007–2008), pp. 105–106.

6. 陳佳榮，《隋前南海交通史料研究》，頁 44–46。

7. 賈思勰，《齊民要術》，卷 10，〈五穀、果蓏、菜茹非中國物產者‧檳榔〉，頁 600 引。

共食），以及檳榔的醫藥功能（下氣、幫助消化、驅蟲）。關於嚼食方式，《異物志》在介紹扶留的時候也說：

> 古賁灰，牡礪灰也。與扶留、檳榔三物合食，然後善也。扶留藤，
> 似木防己。扶留、檳榔，所生相去遠，為物甚異而相成。俗曰：「檳
> 榔扶留，可以忘憂」。[8]

可惜的是，《異物志》原書已經亡佚，以上這兩段文字是引自北魏 (386–534 AD) 賈思勰的《齊民要術》，[9] 而且，在隋 (581–618 AD) 之前，至少有四、五人都曾撰寫過以「異物志」為名的著作，所以，這兩段材料是否確實出自楊孚之手，還無法完全確定。不過，楊孚是南海「河南」（今廣州市海珠區下渡村）人，而以「異物志」為書名及文類的寫作風潮也是由他開始，因此，在他專門介紹南方「異物」的書中提到故鄉的檳榔，應該很有可能。[10]

至於楊孚是不是「漢人」，就有討論的空間了。以政治歸屬和文化認同而言，楊孚應該算是「漢人」，但以他出生、成長的環境來看，他也有可能是當年被漢武帝滅國的越族之後。總之，到了西元第二世紀，在中國領土之內，應該已有「屬民」栽種並嚼食檳榔，而且已經知道檳榔的藥物功用。

無論楊孚及南海附近的人能不能算是「漢人」，最晚到了西元第三世紀，檳榔應該已經進入部分中原地區「漢人」的知識領域。例如，東漢末

---

8. 賈思勰，《齊民要術》，卷 10，〈五穀、果蓏、菜茹非中國物產者・扶留〉，頁 623 引。

9. 這兩段內容也被其他文獻轉引，但文字略有出入，相關的討論，詳見吳永章，《異物志輯佚校注》，〈食果・檳榔〉，頁 120–125；〈玉石・古賁灰〉，頁 201–202。

10. 關於楊孚的生平以及《異物志》，吳永章，《異物志輯佚校注》，〈前言〉，頁 1–25。

年（西元三世紀初），長沙太守張仲景（約 150–219 AD）在一個「退五臟
虛熱」的「四時加減柴胡飲子方」中便使用了「大腹檳榔」四枚，[11] 雖然
有人懷疑這不是張仲景的方子，[12] 但是，當時應該已有中國的醫者知道檳
榔的藥物功用，例如，三國時期名醫華佗的兩大弟子李當之和吳普，在他
們的著作中都曾提到檳榔。[13]

　　張仲景是南陽郡涅陽縣（今河南鄧州）人，任官於長沙（今湖南長
沙），其《傷寒雜病論》被認為是以江南地區為背景所撰述的醫學作品，[14]
李當之的地望不詳，吳普則是廣陵（今江蘇淮安）人。[15] 他們的成長、活
動地區雖然較偏北方，但是，並不是絕對無法接觸到檳榔。事實上，長沙
地區與越南北部早在西元前第三世紀以前就已經有所接觸，考古發掘的楚
墓中便曾出土越南東山文化的代表性器物：人形柄銅短劍。[16] 因此，越南

---

11. 張仲景，《金匱要略》，《新編金匱要略方論》（上海：商務印書館，1940），卷下，
　　〈雜療方〉，頁 84–85。

12. 目前傳世的《金匱要略》雖然被認為是張仲景的作品，但因曾經過後人兩次整理
　　（一為晉·王叔和的編輯，二為北宋·林億等人的詮次），因此從北宋時期，便有
　　人針對其若干內容有所質疑。而這個方子，也注明「疑非仲景方」；詳見《金匱要
　　略》，卷下，〈雜療方〉，頁 85。

13. 歐陽詢，汪紹楹校，《藝文類聚》（上海：上海古籍出版社，1999），卷 87，〈菓部·
　　檳榔〉，頁 1495，引李當之《藥錄》；姚寬，《西溪叢語》（明嘉靖俞憲崑鳴館刻本）
　　卷下，頁 27b，引吳普《本草》。

14. 大塚敬節著，何志鋒譯，《臨床應用傷寒論解說》（北縣：國立中國醫藥研究所，
　　1972），頁 8–16。

15. 陳壽，《三國志》，卷 29，〈方技傳〉，頁 804。

16. 詳見陳光祖，〈「南方文明」的南方：越南東山文化人形柄銅短劍初探〉，《中央研究
　　院歷史語言研究所集刊》，80：1（2009），頁 1–42。

的檳榔文化也許很早就已傳到長江中游一帶。而像楊孚或其他在朝為官的南方人，也有可能將檳榔帶到京師洛陽。這都讓長江中下游及河南一帶的醫者有可能接觸到檳榔。從此之後，檳榔也就成為中國醫者常用的藥物。

四、見聞與記錄：中國與檳榔的第三類接觸 (220–589 AD)

從西元第三世紀起，中國對檳榔的認識逐漸加深，主要的關鍵之一是在三國鼎立之後，吳國孫權（222–252 AD 在位）定都建康（南京），大力向南方拓展的結果。孫權不僅加強控制轄下的交州（主要是現在的兩廣和越南一帶），還不斷派出軍隊和使臣到「海外」活動。其活動範圍似乎遍及南洋（菲律賓、馬來西亞、印尼等地）、中南半島（柬埔寨、泰國、緬甸、寮國等地）和南亞（印度南方）一帶。其中，和檳榔最有關係的一次，應該是在赤烏六年至嘉平三年之間 (243–251 AD) 派遣康泰和朱應出使 「扶南」。他們二人回國之後，還撰寫了專書，記錄異國的風土、人情和物產，其中，康泰的《外國傳》（《扶南傳》）、朱應的《扶南異物志》都還有部分條文殘留至今。[17]

六朝人對於「異域」和「異物」似乎有強烈的興趣，相關的著作不在少數，但是，大多是道聽塗說或輾轉抄襲而成，真正根據「田野」經驗寫成的書並不多，因此，他們二人的著作便相當珍貴，似乎成為當時「好奇」之士必讀之書。事實上，在康泰、朱應之後，六朝記載中國南方及鄰近國

---

17. 康泰和朱應出使「扶南」的時間，以及他們著作的名稱，學界的看法有點紛歧，詳細的討論，見陳佳榮，《隋前南海交通史料研究》，頁 46–90。

家之「異物」的書相當多，可惜大多亡佚或散亂。[18] 他們或許曾參考康泰、朱應之書，不過，也有一些可能是到當地任官或遊歷之後的見聞記錄。而從尚存的佚文中，也可看到一些對於檳榔的描述，其內容和前引《異物志》的記載大致相同，但仍有一些增補和差異。

例如，吳末晉初薛瑩（死於 282 AD）的《荊揚已南異物志》便說：

> 檳榔樹，高六七丈，正直無枝，葉從心生，大如楯，其實作房，從心中出，一房數百實，實如雞子，皆有殼，肉滿殼中，正白，味苦澀，得扶留藤與古賁灰合食之，則柔滑而美，交趾、日南、九真皆有之。[19]

薛瑩是吳國沛郡竹邑（今安徽濉溪）人，曾在吳國朝廷任官，也曾被貶謫到廣州，後來又隨吳末帝投降晉朝。[20] 因此，上述記載很可能是他在廣州

---

18. 例如：吳國 (222–280 AD) 萬震的《南州異物志》、吳末晉初薛瑩的《荊揚已南異物志》、西晉 (265–316 AD) 初年吳人張勃的《吳錄》、西晉末年嵇含 (263–306 AD) 或東晉末年徐衷（活躍於 420 AD）的《南方草木狀》、東晉元帝時（317–322 AD 在位）常寬的《蜀記》《蜀志》、晉代郭義恭的《廣志》、南朝宋 (420–479 AD) 顧微的《廣州記》、裴淵的《廣州記》、隋前佚名者所撰的《林邑國記》等書；詳見陳佳榮，《隋前南海交通史料研究》，頁 20–31；繆啟愉、邱澤奇，〈漢魏六朝嶺南植物「誌錄」研究〉，收入氏著，《漢魏六朝嶺南植物「誌錄」輯釋》（北京：農業出版社，1990），頁 187–238。

19. 詳見繆啟愉、邱澤奇輯釋，《漢魏六朝嶺南植物「誌錄」輯釋》，頁 41–43。案：這段文字也可見於西晉末年劉逵注左思〈吳都賦〉「檳榔無柯」一語；詳見蕭統編，李善注，《文選》，卷 5，〈賦・京都・左太沖吳都賦〉，頁 213。

20. 陳壽，《三國志》，卷 53，〈薛瑩傳〉，頁 1255–1256。

期間的見聞。他對檳榔生物特性以及食用方式的觀察與描述，大致和楊孚相同，但對於檳榔子的構造（含外殼及白色種子）及味道（苦澀）則有更細膩的剖析，並指出其主要產地為交趾、日南、九真。

至於嚼食檳榔的方式，晉代張勃（生卒年不詳，應該是西元三、四世紀之交的人物）《吳錄·地理志》說：始興（今廣東始興）「有扶留藤，緣木而生。味辛，可以食檳榔。」[21] 而西晉末年劉逵（劉淵林）注左思〈吳都賦〉「東風扶留」一語時也說：

> 扶留，藤也，緣木而生，味辛，（可）食檳榔者，斷破之，長寸許，以合石賁灰，與檳榔并咀之，口中赤如血，始興以南皆有之。[22]

類似的說法還可見於大約同一時期的王隱（活躍於 317 AD）《蜀記》：

> 扶留木，根大如箸，視之似柳根。又有蛤，名「古賁」，生水中，下燒以為灰，曰「牡礪粉」。先以檳榔著口中，又取扶留藤長一寸，古賁灰少許，同嚼之，除胸中惡氣。[23]

在此，他們清楚的描述了扶留木的生物特徵，說明了「古賁灰」的材

---

21. 賈思勰，《齊民要術》，卷 10，〈五穀、果蓏、菜茹非中國物產者·扶留〉，頁 621 引。案：張勃《吳錄》也有提到檳榔，其文云：「交阯朱鳶縣（今越南北部河山平省東部和海興省西部一帶）有檳榔，正直高六七丈，葉大如盾。」詳見李昉等，《太平御覽》，卷 357，〈兵部·楯〉，頁 1769b 引。

22. 蕭統編，李善注，《文選》，卷 5，〈賦·京都·左太沖吳都賦〉，頁 213。

23. 賈思勰，《齊民要術》，卷 10，〈五穀、果蓏、菜茹非中國物產者·扶留〉，頁 621–623 引。

料來源及製作方法，以及檳榔、扶留藤、古賁灰三物入口的次序。

其次，兩晉之際的魏完（大約活躍於 265–342 AD）《南州八郡志》（《南中八郡志》）說：

> 檳榔，大如棗，色青，似蓮子。彼人以為貴異，婚族好客，輒先逞
> 此物；若邂逅不設，用相嫌恨。[24]

在此，他不僅描述檳榔子的大小和顏色，還特別指出當地人認為檳榔是「貴異」之物，在婚禮、待客之時，常被用來款待親友。魏完的背景已不可考，不過，書名所謂的「南州」（或「南中」）八郡，應該是指西晉末年至東晉初期所設置的寧州所轄之地，[25] 其地大致在今雲南境內及貴州中西部，有一部分甚至是在今緬甸境內。[26] 寧州在漢代、三國時為益州南中之地，書名或許因此稱「南州」或「南中」，魏完應該是西晉末年至東晉初

---

24. 繆啟愉、邱澤奇輯釋，《漢魏六朝嶺南植物「誌錄」輯釋》，頁 116–117。

25. 寧州始建於西晉武帝泰始七年 (271 AD)，當時只轄四郡：雲南郡、興古郡、建寧郡、永昌郡。太康三年 (282 AD) 廢寧州，至惠帝太安二年 (303 AD) 才又恢復，其後，從西晉末一直到東晉成帝時期（325–342 AD 在位），所轄之地屢有擴增或整併，總數或五郡、或七郡、或八郡，郡的名稱也有變動，大致而言，除了原本四郡之外，應該還有：益州郡（晉寧郡）、牂牁郡、越嶲郡、朱提郡，合為八郡。常璩著，任乃強校注，《華陽國志校補圖注》（上海：上海古籍出版社，1987），卷 4，〈南中志〉，頁 229–254；沈約，《宋書》，卷 38，〈州郡志〉，頁 1182–1187；房玄齡等，《晉書》（金陵書局本；臺北：鼎文書局，1980），卷 14，〈地理志〉，頁 440–441。

26. 詳見「西晉時期寧州地圖」、「東晉時期寧州地圖」。譚其驤主編，《中國歷史地圖集》第二冊（北京：地圖出版社，1982），頁 49–50；第四冊，頁 5–6。

期的人物，而將檳榔當作社交場合的「禮果」，應屬於當時寧州或其轄內某地的習俗。

再者，東晉時期的俞益期（或作喻益期），在《與韓康伯牋》中也提到：

> 檳榔，信南遊之可觀。子既非常，木亦特奇。大者三圍，高者九丈。葉聚樹端，房構葉下，華秀房中，子結房外。其擢穗似黍，其綴實似穀，其皮似桐而厚，其節似竹而概。其內空，其外勁，其屈如覆虹，其申如縋繩。本不大，末不小，上不傾，下不斜。調直亭亭，千百若一。步其林則寥朗，庇其廕則蕭條。信可以長吟，可以遠想矣。性不耐霜，不得北植，必當遐樹海南。遼然萬里，弗遇長者之目，自令人恨深。[27]

俞益期即東晉穆帝升平年間 (357–361 AD) 擔任治書侍御史的俞希（喻希），[28] 他是豫章（今江西南昌）人，因「性氣剛直，不下曲俗，容身無所」，而「遠適在南」（交州）。[29] 這封信是寫給韓康伯，也就是在穆帝時期（344–361 AD 在位）曾擔任中書郎、散騎常侍、豫章太守、侍中、丹楊尹、吏部尚書、領軍將軍等職的韓伯。[30] 信中對於檳榔的生物特徵（包括：樹的粗細、高矮；樹皮、樹幹的表徵；葉、花、果與樹之間的結構關係）

---

27. 繆啟愉、邱澤奇輯釋，《漢魏六朝嶺南植物「誌錄」輯釋》，頁 119–120。

28. 杜佑，《通典》（點校本；北京：中華書局，1988），卷 90，〈禮・凶禮・齊縗三月〉，頁 2470。

29. 酈道元，《水經注》〔陳橋驛，《水經注校釋》〕（杭州：杭州大學出版社，1999），卷 36，〈溫水〉，頁 633。

30. 房玄齡等，《晉書》，卷 75，〈韓伯傳〉，頁 1992–1994。

及檳榔林的景觀所作的描述，雖然充滿隱喻，但基本上，應該是俞益期「南遊」交州時親自度量、觀察的寫實之作，[31] 而且，他也首度提到檳榔「性不耐霜，不得北植」的環境限制。

此外，大約成書於東晉末至南朝初期的徐衷 (活躍於 420 AD)《南方草物狀》也說：

> 檳榔，三月花色，仍連著實，實大如卵。十二月熟，其色黃；剝其子，肥強可不食，唯種作子。青其子，並殼取實曝乾之，以扶留藤、古賁灰合食之，食之即滑美。亦可生食，最快好。交趾、武平、興古、九真有之也。[32]

徐衷的背景已不可考，但東晉之後的本草書、農書、類書等文獻引述其著作者不少，相當受到重視。[33] 他對檳榔的認知與描述，進一步注意到其開花結果的季節和顏色，在食用方式方面，除了依舊強調檳榔子、扶留藤、古賁灰三物合食才會「滑美」之外，還首度提到「青檳榔」（生食）、「熟檳榔」（煮熟）之外的「乾檳榔」（曝乾）。至於產地，除了前述的交趾、九真之外，他還提到興古郡（主要在今雲南文山市壯族苗族自治州）以及由交趾郡分出的武平郡（今越南河內西北一帶）。

除此之外，當時人似乎也注意到檳榔有品種上的差異，例如，南朝宋

---

31. 《與韓康伯牋》曾被不同的文獻引述，本文所述是出自《齊民要術》，若據《太平御覽》的引文，則「大者三圍，高者九丈」是俞益期親自「度之」所得的數據；詳見繆啟愉、邱澤奇輯釋，《漢魏六朝嶺南植物「誌錄」輯釋》，頁 120。

32. 繆啟愉、邱澤奇輯釋，《漢魏六朝嶺南植物「誌錄」輯釋》，頁 77。

33. 繆啟愉、邱澤奇輯釋，《漢魏六朝嶺南植物「誌錄」輯釋》，頁 75。

(420–479 AD) 顧微《廣州記》便說：

> 山檳榔，形小而大於蒳子。蒳子，土人亦呼為「檳榔」。[34]

據此，則當時人已將檳榔依檳榔子的大小分成三種：檳榔、山檳榔、蒳子。另一種佚名者所撰的《廣州記》也是依大小分成三種：交趾檳榔、嶺外檳榔、蒳子。[35] 當時交趾品種所生產的檳榔子或許真的較「嶺外」（在此應指當時的廣州，即今廣東、廣西）的品種大，因此，有時會使用不同的稱呼加以區分。不過，南朝宋、齊時期 (420–502 AD) 的僧人竺法真《登羅浮山疏》卻說：

> 山檳榔，一名「蒳子」。幹似蔗，葉類柞。一叢十餘幹，幹生十房，房底數百子。四月採。[36]

這或許是他個人的看法，但也有可能在羅浮山一帶（今廣東博羅縣、龍門縣、增城市一帶），當地人認為山檳榔和蒳子並無區別。[37]

檳榔不僅吸引了當時博物志（異物志）、地理志（外國傳、地方志）書寫者的注意，也開始在中國的醫藥世界中生根。例如，東晉之時，曾經隱

---

34. 繆啟愉、邱澤奇輯釋，《漢魏六朝嶺南植物「誌錄」輯釋》，頁 159–160。

35. 繆啟愉、邱澤奇輯釋，《漢魏六朝嶺南植物「誌錄」輯釋》，頁 169。

36. 繆啟愉、邱澤奇輯釋，《漢魏六朝嶺南植物「誌錄」輯釋》，頁 179。

37. 據說，竺法真的先人是天竺人，其兄是著名的僧人竺法深。他原本住在建康（今江蘇南京）的湘宮寺，在宋孝武帝孝建年間 (454–456 AD) 因避難而遷居嶺南，《登羅浮山疏》主要記錄羅浮山地區的物產；慧皎，《梁高僧傳》，《大正新脩大藏經》，冊 50，T2059，卷 8，〈僧宗傳〉，頁 379c；宋廣業，《羅浮山志會編》（清康熙刻本；上海：上海古籍出版社，1997），卷 6，〈人物志〉，頁 2c–3a。

居廣州羅浮山煉丹的葛洪 (284–363 AD)，[38] 在他的《肘後備急方》中便有四個藥方使用到檳榔，而且，他還強調醫者應該用「檳榔五十枚」及其他藥物製成「劑藥」（丸、散、膏），以便應付各種突如其來的疾病。[39] 其後，南朝宋・雷斆（西元五世紀人）《雷公炮炙論》云：

> 檳榔，凡使，取好存坐穩、心堅、文如流水、碎破內文如錦文者妙。半白半黑并心虛者，不入藥用。凡使，須別檳與榔。頭圓、身形矮毗者是榔；身形尖，紫文粗者是檳。檳力小，榔力大。凡欲使，先以刀刮去底；細切。勿經火，恐無力效。若熟使，不如不用。[40]

再者，南朝陶弘景 (456–536 AD) 雖然大部分時間都住在當時的都城建康及附近的茅山，但也曾經有四、五年的時間南遊到浙江、福建一帶，[41] 和南方的關係頗深，他在《名醫別錄》中也提到：

> 檳榔，味辛，溫，無毒。主消穀，逐水，除痰澼，殺三蟲，去伏尸，治寸白。生南海。[42]

---

38. 房玄齡等，《晉書》，卷 72，〈葛洪傳〉，頁 1911–1913。

39. 葛洪，《肘後備急方》（《正統道藏》本），卷 4，〈治卒大腹水病方〉，頁 559；卷 4，〈治卒胃反嘔啘方〉，頁 569c、571a、572a；卷 4，〈治卒患腰脇痛諸方〉，頁 577a；卷 8，〈治百病備急丸散膏諸要方〉，頁 651a。案：此書係經後人編輯而成，因此，若干藥方其實並非葛洪原書所有。此書雖有五個藥方使用到檳榔，但其中一方其實是取自「孫真人食忌治嘔吐方」（頁 571a），應排除在外。

40. 雷斆，《雷公炮炙論》（合肥：安徽科學技術出版社，1991），〈中卷・檳榔〉，頁 23。

41. 施舟人，〈第一洞天：閩東寧德霍童山初考〉，《福州大學學報（哲學社會科學版）》，2002：1（2002），頁 5–8。

　　在此，他針對檳榔的藥性和功效（消穀、逐水、除痰澼、殺三蟲、去伏尸、治寸白）大加介紹，而且特別註明此物生於南海（今廣東禪城區、三水縣、廣州、南海區一帶）。

　　此外，檳榔也被收入當時的農書之中。例如，東魏 (534–550 AD) 賈思勰雖然是北方人（今山東），其《齊民要術》也以介紹黃河流域的農業和物產為主，但仍有專篇介紹「非中國物產者」的「五穀、果蓏、菜茹」，其中便有檳榔。[43] 由此可見，檳榔已經進入魏晉南北朝時期中國的知識體系。

五、珍品與禮物：中國與檳榔的第四類接觸 (220–589 AD)

　　魏晉南北朝時期的中國知識界，對於檳榔的生物特性、食用方法和功效已經有了認識和肯定，但是，至少在西晉時期 (265–316 AD)，有機會品嚐檳榔的人應該還不多。西晉初年的左思（約 250–305 AD）在其〈吳都賦〉中有「檳榔無柯，椰葉無陰」之語，[44] 這說明當時吳國境內可能栽種了檳榔樹，但是，其首都建康一帶的氣候恐怕不適合檳榔的大規模繁殖和

---

42. 陶弘景著，尚志鈞輯校，《名醫別錄》（北京：人民衛生出版社，1986），卷 2，〈中品・檳榔〉，頁 145。

43. 賈思勰只是引述俞益期《與韓康伯牋》、《南方草物狀》、《異物志》、《林邑國記》、《南州八郡志》（《南中八郡志》）、《廣州記》等六種文獻，並未有所評斷或討論；賈思勰，《齊民要術》，卷 10，〈五穀、果蓏、菜茹非中國物產者・檳榔〉，頁 599–600。

44. 蕭統編，李善注，《文選》，卷 5，〈賦・京都・左太沖吳都賦〉，頁 213。

結果。至於長江流域以北，更是不容易。因此，西晉時期的張載（大約活躍於 291–306 AD）在〈瓜賦〉中便說：

> 雖茲肴之孤起，莫斯瓜之允臧。超椰子於南海，越橘柚於衡陽。若乃檳榔、椰實，龍眼、荔支，徒以希珍、難致為奇。論實比德，孰大於斯。[45]

這篇〈瓜賦〉主旨在於讚美絲瓜，因此有意貶抑其他水果，但也無意間透露出當時在帝都洛陽的官員（案：張載曾任佐著作郎、著作郎、記室督、中書侍郎等職）將檳榔（子）視為非常難得的稀奇、珍異之物。

這種情形到了所謂的「五胡亂華」(304–316 AD) 之後，才有比較大的改變。當時，在中原大亂之際，不少北方的士族、百姓紛紛南下避難，西晉皇室司馬氏也在建康重新建立政權，開始了長達一百多年的東晉王朝 (317–420 AD)。而這一波的移民潮，也使不同族群、區域之間的文化交流更加密切，中國和南海、南亞的交通也更加頻繁，透過使者、商人和僧人，異域的各種「土產」紛紛因貿易或「朝貢」而輸入中國本土。檳榔似乎是在這個時期，才真正進入所謂的「漢人」生活世界。

不過，東晉和南朝之時 (420–589 AD)，比較有機會品嚐檳榔的，仍侷限於中國南方的皇室、貴族和富家大族。當時人仍視檳榔為珍貴之物。例如，南朝宋時，江夏王劉義恭 (413–465 AD) 受皇帝賞賜檳榔，還要寫個「謝啟」聲言：

> 奉賜交州所獻檳榔，味殊常品，塗遠蒟醬。[46]

---

45. 歐陽詢，《藝文類聚》，卷 87，〈菓部・瓜〉，頁 1505。

　　梁代 (502–557 AD) 沈約 (441–513 AD) 也曾受到皇帝賞賜「交州檳榔千口」而上「啟」謝恩說:「龍編嘉實，厥包遐遠」，[47] 陸倕 (470–526 AD) 則是接受安成王賞賜「檳榔一千口」。[48] 而王僧孺 (465–522 AD) 有〈謝賜于陀利所獻檳榔啟〉，[49] 庾肩吾 (487–551 AD) 有〈謝賚檳榔啟〉、〈謝東宮賚檳榔啟〉，[50] 都是收到檳榔之後的謝詞。

　　此外，佛教僧人有時候也會收到其弟子所送的檳榔。例如，智顗（天臺智者大師；538–597 AD）在陳宣帝太建元年至七年之間 (569–575 AD)，在建康的瓦官寺講解《法華經》、《大智度論》、《次第禪門》，吸引了不少信徒的注目與尊崇，其弟子不乏貴冑和高官大吏，毛喜 (516–587 AD) 就是其中之一。[51] 智顗在太建七年 (575 AD) 移居天臺山（在今浙江臺州天臺縣）之後，仍長期受到皇室和官員的護持，例如，陳宣帝在太建十年 (578 AD) 便「勅名修禪寺」，吏部尚書毛喜也「題篆牓送安寺門」。[52] 事實上，毛喜

---

46. 嚴可均校輯，《全宋文》(《全上古三代秦漢三國六朝文》本；北京：中華書局，1991)，卷 12，〈江夏王義恭〉，頁 2502a。

47. 段公路，《北戶錄》(《文淵閣四庫全書》本，第 598 冊；臺北：臺灣商務印書館，1983)，卷 2，〈米麵〉，頁 12b。

48. 段公路，《北戶錄》，卷 2，〈米麵〉，頁 12b。

49. 嚴可均校輯，《全梁文》，卷 51，〈王僧孺〉，頁 3246b。

50. 嚴可均校輯，《全梁文》，卷 66，〈庾肩吾〉，頁 3343a。

51. 灌頂，《隋天臺智者大師別傳》，《大正新脩大藏》，冊 50，T2050，頁 191a–197c；志磐，《佛祖統紀》，《大正新脩大藏》，冊 49，T2035，卷 6，〈東土九祖〉，頁 180c；卷 23，〈歷代傳教表〉，頁 247b–247c。

52. 灌頂，〈國清百錄序〉，收入氏纂，《國清百錄》，《大正新脩大藏》，冊 46，T1934，卷 1，頁 793a。案：毛喜擔任吏部尚書是在陳宣帝在太建十三至十四年 (581–582 AD)；詳見姚思廉，《陳書》(北京：中華書局，1992)，卷 29，〈毛喜傳〉，頁 390。

還與智者時有書信往來，其中一封說：

> 喜次書。適奉南嶽信，山眾平安。弟子有答，具述甲乙。後信來當
> 有音外也。今奉寄牋香二片、熏陸香二觔、檳榔三百子。不能得多
> 示表心，勿責也。弟子毛喜和南。[53]

這是弟子隨函奉寄的「供品」清單，有牋香（香木）、熏陸香（乳香），
也有「檳榔三百子」。[54] 緊接著，陳後主（582–589 AD 在位）在至德三年
(585 AD) 迎接智顗回到建康，在靈曜寺講經說法，並屢屢派人向智者大師
宣達敬意、餽贈各種禮物，其中一次，就派遣「主書」羅闡「施檳榔二千
子」。[55]

由此可見，當時皇帝或皇室得到邊地或外國所貢獻的檳榔之後，通常
會賞賜給近親、大臣，有時還會用來供養僧人。而皇親國戚、豪門貴族之
士，得到這種珍貴的「禮物」，應該也會和家人、朋友分享。例如，在雷平
山修道的上清經派道士許翽（341–370 AD；字道翔，小名玉斧），曾經在
東晉廢帝太和三年 (368 AD) 三月和四月，兩度寫信向其父親許謐 （305–
376 AD，又名許穆，曾任尚書郎、護軍長史、給事中、散騎常侍等職）索

---

53. 灌頂纂，《國清百錄》，卷 2，頁 801c。

54. 灌頂《國清百錄》共收錄五封毛喜給智顗的信，根據內容判斷，第一封應該是在太
建七年夏天寫的，也就是智顗動念要移居天臺之時，主要內容是要勸阻智顗離開京
師。第三封是在秋天寫的，內容仍然是在勸阻智顗移居天臺，可見也是 575 年之
作。引文為第四封，雖然年代不明確，但信中提及的「南嶽」，應該是指智顗的師
父慧思禪師 (515–577 AD)，因此，應該不會晚於 577 年。總之，此信很可能是在智
顗移居天臺前夕所寫，也就是 575 年秋天。

55. 灌頂纂，《國清百錄》，卷 1，頁 799c。

求檳榔，說自己「常須食」。根據陶弘景的判斷，許翽當時應該是「多痰飲」，因此，需要以檳榔除疾。[56]

其次，大約是在東晉安帝時候（397–419 AD 在位），某一年的佛誕日（四月八日），謝混（死於 412 AD，曾任中書令、中領軍、尚書左僕射）前往彭城（今江蘇徐州）佛寺禮佛，碰到了年僅十四、五歲的王高麗，有意和他結識、交往，便贈送檳榔向他示好。[57]

又其次，東晉末年的大臣劉穆之 (360–417 AD)，年少時家貧，妻子卻出身豪門，乃江嗣之女。因此，他常到妻家「乞食」，也經常受辱。有一次節慶，他又前往江家吃喝，宴後，還開口索求檳榔，妻舅江氏兄弟於是奚落他說：「檳榔消食，君乃常飢，何忽須此？」後來，劉穆之官拜丹陽尹，便召來江氏兄弟，以「金柈貯檳榔一斛」請他們享用，算是回報昔日的侮辱。[58] 可見檳榔在當時還是富貴人家才吃得起的食物，也是用來向親友炫

---

56. 詳見陶弘景，《真誥》，《正統道藏》，冊 35，卷 18，〈握真輔〉，頁 15b–16a。案：關於許謐、許翽之生平，詳見陳國符，《道藏源流考》（上海：上海書店，1989），頁 34–36。

57. 《太平御覽》（四庫叢刊本；臺北：臺灣商務印書館，1975），卷 971，〈果部・檳榔〉，頁 4436b，引《風俗記》云：「王高麗年十四、五時，四月八日在彭城佛寺中，謝混見而以檳榔贈之。執王手謂曰：『王郎，謝叔源可與周旋否？』」。

58. 故事的原文為：「穆之少時，家貧誕節，嗜酒食，不修拘檢。好往妻兄家乞食，多見辱，不以為恥。其妻江嗣女，甚明識，每禁不令往江氏。後有慶會，屬令勿來。穆之猶往，食畢求檳榔。江氏兄弟戲之曰：『檳榔消食，君乃常飢，何忽須此？』妻復截髮市肴饌，為其兄弟以飴穆之，自此不對穆之梳沐。及穆之為丹陽尹，將召妻兄弟，妻泣而稽顙以致謝。穆之曰：『本不匿怨，無所致憂。』及至醉飽，穆之乃令廚人以金柈貯檳榔一斛以進之。」李延壽，《南史》，卷 15，〈劉穆之傳〉，頁 427。

耀的一種珍貴之物。

　　再者，有人向梁劉孝綽（481–539 AD，曾任尚書吏部郎、秘書監）索取牛舌乳，但劉孝綽不給他牛舌乳，反而送他檳榔，並以詩說明其理由：

　　　陳乳何能貴，爛舌不成珍。空持渝浩齒，非但汙丹脣。別有無枝實，曾要湛上人。羞比朱櫻就，詎易紫梨津。莫言蒂中久，當看心裡新。微芳雖不足，含咀願相親。[59]

　　這主要是說牛舌乳並不珍貴，檳榔才是好東西。而梁元帝蕭繹（552–555 AD 在位）《金樓子》則說：

　　　有寄檳榔與家人者，題為「合」字，蓋人一口也。[60]

　　可見家人之間會以檳榔相送。

　　此外，庾肩吾的兒子庾信 (513–581 AD) 撰有〈詠檳榔詩〉（或稱〈忽見檳榔詩〉）云：

　　　綠房千子熟，紫穗百花開。莫言行萬里，曾經相識來。[61]

---

59. 歐陽詢，《藝文類聚》，卷87，〈菓部・檳榔〉，頁1496，引梁劉孝綽〈詠有人乞牛舌乳不付因餉檳榔詩〉。

60. 《太平御覽》，卷971，〈果部・檳榔〉，頁4436bb，引《金樓子》；梁元帝撰，《金樓子》（清乾隆鮑廷博校刊本《知不足齋叢書》），卷4，〈立言篇〉，頁24b。

61. 歐陽詢，《藝文類聚》，卷87，〈菓部・檳榔〉，頁1496，引庾信〈詠檳榔詩〉；逯欽立輯校，《北周詩》（《先秦漢魏晉南北朝詩》本；北京：中華書局，1983），卷4，〈庾信〉，頁2408。

　　這應該是他在北周之時 (557–581 AD)，在北方長安所寫的一系列詩作之一。當時，他可能意外受贈檳榔，因而誘發南國之思。

　　總之，在南北朝時期，部分官場之人可能逐漸有嚼食檳榔的習慣。例如，南朝・齊的豫章文獻王蕭嶷 (444–492 AD) 臨終遺言說：

> 三日施靈，唯香火、槃水、盂飯、酒脯、檳榔而已。朔望菜食一盤，加以甘菓，此外悉省。葬後除靈，可施吾常所乘轝扇繖。朔望時節，席地香火、槃水、酒脯、盂飯、檳榔便足。[62]

　　這是在交代其子孫在他死後的喪禮期間和葬後的祭祀時節應該準備的祭品，其中，檳榔已成必備之物，可見他生前應該已經有嚼食檳榔的嗜好。

　　其次，齊武帝之時 （482–493 AD 在位） 的任遙和任昉 (460–508 AD) 父子也都嗜好此物，任遙更是 「以為常餌」，臨死之前都還要求吃一口「好」檳榔，結果，任昉接連剖了一百口左右，都「不得好者」，讓任遙抱憾而終，任昉也因而終身不再吃檳榔。[63]

　　再者，北魏楊衒之（活躍於 528–547 AD）《洛陽伽藍記》記載一則有趣的故事說：

> 慶之遇病，心上急痛，訪人解治。元慎自云：「能解慶之。」遂憑視。元慎即口含水噀慶之曰：「吳人之鬼，住居建康。小作冠帽，短

---

62. 蕭子顯，《南齊書》，卷 22，〈豫章文獻王嶷傳〉，頁 423–424。

63. 《南史》載云：「昉父遙本性重檳榔，以為常餌，臨終嘗求之，剖百許口，不得好者，昉亦所嗜好，深以為恨，遂終身不嘗檳榔。」案：任遙在齊曾任中散大夫，任昉在齊曾官至中書侍郎、司徒右長史等職位；李延壽，《南史》，卷 49，〈任昉傳〉，頁 1452–1453。

製衣裳。自呼阿儂，語則阿傍。菰稗為飯，茗飲作漿。呷啜蓴羹，
唼嗍蟹黃。手把荳蔻，口嚼檳榔。乍至中土，思憶本鄉。急手速去，
還爾丹陽。……急手速去，還爾楊州。」慶之伏枕曰：「楊君見辱深
矣。」自此後吳兒更不敢解語。[64]

這是北魏孝莊帝永安二年 (529 AD) 之事。故事中的主角，陳慶之
(484–539 AD) 原本是南朝梁武帝的近臣，奉命協助魏北海王元顥在洛陽建
立傀儡政權，並擔任其侍中，而中大夫楊元慎則是北魏舊臣。[65] 在這故事
中，楊元慎假藉替陳慶之治病，對於南方人（吳人）大加嘲弄，其中，對
於南人生活習俗的描述之一就是「手把荳蔻，口嚼檳榔」。

類似的北人與南人的交鋒，也發生於北齊 (550–577 AD) 與南朝陳
(557–589 AD) 之間。有一年，北齊派遣通直散騎常侍辛德源出使南方，陳
廷派主客蔡佞設宴款待。雙方醻酢之時，互有調侃。蔡佞「手弄檳榔」並
問辛德源說：「最近聽說北方有人因為吃檳榔而獲罪，人間因此就禁吃此
物，這消息確定嗎？」辛德源雖然間接否認北方有禁吃檳榔之事，不過，
並未駁斥北方人士（或在北方的南方人士）也嚼食檳榔之說。[66]

---

64. 楊衒之，《洛陽伽藍記》〔范祥雍校注，《洛陽伽藍記校注》〕（上海：上海古籍出版
社，1978），卷2，〈城東・景寧寺、建中寺、寶明寺、歸覺寺〉，頁118–119。

65. 楊衒之，《洛陽伽藍記》，卷2，〈城東・景寧寺、建中寺、寶明寺、歸覺寺〉，頁
117；姚思廉，《梁書》，卷32，〈陳慶之傳〉，頁459–464。

66. 原文云：「齊命通直散騎常侍辛德源聘於陳，陳遣主客蔡佞宴醻。因談謔，手弄檳
榔，乃曰：『頃聞北間有人為噉檳榔獲罪，人間遂禁此物，定爾不？』德源答曰：
『此是天保初王尚書罪狀辭耳，猶如李固被責云胡粉飾貌，搔頭弄姿，不聞漢世頓
禁胡粉。』」見《太平御覽》，卷971，〈果部・檳榔〉，頁4436b，引丘悅《三國典

由此可見，「嚼檳榔」在西元五、六世紀時，已經逐漸成為南方統治階層的主要形象或身分標誌。而嚼食檳榔的風氣，似乎也流傳於接受供養的佛寺僧人之間。例如，南朝齊‧王琰《冥祥記》所記載的一則鬼故事提到，長安人宋王胡的叔父，死後數年，在宋文帝元嘉二十三年 (446 AD) 突然「見形」，返家責罰、杖打宋王胡，不久後離去。但次年七月七日又返回家中，帶宋王胡到冥間遊歷，「遍觀群山，備睹鬼怪」，後來到了嵩高山，還到兩位少年僧人的住處拜訪，僧人還「設雜果、檳榔等」接待他。據王琰說，這則故事是元嘉末年 (453 AD)「長安僧釋曇爽，來游江南」時所傳述。[67] 這雖然有很濃厚的神話色彩，也是當時典型的佛教報應故事，人物

略》。

67. 原文云：「宋王胡者，長安人也。叔死數載，元嘉二十三年忽見形。還家責胡，以修謹有闕、家事不理，罰胡五杖。傍人及鄰里並聞其語及杖聲，又見杖瘢跡，而不睹其形。唯胡猶得親接。叔謂胡曰：『吾不應死，神道須吾算諸鬼錄。今大從吏兵，恐驚損墟里，故不將進耳。』胡亦大見眾鬼紛鬧若村外。俄然，叔辭去，曰：『吾來年七月七日當復暫還，欲將汝行，遊歷幽途，使知罪福之報也，不須費設。若意不已，止可茶來耳。』至斯果還。語胡家人云：『吾今將胡游觀，畢當使還。不足憂也。』胡即頓臥床上，泯然如盡。叔於是將胡，遍觀群山，備睹鬼怪。末至嵩高山，諸鬼過胡，並有饌設。餘施味不異世中，唯薑甚脆美。胡欲懷將還。左右人笑胡云：『止可此食。不得將還也。』胡末見一處，屋宇華曠，帳筵精整，有二少僧居焉。胡造之，二僧為設雜果檳榔等。胡遊歷久之，備見罪福苦樂之報，乃辭歸。叔謂胡曰：『汝既已知善之可修，何宜在家？白足阿練，戒行精高，可師事也。』長安道人足白，故時人謂為白足阿練也。甚為魏虜所敬，虜主事為師。胡既奉此練，於其寺中，遂見嵩山上年少僧者遊學眾中。胡大驚，與敘乖闊，問何時來。二僧答云：『貧道本住此寺，往日不憶與君相識。』胡復說嵩高之遇。此僧云：『君謬耳，豈有此耶？』至明日，二僧無何而去。胡乃具告諸沙門，敘說往日嵩山所見，

與情節可能都是虛構而來，但是，僧人接待賓客之時，「設雜果、檳榔等」似乎真是當時僧人款待賓客的禮俗。值得注意的是，故事中的人物（宋王胡、宋王胡的叔父、傳述故事的僧釋曇爽）都是長安人，而宋王胡接受檳榔款待的地點嵩高山（今河南登封北部）也在北方。因此，如果這則故事不是王琰個人刻意的虛構，那麼，嚼食檳榔的習慣最晚在西元五世紀時就已經北傳。

既有嚼食者及其需求，檳榔也源源不斷的從南方進入中國的長江流域，甚至是黃河流域。除了領土之內的交州、廣州一帶之外，南洋及中南半島各國有時也會向中國進貢檳榔。例如，蕭子顯《南齊書》便說扶南國「多檳榔」，從西晉到南朝末年，曾多次向中國進貢。因常被林邑國「侵擊」，在齊武帝永明二年，其國王闍耶跋摩 (Jayavarman) 曾派遣使臣天竺道人釋那迦仙到中國獻禮並求援，而在進貢的禮物之中，便有「瑇瑁檳榔柈一枚」。[68] 檳榔盤是為了盛裝檳榔而製，沈約還曾經寫了一首〈詠竹檳榔盤詩〉，[69] 可見當時這還是相當罕見的器具。事實上，林邑國也產檳榔，而且「家有數百樹」檳榔，[70] 但此國是否曾經向中國進貢檳榔則不可知。

眾咸驚怪，即追求二僧，不知所在。乃悟其神人焉。元嘉末，有長安僧釋曇爽，來遊江南。具說如此也。」道世，《法苑珠林》，《大正新脩大藏經》，冊 53，T2122，卷 6，〈六道篇‧鬼神部‧感應緣〉，頁 314c–315a 引。

68. 蕭子顯，《南齊書》，卷 58，〈列傳‧南夷‧扶南國〉，頁 1015–1017。案：關於林邑、扶南之間的衝突、交戰，以及中國介入的始末，詳見劉淑芬，〈六朝南海貿易的開展〉，《食貨月刊》，復刊 15：9 & 10（1986），頁 9–24；陳佳榮，《隋前南海交通史料研究》（香港：香港大學亞洲研究中心，2003），頁 54–55。

69. 歐陽詢，《藝文類聚》，卷 73，〈雜器物部‧盤〉，頁 1256 引。

70. 賈思勰，《齊民要術》，卷 10，〈五穀、果蓏、菜茹非中國物產者‧檳榔〉，頁 600，

　　此外，前引梁朝王僧孺〈謝賜于陀利所獻檳榔啟〉，便已說明其所得的檳榔是來自于陀利（干陁利）。根據《梁書》的記載，干陁利國「在南海洲上」，「俗與林邑、扶南略同」，而且，「檳榔特精好，為諸國之極」。[71] 在宋孝武帝孝建二年 (455 AD)、梁武帝天監元年 (502 AD)、天監十七年 (518 AD)、陳文帝天嘉四年 (563 AD)，其國王都曾派遣使者到中國進貢，其地應該是在印尼蘇門答臘的巨港一帶。[72]

　　引《林邑國記》。

71. 姚思廉，《梁書》，卷 54，〈列傳‧諸夷‧海南諸國‧干陁利國〉，頁 794。

72. 陳佳榮、謝方、陸峻岭，《古代南海地名匯釋》，頁 964；陳佳榮，《隋前南海交通史料研究》，頁 56。

中國隋唐五代時期的檳榔文化[*]

一、引　言

　　中國並非檳榔的原鄉。綜合植物學、生物地理學、生物考古學、考古學、歷史語言學、歷史文獻和民族誌的材料來看,檳榔的原生地和檳榔文化的發源地,應該是在馬來西亞半島和印尼群島一帶,然後向東傳布到太平洋群島,向西傳布到南亞及東南亞的大陸區,接著,再由南亞、東南亞向外擴散。[1]

　　檳榔進入中國政治版圖大約是在西漢武帝時期,但相關的記載非常罕

* 編案:本文原載於《新史學》,29:2(2018),頁1–96。於2018年3月7日收稿,2018年7月10日通過刊登。

1. 參見 Thomas J. Zumbroich, "The Origin and Diffusion of Betel Chewing: A Synthesis of Evidence from South Asia, Southeast Asia and Beyond," *eJournal of Indian Medicine*, 1 (2007–2008), pp. 87–140。案:本文所說的「檳榔文化」,是指人對於檳榔(物自身)的認知、使用及態度,以及檳榔的社會功能和文化意涵。而檳榔主要作為食用和藥用之物,食用方式大多是咀嚼由檳榔子、蔞葉及其他香料組成的「檳榔嚼塊」,藥用可採單方或複方,亦即可以單獨使用檳榔子或是結合其他藥物治療各種疾病。但是,嚼食檳榔通常也被認為具有防治疾病的功效,因此,本文並不特別強調兩者的區分。

見，一直到東漢、三國時期（西元第一至第三世紀）才逐漸進入中國的知
識領域，無論是物種、物名的討論與描述，還是食用禮俗、藥用功效的敘
述，都已見諸文獻記錄。到了魏晉南北朝時期（西元第三至第六世紀），透
過朝貢及貿易，東南亞及南洋一帶的檳榔才不斷進入中國本土，不少南方
的統治階層開始流行嚼食檳榔，不過，檳榔在這時期仍被視為外來的奇珍
異物，也罕見於北方。然而，當時的知識階層和醫家對於檳榔的認知又更
加深入，舉凡其主要產地、生物特性、食用方法、藥物功能、社會功能，
都有不少論述，而文學方面的歌詠、書寫也不罕見，只是作者大多是所謂
的「南人」。基本上，當時的檳榔文化主要流行於南方。[2]

　　其後，隋文帝 (581–604 AD 在位) 於開皇九年 (589 AD) 滅陳，結束中
國長達三百餘年的南北分裂格局，政治中心再度回歸北方，接續的唐帝國
也是以關中為基地。因此，檳榔在中國的流傳是否因帝國統一而得以跨越
南方境域，便頗值得注意。但過去的研究者對於這個時期的檳榔卻很少著
墨，以研究這個課題的先驅者容媛 (1899–1996 AD) 來說，他只是在「結
論」的地方簡略提到，唐代廣州人雖然嗜食檳榔，但還不及安南人那麼「利
害」，[3] 而另一位學者任乃強 (1894–1989 AD) 則大膽論斷，檳榔「到了隋

---

2. 參見容媛，〈檳榔的歷史〉，《民俗》，43（廣州，1929），頁 1–51；林富士，〈檳榔
　　入華考〉，《歷史月刊》，頁 94–100；王冠中，〈魏晉南北朝外來文化輸入及其對時
　　人生活的影響〉（臺中：逢甲大學中國文學研究所碩士論文，2004）；Christian A.
　　Anderson, "Betel Nut Chewing Culture: The Social and Symbolic Life of an Indigenous
　　Commodity in Taiwan and Hainan," Ph. D. Dissertation, University of Southern
　　California (California, 2007).

3. 詳見容媛，〈檳榔的歷史〉，頁 1–51。

唐時期便普及全國」，卻未提出充分的證據。[4] 此外，郭聲波、劉興亮從
「歷史地理」的角度探索檳榔文化，運用相當多元的資料，對於中國近代
檳榔種植與檳榔習俗的空間分布，做了相當仔細的分析，但是，對於近代
以前的情形，他們只說「最晚到晉代，嶺南地區已開始嚼食檳榔」，但「快
速傳播當在宋代」，地區包括嶺南、福建泉州、廣南西路、雲南等地，對於
隋唐五代時期 (589–979 AD) 的情形，略而不談。[5] 其他談中國檳榔源流、
習俗的論著，基本上也都較為忽略檳榔文化在這段期間的發展。[6] 唯薛愛
華 (Edward H. Schafer, 1913–1991 AD) 在討論唐代中國南方及其周邊的瘴
氣、植物和飲食習慣時，對於當時檳榔的產地、醫藥和社會功能有些介紹，
但也相當簡略。[7] 因此，我們有必要重新審視這個問題。

---

4. 詳見常璩，任乃強校注，《華陽國志校補圖注》（上海：上海古籍出版社，1987），
　頁 317–318。

5. 詳見郭聲波、劉興亮，〈中國檳榔種植與檳榔習俗文化的歷史地理探索〉，《中國歷
　史地理論叢》，24：4（西安，2009.10），頁 5–15。

6. 例如：Camille Imbault-Huart, "Le Bétel," *T'oung Pao*, 5 (1894), pp. 311–328; 林明華，
　〈我國栽種檳榔非自明代始——對《中越關係史簡編》一則史實的訂正〉，《東南亞
　研究資料》，1986：3（廣州，1986），頁 99–102；葛應欽，〈嚼食檳榔的文化源
　流〉，《健康世界》，162（臺北，1999.6），頁 32–34；王四達，〈閩臺檳榔禮俗源流
　略考〉，《東南文化》，2（南京，1998），頁 53–58；陳良秋、萬玲，〈我國引種檳榔
　時間及其他〉，《中國農村小康科技》，2007：2（北京，2007），頁 48–50；周明儀，
　〈從文化觀點看檳榔之今昔〉，《南華大學通識教育與跨域研究》，5（嘉義，2008），
　頁 111–137；曹興興、茹慧，〈中國古代檳榔的栽培技術及歷史地域分布研究〉，《農
　業考古》，2010：4（南昌，2010），頁 193–197。

7. 詳見 Edward H. Schafer, *The Golden Peaches of Samarkand: A Study of T'ang Exotics*
　(Berkeley: University of California Press, 1963), pp. 141–142, 151; Edward H. Schafer,

二、知識的集結與擴充：類書與醫藥

　　事實上，從隋唐到五代時期，檳榔在中國社會的流傳有了微妙的變化。首先，在唐高祖（618–626 AD 在位）武德七年 (624 AD) 成書的《藝文類聚》，「菓部」之下便有專門的檳榔條目，收錄了漢至六朝各種以檳榔為母題的詩文。[8] 《藝文類聚》是唐初由高祖下令編纂的官修類書，主編是歐陽詢 (557–641 AD)，其餘主要編者包括：令狐德棻 (583–666 AD)、裴矩 (547–627 AD)、趙弘智 (572–653 AD)、陳叔達 (573–635 AD)、袁朗 (563–627 AD) 等，都是唐初知識界的菁英，包括了南朝與北朝的遺老。[9] 他們多數是「北人」，[10] 但是，主編歐陽詢是潭州臨湘（今湖南長沙）人，[11] 袁

The Vermilion Bird: T'ang Images of the South (Berkeley: University of California Press, 1967), pp. 32, 72, 133, 174–175.

8. 除了「菓部」之外，《藝文類聚》在「居處部」、「雜器物部」中也都收有涉及檳榔的詩文。詳見歐陽詢等編，《藝文類聚》〔汪紹楹校，《藝文類聚》〕（上海：上海古籍出版社，1999），卷61，〈居處部‧總載居處〉，頁1107；卷73，〈雜器物部‧盤〉，頁1256；卷87，〈菓部‧檳榔〉，頁1495–1496；卷87，〈菓部‧瓜〉，頁1505。

9. 詳見韓建立，《《藝文類聚》纂修考論》（新北：花木蘭文化出版社，2012）；韓建立，〈《藝文類聚》編撰人員考辨〉，《南京郵電大學學報（社會科學版）》，16：4（2014），頁96–101。

10. 令狐德棻為宜州華原（今陝西銅川市耀州區）人，裴矩為河東聞喜（今山西聞喜縣）人，趙弘智為洛州新安（今河南新安縣）人、袁朗為雍州長安（今陝西西安）人；詳見劉昫等，《舊唐書》（北京：中華書局，1975），卷63，〈裴矩傳〉，頁2406；卷73，〈令狐德棻傳〉，頁2596；卷188，〈孝友列傳‧趙弘智〉，頁4921；

朗和陳叔達都是南朝人，陳亡才北遷。[12] 因此，這一次「檳榔文本」的首度集結，也可以說是南方檳榔文化的向北擴散。

　　除了這種官修的集體性編輯之外，若干個人撰述中也有前代知識的彙整與分類，其中不乏有關檳榔的文本。例如，東牟（今山東煙臺市牟平縣）人段公路（活躍於 869–871 AD）在嶺南任官時，曾經針對當地特有的風土物產、民情禮俗，親自探訪、採集「田野」資料，撰成《北戶錄》，但書中其實也收錄不少前人說法或前朝故事。[13] 以檳榔來說，他在說明檳榔計數

卷 190，〈文苑列傳・袁朗〉，頁 4984。

11. 詳見歐陽修，《新唐書》（北京：中華書局，1975），卷 198，〈歐陽詢傳〉，頁 5645–5646。

12. 根據《舊唐書》的說法，袁朗是雍州長安人，但是，其父袁樞 (517–567AD) 為南朝重臣，袁朗出生於袁樞在京師建康任官期間，因此，其出生地應該就在建康，或是其父祖家族寓居的吳郡 （治所在今江蘇蘇州）。而陳叔達是南朝陳宣帝 （530–582 AD、569–582 AD 在位）的皇子，長城（今浙江省長興縣）人。他們都是在陳朝被滅之後才北遷長安。因此，都可以算是「南人」。詳見姚思廉，《陳書》，卷 17，〈袁樞傳〉，頁 240–241；劉昫等，《舊唐書》，卷 61，〈陳叔達〉，頁 2363；卷 190，〈文苑列傳・袁朗〉，頁 4984；歐陽修，《新唐書》，卷 100，〈陳叔達傳〉，頁 3925–3926。案：兩唐書都未載明陳叔達的籍貫或出生地，但是，陳叔達三位兄弟（陳叔榮、陳叔明、陳叔興）的墓誌都說其出身為「吳興長城」，因此，陳叔達應該可以斷定為長城人。詳見〈陳叔榮墓誌〉、〈陳叔明墓誌〉，收入韓理洲輯校，《全隋文補遺》，頁 289–290、322–323；〈陳叔興誌〉，收入王其禕、周曉薇編著，《隋代墓誌銘彙考》，頁 239。案：有關袁朗的身世及陳叔達的籍貫與根據，承蒙《新史學》匿名之編輯委員賜告，特此致謝。

13. 侯先棟，〈段公路《北戶錄》研究〉，華中師範大學歷史文獻學碩士論文（武漢，2013）。案：段公路的籍貫和出生地不詳，但學者大多認為他是段成式 (803–863 AD) 之子，故從其父，暫定為東牟人。

單位時說「檳榔為口」，便是引述南朝沈約受皇帝賞賜「交州檳榔千口」、陸倕「謝安成王賜檳榔一千」的典故；[14] 在說明檳榔名物之時，引述周成（三國魏人）《雜字》說：「檳榔，果也。似螺可食。」[15] 他所添加的新知識則有當地食用檳榔的方法：

> 今瓊、崖、高、潘州，以糖煮嫩大腹檳榔，辯州以蜜漬益智子，食之亦甚美。[16]

這是將檳榔做成蜜餞的方式。其次，他在提及當地的一些植物時，也會拿來和檳榔做比較，如「桄榔，莖葉與波斯棗、古散、椰子、檳榔小異」、[17]「山胡桃，皮厚，底平，狀如檳榔」。[18] 此外，他還注意到外國船上有一種特殊的鼓以檳榔為名：

> 蕃船上多以象皮鞔鼓，鼓長而頭尖，狀如棗核，謂之檳榔鼓。[19]

《北戶錄》看似博物志、風土志之類的著作，但這種既引述古籍、前人之說，又補以一己見聞的作法，也是唐人集結新知與舊說的手法。

在醫學領域也是如此。當時人對於前朝所積累的知識有所承繼，也有

---

14. 段公路，《北戶錄》，卷2，〈米麹〉，頁12b。

15. 段公路，《北戶錄》，卷2，〈食目〉，頁16b。關於中國「雜字」的傳統，詳見李國慶，〈雜字研究〉，《新世紀圖書館》，2012：9（2012），頁61–66。

16. 段公路，《北戶錄》，卷2，〈食目〉，頁16b。

17. 段公路，《北戶錄》，卷2，〈桃榔炙〉，頁9b。

18. 段公路，《北戶錄》，卷3，〈山胡桃〉，頁4b。

19. 段公路，《北戶錄》，卷1，〈蚺虵牙〉，頁10a。

所發揮。[20] 在本草方面，包括：甄權 (541–643 AD)《藥性論》、[21] 蘇敬（蘇恭，599–674 AD)《新修本草》（詳下文）、孟詵（約 621–713 AD)《食療本草》（詳下文）、李珣（約 855–930 AD)《海藥本草》，[22] 以及五代時期 (907–979 AD) 日華子的 《日華子本草》、後蜀韓保昇 （活躍於 934–965 AD）的《蜀本草》、後唐天成年間 (926–930 AD) 侯寧極 （926–930 AD 之間的進士）的《藥譜》等書，都著錄了檳榔，並針對其藥性、藥效多所論述（詳下文）。

這個時期醫家的檳榔知識雖然大多承襲隋唐之前的舊作，但也有所發明。其中，最重要的是唐高宗顯慶四年 (659 AD) 完成的官修《新修本草》（《唐本草》）。[23] 此書載云：

檳榔，味辛溫，無毒，主消穀、逐水、除〔痰〕（淡）澼、殺三蟲、

20. 山田慶兒，《中国医学はいかにつくられたか》（東京：岩波書店，1999），頁 183–206。

21. 甄權，《藥性論》〔尚志鈞輯釋，《藥性論、藥性趨向分類論（合刊本)》〕（合肥：安徽科學技術出版社，2006），卷 2，〈草木類・白檳榔〉，頁 77。案：甄權為許州扶溝（今河南扶溝縣）人；詳見劉昫等，《舊唐書》，卷 191，〈方伎列傳・甄權〉，頁 5089。

22. 李珣，《海藥本草》〔收入吳海鷹主編，《回族典藏全書》〕（蘭州：甘肅文化出版社、銀川：寧夏人民出版社），頁 41。案：李珣是波斯後裔，應該生長於蜀地，或說是梓州（今四川三臺縣）人，後曾居住於廣州，以文學、本草學留名。詳見蒲曾亮，〈李珣生平及其詞研究〉（湘潭：湘潭大學中國古代文學碩士，2005）；陳明，《中古醫療與外來文化》（北京：北京大學出版社，2013），頁 121–151。

23. 關於《新修本草》的編纂過程、內容、版本及其重要性，詳見岩本篤志，《唐代の医藥書と敦煌文献》（東京：角川學藝出版，2015），頁 94–168。

去伏尸、療寸白，生南海。

此有三、四種，出交州形小而味甘，廣州以南者，形大而味澀，核
亦大。尤大者，名猪（豬）檳榔，作藥皆用之。又小者，南人名蒳
子，俗人呼為檳榔孫，亦可食。

謹案：檳榔生者極大，停數日便爛，今人北來者，皆先灰汁煮熟，
仍火薰使干（乾），始堪停久。其中人（仁），主腹脹，生搗末服，
利水穀。傅瘡，生肌肉，止痛。熸（燒）為灰，主口吻、白瘡。生
交州、愛州及崑崙。[24]

上引文字可以分成三段，第一段論檳榔的藥性、藥效及產地，只是承襲陶
弘景《名醫別錄》的舊文。第二段論檳榔的名物和品類，基本上是綜合六
朝以來各家的說法，進行分疏、條理而成，雖有舊說，但也有一家之言。
第三段則是根據唐人經驗提出的新說，闡述檳榔不易保存的物性及北運遠
輸時的薰乾法，並增補了檳榔仁、檳榔子的藥效及使用方式，同時說明當
時檳榔的主要產地在交州、愛州及崑崙。[25]

　　這本書的檳榔論述影響很大，後續的本草著作大多直接引述或以此為

---

24. 蘇敬，《新修本草》（《續修四庫全書》本，第 989 冊；上海：上海古籍出版社，
　　 1997），卷 13，〈木・檳榔〉，頁 646。案：蘇敬籍貫不詳，但從一些零星的記載推
　　 斷，他早年應該長期居住在江南或嶺南一帶；詳見王家葵、張瑞賢、銀海，〈《新修
　　 本草》纂修人員考〉，《中華醫史雜志》，30：4（北京，2000），頁 200–204。
25. 關於唐代藥物的產地和交易情形，詳見于賡哲，〈唐代藥材產地與市場〉，收入氏
　　 著，《唐代疾病、醫療史初探》（北京：中國社會科學出版社，2011），頁 75–104。
　　 案：此文認為《新修本草》所述之藥物產地基本上都是根據《千金翼方》，故未納
　　 入史料分析。但以檳榔來說，《新修本草》所載的產地便比《千金翼方》來得詳細。

基礎而略作增刪，例如，後蜀韓保昇主導的官修《蜀本草》所載的「檳榔」便與此基本相同，只是文字小有差異，並加入：「檳榔，溫，消宿食」之語。[26] 然而，《日華子本草》卻說：

> 檳榔，味澀。除一切風，下一切氣，通關節、利九竅、補五勞七傷，健脾調中，除煩，破癥結，下五膈氣。[27]

這對於檳榔藥性和功效的論述顯然和《新修本草》及唐前的本草書說法有不小的差異，雖然仍強調檳榔「排除」、「疏通」的功能，但也另外提出「補五勞七傷」、「健脾調中」、「除煩」的說法，這似乎是根據唐代臨床醫學實踐而得的經驗之談（詳下文）。

此外，孟詵《食療本草》（《補養方》）則說：

> 檳榔，多食發熱，南人生食。閩中名橄欖子。所來北者，煮熟，薰乾將來。[28]

---

26. 韓保昇，《蜀本草》〔尚志鈞輯釋，《日華子本草、蜀本草（合刊本）》〕（合肥：安徽科技技術出版社，2005），卷13，〈木部中品・檳榔〉，頁432。案：韓保昇為潞州長子（今山西長治市長子縣）人；吳任臣編，《十國春秋》〔附刊於歐陽修，《新五代史》〕（北京：中華書局，1974），卷56，〈韓保昇傳〉，頁6b。

27. 日華子，《日華子本草》〔尚志鈞輯釋，《日華子本草、蜀本草（合刊本）》〕（合肥：安徽科技技術出版社，2005），卷12，〈木部中品・檳榔〉，頁129。案：日華子為四明（今浙江寧波市鄞州區）人；詳見岡西為人編著，《宋以前醫籍考》（臺北：南天書局，1977），〈日華子諸家草本〉，頁1313。

28. 孟詵，謝海州等輯校，《食療本草》（北京：人民衛生出版社，1984），頁23。案：《食療本草》已經散佚，本文所採用的是謝海州等人所輯校的版本。此外，近代在敦煌所發現的寫本「本草」殘卷（S76），學界大都認為即孟詵《食療本草》之古

這裡主要是強調嚼食檳榔的感官經驗（發熱），以及南方人吃生檳榔、北方人吃乾檳榔的差異（詳下文）。

更重要的是，檳榔此時已廣泛運用於臨床醫療方面，以孫思邈 (581–682 AD)《千金要方》來說，他對於檳榔的藥性和功效的有以下描述：

> 味辛溫濇，無毒。消穀、逐水，逐淡澼，殺三蟲，去伏尸，治寸白。[29]

這基本上是承襲南朝陶弘景的舊說。[30] 但是，全書使用檳榔的醫方多達 18 種，所對治的疾病包括：婦人求子（1 首）、口病（口臭、身臭）（1 首）、風痹（1 首）、肝病（1 首）、胸痹（心臟）（2 首）、脾寒（1 首）、反胃（1 首）、積氣（肺臟）（4 首）、痰飲（大腸腑）（2 首）、九蟲（寸白蟲；大腸腑）（1 首）、補腎（1 首）、霍亂（膀胱腑）（1 首）、解毒（解五石毒）（1 首）。[31] 而其《千金翼方》也有 7 種檳榔方，大部分和《千金要方》大同小異，唯增加專治水腫的「檳榔圓」。[32] 這些運用所對治的疾病，就五臟六腑

本；范鳳源訂正，《敦煌石室古本草》（臺北：新文豐，1976）；馬繼興等輯校，《敦煌醫藥文獻輯校》（南京：江蘇古籍出版社，1998），〈食療本草殘卷〉，頁 673–686；袁仁智、潘文主編，《敦煌醫藥文獻真迹釋錄》（北京：中醫古籍出版社，2015），頁 223–231。

29. 孫思邈，《備急千金要方》（臺北：中國醫藥研究所，1990），卷 26，〈食治・果實〉，頁 465c。案：孫思邈為京兆華原（今陝西銅川市耀州區）人；詳見劉昫等，《舊唐書》，卷 191，〈方伎列傳・孫思邈〉，頁 5094。

30. 陶弘景著，尚志鈞輯校，《名醫別錄》，卷 2，〈中品・檳榔〉，頁 145。

31. 詳見附錄一：孫思邈《備急千金要方》「檳榔方」之製作與效用。

32. 孫思邈，《千金翼方》（臺北：中國醫藥研究所，1974），卷 5，〈婦人一・婦人求子・慶雲散〉，頁 61a；卷 5，〈婦人一・熏衣浥衣香方・五香圓〉，頁 69a；卷 5，

來說，有肝、心、脾、肺、腎五臟；胃、大腸、膀胱三腑。而「求子」、「補腎」都與房中有關，芳香和解毒的作用則是首度出現。

其後，王燾 (670–755 AD)《外臺秘要》更進一步收錄了 111 首含有檳榔的醫方，其所對治的疾病包括：一、瘴病（山瘴瘧）（1 首）；二、嘔吐（噫醋）（4 首）；三、心腹痛（包括心痛、腹痛、腹脹）（23 首）；四、痰飲（4 首）；五、咳嗽（肺脹、肺氣積聚、上氣）（6 首）；六、痃癖（12 首）；七、鬼疰（伏連、遁尸）（2 首）；八、諸風（中風、風驚恐、頭風旋）（6 首）；九、虛勞（肝勞、脾勞、腰胯痛、腰腳疼痛、腰腎膿水）（6 首）；十、腳氣（27 首）；十一、水腫（2 首）；十二、癭病（1 首）；十三、腋臭（1 首）；十四、疝氣（2 首）；十五、蟲病（九蟲、五藏蟲、蛔蟲、寸白蟲）（7 首）；十六、金瘡（包括火燒瘡）（1 首）；十七、諸毒（3 首）；十八、小兒諸疾（包括疢癖、羸瘦、肺脹氣急）（3 首）。[33] 其中，基本上用來「解毒」的〈仙人絳雪方〉則號稱能「療一切病」，包括大小便不通、煩悶不安、婦人產後諸病、墮胎、孩子驚癇、酒醉、久痢、天行時氣、一切熱病等。[34]

〈婦人一・熏衣浥衣香方・十香圓〉，頁 69a；卷 15，〈補益・解散發動方〉，頁171a–172b；卷 18，〈雜病上・胸中熱方〉，頁 208b；卷 19，〈雜病中・水腫方・檳榔圓〉，頁 219b；卷 19，〈雜病中・飲食不消方〉，頁 226a–b。

33. 詳見附錄二：王燾《外臺秘要》「檳榔方」。案：王燾的籍貫說法不一，大多認為是郿縣（今陝西寶雞市郿縣），但也有人認為是萬年（今陝西西安市）人，本文認為萬年之說比較可信。相關的討論，詳見萬方、陶敏，〈王燾家世里籍生平新考〉，《山東中醫學院學報》，12：3（濟南，1988），頁 40–44；李平，〈唐代醫家王燾考〉，《中華醫史雜志》，27：3（北京，1997），頁 181–184；陳穎、洪營東，〈王燾《外臺秘要方》探源〉，《四川中醫》，30：7（成都，2012），頁 24–25。

　　從這些檳榔方來看，治療腳氣（27 首）和心腹痛（23 首）占最大多數，專治小兒疾病的醫方也已出現。另外，傅瘡、瘻病、鬼疰、瘴癘的治療功效似乎都是首度被提及。[35] 特別值得一提的是，此書共收錄了 19 首「山瘴瘧方」，雖然只有一首使用了檳榔，但文中提到：

> 凡跋涉江山、防諸瘴癘及蠱毒等，常服木香犀角丸方。[36]

而這段文字及藥方雖然未明確說明來源，但卻緊連著「療瘧瘴」的「孟補闕嶺南將來極效常山丸方」而來，[37] 因此，可能都是來自嶺南的經驗方。事實上，劉恂 (873–921 AD)《嶺表錄異》也說：

> 安南人自嫩及老，採實啖之，以不妻藤兼之瓦屋子灰，競咀嚼之。
> 自云：交州地溫，不食此無以祛其瘴癘。廣州亦噉檳榔，然不甚於

---

34. 王燾，《外臺秘要》（臺北：中國醫藥研究所，1985），卷 31，〈採藥時節所出土地諸家丸散酒煎解諸毒等〉，頁 849。

35. 這些檳榔方引述的醫藥文獻有：《廣濟方》、《延年方》、《必效方》、《千金要方》、《千金翼方》、《古今錄驗方》（唐代甄立言；545–627 AD）、《集驗方》、《救急方》、《許仁則方》（唐代許仁則）、《張文仲方》（唐代張文仲；約 650–710 AD）、《刪繁方》、《蘇長史方（腳氣方）》、《備急方》、《吳昇方》、《崔氏方（腳氣方）》、《唐侍中方（腳氣方）》、《蘇恭方（腳氣方）》（唐代蘇恭／蘇敬）、《范汪方（水腫方）》（東晉范汪）、《療瘻司農揚丞服效方》、《近效方》、《劉氏方（小兒方）》，除此之外，還有一些是當時人流傳的經驗方。由此可知，《外臺秘要》中檳榔方雖然有些來自東晉、南北朝時期的古方，但唐初以來新增的經驗方似乎占大多數。詳見附錄二：王燾《外臺秘要》「檳榔方」。

36. 王燾，《外臺秘要》，卷 5，〈瘧病〉，頁 159b–160a。

37. 王燾，《外臺秘要》，卷 5，〈瘧病〉，頁 159b。

安南也。[38]

劉恂是鄱陽（今江西鄱陽）人，在唐昭宗時期（888–904 AD 在位）曾任廣州司馬，其後長居南海，[39] 因此，這應該是他的親身見聞。由此可見，最晚從唐代中晚期開始，吃檳榔可以防治南方的「瘴癘」已經開始成為一種普遍的認知。而唐末五代初的侯寧極（926–930 AD 之間的進士）更在他的《藥譜》中給予檳榔「洗瘴丹」名稱，[40] 其後，從北宋初年一直到元、明時期諸多的筆記、詩文、藥典，都以此作為檳榔專用的別名。[41] 由此看來，檳榔大概從唐中葉開始逐漸與防治瘴癘、瘟疫產生緊密的關係。[42]

　　至於使用檳榔治病的具體案例，當時文獻也有所記載。例如，《外臺秘要》在收錄治療「氣滿腹脹不調、不消食」的「青木香丸」方時，王燾特別註明：「韓同識頻服，大效，古今常用」。[43] 而柳宗元 (773–819 AD) 則敘述了自己的切身經驗。他在唐憲宗元和四年 (809 AD) 寫給友人李建的信中

---

38. 劉恂，《嶺表錄異》〔商璧、潘博校補，《嶺表錄異校補》〕（南寧：廣西民族出版社，1988），〈檳榔〉，頁 197。

39. 商璧、潘博校補，《嶺表錄異校補》，〈序論〉，頁 1–17。

40. 侯寧極，《藥譜》，收入陶穀，《清異錄》（《寶顏堂秘笈》本；上海：文明書局，1922），卷 2，〈藥〉，頁 9b–10b（頁 10a）；王棠，《燕在閣知新錄》（《續修四庫全書》本，第 1147 冊），卷 29，〈用藥〉，頁 37a。

41. 蘇軾撰，施元之註，《施註蘇詩》（《文淵閣四庫全書》本，第 1110 冊），卷 40，〈食檳榔〉，頁 13a，注文；陶宗儀，《南村輟耕錄》（北京：中華書局，1959），卷 16，〈藥譜〉，頁 200；李時珍，《本草綱目》（北京：人民衛生出版社，1975），卷 31，〈果部・夷果類・檳榔〉，頁 1829。

42. 林富士，〈瘟疫、社會恐慌與藥物流行〉，《文史知識》，2013：7（2013），頁 5–12。

43. 王燾，《外臺秘要》，卷 7，〈心痛心腹痛及寒疝〉，頁 211。

提到：

> 僕在蠻夷中，比得足下二書及致藥餌，喜復何言。自去年八月來，
> 痞疾稍已。往時間一二日作，今一月乃二三作，用南人檳榔、餘甘，
> 破決壅隔大過，陰邪雖敗，已傷正氣，行則膝顫，坐則髀痺。所欲
> 者補氣豐血、強筋骨、輔心力，有與此宜者，更致數物。忽得良方
> 偕至，益喜。[44]

這是柳氏被貶謫到永州（今湖南省永州市）時的治病、用藥經驗談。[45] 當
時他因罹患「痞疾」（胸腹脹滿），採用南方人的方法，用檳榔、餘甘治療，
雖有好轉，但可能因為用藥過量，也產生了後遺症。事實上，在謫放期間，
柳宗元健康情形相當不好，他除了服用「南人」的藥方之外，還植栽了不
少藥用植物。[46]

---

44. 柳宗元，《柳宗元集》〔尹占華、韓文奇校注，《柳宗元集校注》〕（北京：中華書局，
   2013），卷 30，〈與李翰林建書〉，頁 2008–2017。

45. 柳宗元為河東郡（今山西永濟市）人，但長居長安，年輕時因其父親柳鎮至兩湖、
   江西一帶任官，而得以隨從遊歷四方。二十一歲中進士第，很早就躋身權貴行列，
   但唐憲宗即位之後 (805 AD)，他隨即被貶放南方，光是在永州就長達十年 (805–
   815 AD)。關於柳宗元的生平及在「永州司馬」任內的文學創作，顧易生，《柳宗
   元》（上海：中華書局，1961）；羅聯添編著，《柳宗元事蹟繫年暨資料類編》（臺
   北：國立編譯館中華叢書編審委員會，1981）；松本肇，《柳宗元研究》（東京：創
   文社，2000），頁 5–20；下定雅弘，《柳宗元：逆境を生きぬいた美しき魂》（東
   京：勉誠出版，2009）；翟滿桂，《柳宗元永州事迹與詩文考論》（上海：三聯書店，
   2015）。

46. 松本肇，《柳宗元研究》，頁 140–176；下定雅弘，《柳宗元：逆境を生きぬいた美
   しき魂》，頁 101–119。

　　除了用來醫治人的疾病之外，當時人已注意到檳榔也可以治療牲畜的疾病。例如，題名為唐代李石 (786–847 AD) 所撰的《司牧安驥集》便說：

　　　　識得尋常病，便須用桔皮，檳榔為第一，蔥酒最相宜。[47]

又說：

　　　　大小腸中冷氣迎，皆因厥逆病相乘。起臥痛時頻輆頭，腸中作聲似
　　　　雷鳴。便用止痛檳榔散，何愁此病不安寧。[48]

此書的真實作者或許不是李石，但此書問世之後，便成宋、元、明時期的獸醫（主要是馬醫）必讀教材，可見其重要性。[49] 無論如何，據此可以知道，唐代獸醫已相當重視檳榔的使用。

三、域外見聞的增廣

　　在魏晉南北朝時期，中國社會對於域外檳榔文化的認知，見於文獻記載的，主要仰賴來華的外國使節和佛教僧侶，而所提及的地點只有林邑

---

47. 李石著，謝成俠校勘，《司牧安驥集》（北京：中華書局，1957），卷 1，〈王良百一歌‧起臥〉，頁 41。

48. 李石著，謝成俠校勘，《司牧安驥集》，卷 5，〈黃帝八十一問并序‧三十四問〉，頁 191。

49. 參見鄒介正，〈《司牧安驥集》的學術成就和影響〉，《中國農史》，1992：3（1992），頁 116–119。案：李石為李唐宗室，郡望隴西（今甘肅臨洮縣）；劉昫等，《舊唐書》，卷 172，〈李石傳〉，頁 4483。

國、[50] 扶南、[51] 干陁利國。[52] 但在隋唐五代時期，中國社會與南洋、南亞
地區的往來日益頻繁，對於域外的見聞也增廣不少。

以檳榔文化來說，這個時期的文獻所提到的地點和地理範圍便大幅擴
增。例如，張鷟 (658–730 AD)《朝野僉載》說：「真臘國在驩州南五百里。
其俗有客設檳榔、龍腦香、蛤屑等，以為賞宴。」[53] 真臘原為扶南國的屬
國，此時已經獨立，地點在今之柬埔寨北部和寮國南部。[54]

杜佑《通典》提到哥羅國的禮俗「嫁娶初問婚，惟以檳榔為禮，多者
至二百盤」；[55] 干陁利國「其俗與林邑、扶南略同。出斑布、古貝、檳榔。
檳榔特精好，為諸國之極。」[56] 丹丹國「土出金銀、白檀、蘇方木、檳
榔」。[57] 哥羅國和丹丹國的地點都是在目前馬來西亞境內。[58] 干陁利國在印

---

50. 賈思勰，《齊民要術》（北京：中華書局，1985），卷 10，〈五穀、果蓏、菜茹非中
國物產者‧檳榔〉，頁 600，引《林邑國記》。關於林邑國的地域範圍，參見陳佳
榮，《隋前南海交通史料研究》，頁 54–55。

51. 蕭子顯，《南齊書》（北京：中華書局，1972），卷 58，〈列傳‧南夷‧扶南國〉，頁
1015–1017。關於扶南國的地域範圍，參見陳佳榮，《隋前南海交通史料研究》（香
港：香港大學亞洲研究中心，2003），頁 54–55。

52. 姚思廉，《梁書》（北京：中華書局，1973），卷 54，〈列傳‧諸夷‧海南諸國‧干
陁利國〉，頁 794。關於干陁利國的地域範圍，參見陳佳榮，《隋前南海交通史料研
究》，頁 56；陳佳榮、謝方、陸峻嶺，《古代南海地名匯釋》，頁 964。

53. 張鷟著，恆鶴校點，《朝野僉載》（上海：上海古籍出版社，2012），卷 2，頁 23。

54. 關於真臘國的地域範圍，參見陳佳榮、謝方、陸峻嶺，《古代南海地名匯釋》，頁
964。

55. 杜佑，《通典》，卷 188，〈邊防四‧南蠻下‧哥羅〉，頁 5089。案：杜佑是京兆萬年
（今陝西西安市）人；劉昫等，《舊唐書》，卷 147，〈杜佑傳〉，頁 3978–3987。

56. 杜佑，《通典》，卷 188，〈邊防四‧南蠻下‧干陁利〉，頁 5096。

尼蘇門答臘的巨港。

　　袁滋《雲南記》說雲南「多生大腹檳榔」，但也指出其根源是「彌臣國來」。[59] 彌臣國在當今緬甸西南方。[60]

　　樊綽《蠻書》（又稱《雲南志》、《南夷志》）說崑崙國「出象及青木香、旃檀香、紫檀香、檳榔、琉璃、水精、蠡杯等諸香藥。」[61] 崑崙國的地點應該是在當今緬甸薩爾溫江（怒江）口附近，或是在泰國境內。[62]

　　五代後晉劉昫 (888–947 AD) 等撰的《舊唐書》（945 AD 成書）提到林邑國「四時皆食生菜，以檳榔汁為酒」；[63] 林邑國地在今越南中、南部。[64]

　　此外，北宋初年王溥 (922–982 AD) 根據唐代蘇冕《唐九朝會要》與崔鉉（活躍於 843–846 AD）、楊紹復（？–849 AD）《續會要》所撰成的《唐會要》（961 AD 成書），提到在「大海之北」的多蔑國「畜有犀象馬牛，果

---

57. 杜佑，《通典》，卷 188，〈邊防四‧南蠻下‧丹丹〉，頁 5102。

58. 陳佳榮、謝方、陸峻嶺，《古代南海地名匯釋》，頁 966–967、972、1060。

59. 李昉等，《太平御覽》，卷 971，〈果部八‧檳榔〉，頁 4437a，引《雲南記》。

60. 陳佳榮、謝方、陸峻嶺，《古代南海地名匯釋》，頁 911–912。

61. 樊綽，《蠻書》〔向達，《蠻書校注》〕（北京：中華書局，1962），卷 10，〈南蠻疆界接連諸蕃夷國名〉，頁 238。

62. 「崑崙國」屢見於中國古籍，或指西方崑崙，或指南海崑崙。若是南海崑崙，則或是泛稱中南半島、馬來群島一帶，或是特指其中的某個地區，必須依內容判定。此處所指，一般認為是特指目前緬甸或泰國境內的古代小國；陳佳榮、謝方、陸峻嶺，《古代南海地名匯釋》，頁 505–508。

63. 劉昫等，《舊唐書》，卷 197，〈南蠻、西南蠻列傳‧林邑〉，頁 5270。案：劉昫為涿州歸義（今河北涿州市）人；薛居正，《舊五代史》（北京：中華書局，1976），卷 89，〈劉昫傳〉，頁 1171–1173。

64. 參見陳佳榮、謝方、陸峻嶺，《古代南海地名匯釋》，頁 923–925。

有檳榔子」。[65] 多蔑國地在何處，學界眾說紛紜，或認為在今緬甸境內，或認為就是指吉蔑（真臘）。[66]

而北宋歐陽修根據唐代文獻撰成的《新唐書》，除了提到前述的哥羅、真臘之外，還說原林邑國屬地「環王」（占不勞；占婆）之人「取檳榔瀋為酒，椰葉為席」，[67] 並提到闍婆附近的婆賄伽盧「國土熱，衢路植椰子、檳榔，仰不見日」。[68] 環王在越南中部。[69] 婆賄伽盧的地點應該是在印尼爪哇島東部的錦石一帶。[70]

上述文獻所記載的內容，資料來源不易考定，可能只是作者「聽聞」或是閱讀他人記載而來。除了這種間接性的記錄之外，當時中國赴海外求法的僧人是在域外和檳榔有了直接的接觸。例如，玄奘大師 (602–664 AD)，洛州緱氏縣（今河南偃師市）人，在印度摩揭陀國（Magadha，即今印度東北部的巴特那 Patna 一帶）那爛陀寺留學時 (631–635 AD)，備受禮遇。[71] 冥詳《大唐故三藏玄奘法師行狀》說他每天可以獲得的供養和福利包括：

擔步羅葉一百二十枚，檳榔子二十顆，豆蔻子二十顆，龍香一兩。供

---

65. 王溥，《唐會要》（上海：上海古籍出版社，1991），卷 100，〈多蔑國〉，頁 2130。

66. 參見陳鴻瑜，《緬甸史》（臺北：臺灣商務印書館，2016），頁 23；陳佳榮、謝方、陸峻嶺，《古代南海地名匯釋》，頁 969。

67. 歐陽修，《新唐書》，卷 222，〈南蠻列傳・環王〉，頁 6297。

68. 歐陽修，《新唐書》，卷 222，〈南蠻列傳・驃〉，頁 6307–6308。

69. 陳佳榮、謝方、陸峻嶺，《古代南海地名匯釋》，頁 923–925。

70. 陳佳榮、謝方、陸峻嶺，《古代南海地名匯釋》，頁 737–738。

71. 楊廷福，《玄奘年譜》（北京：中華書局，1988），頁 89–172。

大人米一升，蘇油、乳酪、石蜜等，皆日足有餘一期之料，數人食不盡。給淨人婆羅門一人，出行乘象，與二十人陪從。免一切僧事。[72]

根據這段記載，玄奘每天可以拿到二十顆檳榔子，還加上一百二十枚的擔步羅（梵文 *tāmbūla*）葉（荖葉）。[73]

　　其次，義淨 (635–713 AD)，齊州山茌（今山東濟南市）人，在印度和東南亞遊歷、求法的時間超過二十年 (671–693 AD)，對於印度及南海諸國的佛教和一般知識（包括檳榔），相當豐富。[74] 他第一次出國是在唐高宗咸亨二年 (671 AD)，由廣州出海，先到室利佛逝國（在今印尼蘇門答臘島巨

---

72. 冥詳，《大唐故三藏玄奘法師行狀》，《大正新脩大藏經》，冊 50，T2052，卷 1，頁 216 b。類似的記載，慧立撰，彥悰箋，《大唐大慈恩寺三藏法師傳》，《大正新脩大藏經》，冊 50，T2053，卷 3，頁 237a；道宣，《續高僧傳》，《大正新脩大藏經》，冊 50，T2060，卷 4，頁 4520a。案：冥詳、慧立 (615–？AD)、彥悰、道宣 (596–667 AD) 都是和玄奘同時代或稍晚的人，冥詳、彥悰的生卒年和籍貫都不詳，慧立為豳州新平（今陝西彬縣）人，道宣生於京兆（今陝西西安市）；劉化重，〈《大慈恩寺三藏法師傳》新論〉（濟南：山東大學中國古代史碩士論文，2008），頁 32–39；張婷，《大慈恩寺三藏法師傳》研究〉（武漢：華中師範大學歷史文獻學碩士論文，2014），頁 4–18；藤善真澄，《道宣伝の研究》（京都：京都大学学術出版会，2002），頁 69–177；陳瑾淵，〈《續高僧傳》研究〉，頁 138–148。

73. 梵文 *tāmbūla* 或譯為荖葉，或譯為檳榔，但此處既有擔步羅葉又有檳榔子，故知此處是指荖葉而非檳榔葉。事實上，*tāmbūla* 也用來指稱「檳榔嚼塊」，亦即由檳榔子、荖葉及其他香料（如豆蔻、丁香、龍腦等）所組成的嚼塊，其組合成分甚至可以多達十三種；詳見 Sumati Morarjee, *Tambula: Tradition and Art* (Bombay: Morarjee, 1974), pp. 2–5; 林富士，〈檳榔與佛教：以漢文文獻為主的探討〉，《中央研究院歷史語言研究所集刊》，88（2017），頁 463–464。

74. 王邦維，《唐高僧義淨生平及其著作論攷》（重慶：重慶出版社，1996）。

港)，次年 (672 AD) 才從室利佛逝出發前往印度，途中曾到過裸人國，在
當地看到「椰子樹、檳榔林森然可愛」。裸人國是在目前印度的尼科巴群
島。[75] 此外，他在敘述「南海」佛教（東南亞的上座部佛教）「受齋軌則」
時指出，請僧齋供以三天為期，每一天信徒都有「檳榔請僧」或「檳榔供
僧」的儀節。[76] 義淨充分認識到檳榔為當地佛教最重要的供養品之一，而
且也認識到檳榔具有：芳香口氣（口香）、幫助消化（消食）、化除痰癃（去
癃）等醫藥功能。[77]

上述這些文獻所提及的檳榔文化流傳地點，不僅在數量上超過前朝，
地理範圍也比前人所認識的擴大了許多（詳見「圖 1：隋唐五代時期中國
周邊的檳榔文化分布圖」）。

四、貢賦與貿易的活動

從以上敘述可以知道，檳榔在隋唐五代的醫學領域已經有相當多元的
應用，但是，當時檳榔的產地主要都在中國的邊陲之地和境外的東南亞諸
國，因此，中央政府及各地的醫藥業者都必須設法取得檳榔。可惜的是，
相關記載非常稀少，從先前所引的本草書，我們知道「南方」的檳榔會「北
運」，而且在北運之前會進行乾燥處理，但是，這是個人少量的攜帶、自
用，還是商販大量的運輸銷售，則不清楚。不過，有些材料還是容許我們

---

75. 陳佳榮、謝方、陸峻岭，《古代南海地名匯釋》，頁 907、1006。

76. 義淨，《南海寄歸內法傳》〔王邦維校注，《南海寄歸內法傳校注》〕（北京：中華書
　　局，1995），卷 1，〈受齋軌則〉，頁 62–68。

77. 林富士，〈檳榔與佛教：以漢文文獻為主的探討〉，頁 468–469、474–475。

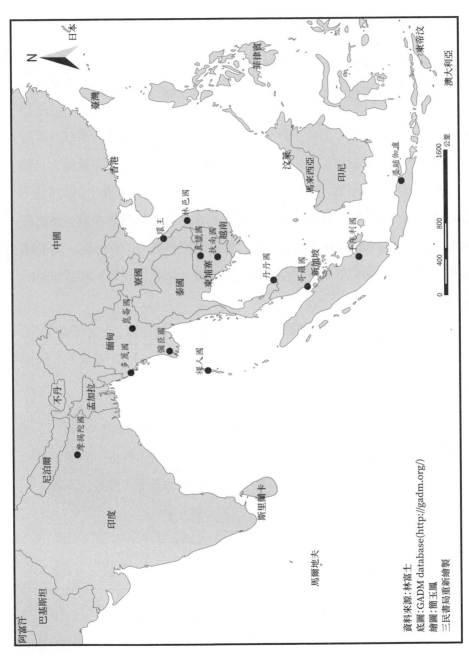

圖 1：隋唐五代時期中國周邊的檳榔文化分布圖

資料來源：林富士

底圖：GADM database(http://gadm.org/)

繪圖：簡玉鳳

三民書局重新繪製

大膽地做一些推測。首先，劉恂《嶺表錄異》記載：

> 檳榔交、廣生者，非舶檳榔，皆大腹子也。彼中悉呼為檳榔，交趾
> 豪士皆家園植之，其樹莖葉根幹與桄榔、椰子小異也。[78]

他曾經擔任廣州司馬，因此，對於交州、廣州一帶的檳榔文化應該有親身
的接觸和體驗。而根據他的說法，當時市面上的檳榔子應該有兩種，一種
是交州、廣州所生產的，俗稱「大腹子」，另一種是「舶檳榔」。雖然他不
曾解釋何謂「舶檳榔」及其產地，但從名稱和字面上的意思來看，這應該
是指經由船舶運來的檳榔，也就是現代常說的國外進口「舶來品」。可見檳
榔應該是當時中國與外國（包括東南亞、南亞、阿拉伯世界）海洋貿易的
貨品之一。[79]

另外，有一則禪宗的語錄似乎也可以印證這樣的推論。北宋釋道原（活
躍於 968–1022 AD）的《景德傳燈錄》（成書於 1004 AD）記載唐末五代志
端禪師（？–969 AD）的一則故事說：

> 福州林陽山瑞峰院志端禪師，福州人也。……有僧夜參，師曰：「阿
> 誰？」僧曰：「某甲。」師曰：「泉州沙糖，舶上檳榔。」僧良久。
> 師曰：「會麼？」僧曰：「不會。」師曰：「你若會，即廓清五蘊，吞
> 盡十方。」[80]

---

78. 劉恂，《嶺表錄異》，頁 197。

79. 關於唐代藥物的產地和交易情形，于賡哲，〈唐代藥材產地與市場〉，收入氏著，
《唐代疾病、醫療史初探》，頁 75–104。

80. 釋道原，《景德傳燈錄》，《大正新脩大藏經》，冊 51，T2076，卷 22，〈福州林陽志
端禪師〉，頁 381c。類似的內容也可見於釋惠洪，《禪林僧寶傳》（《文淵閣四庫全

這段參禪語錄的主要內容是志端禪師所提問的「泉州沙糖，舶上檳榔」。我
們知道，使用甘蔗汁煉製沙糖的技術和傳統源自印度，唐宋時期的中國社
會逐漸普遍使用沙糖，[81] 而「飲沙糖水，多噉檳榔」是「南海」佛教僧人
的飲食習慣。[82] 因此，我們可以推測，他所說的「泉州沙糖，舶上檳榔」
都是指「外來」之物，而且是來自海上的船舶，[83] 檳榔的「國際貿易」活
動在當時應該已經展開。[84]

　　在傳統中國，跨國的貿易往往是藉由「朝貢」形式或是與「朝貢」活
動結合進行。奇怪的是，這段時間涉及檳榔的「朝貢」記載非常罕見，我
們只知道在五代末期，占城（即林邑國；占婆國）曾經「遣使入貢」，送給
定都金陵（南京）的南唐後主李煜（961–975 AD 在位）諸多「土產」，其
中有「檳榔五十斤」，李煜則在北宋太祖（960–976 AD 在位）乾德四年
(966 AD) 轉而將該批「禮物」獻給汴京（開封）的宋廷。[85]

　　除了從國外進口之外，當時中國所轄的領土其實也有部分地區生產檳
榔，因此，政府可以透過賦稅的方式取得檳榔。事實上，最晚從唐玄宗

書》本，第 1052 冊），卷 10，〈林陽端禪師〉，頁 4b–5a。

81. 季羨林，《文化交流的軌迹：中華蔗糖史》（北京：經濟日報出版社，1997）。

82. 義淨，《南海寄歸內法傳》，卷 1，〈受齋軌則〉，頁 62–66。

83. 林富士，〈檳榔與佛教：以漢文文獻為主的探討〉，頁 483–485。

84. 唐代的嶺南（尤其是廣州）、福建、揚州等地都是當時「國際貿易」的據點，而且
有專門買賣藥物的商人和店鋪。參見于賡哲，〈唐代藥材產地與市場〉，收入氏著
《唐代疾病、醫療史初探》，頁 86–92。

85. 徐松輯，《宋會要輯稿》〔四川大學古籍整理研究所標點校勘，王德毅校訂本〕（臺
北：中央研究院歷史語言研究所，2008），〈蕃夷・占城〉，「太祖・乾德四年」條，
頁蕃夷四之六三。

（712–756 AD 在位）開元年間 (713–741 AD) 起，交州、愛州、峰州的貢賦中都有檳榔，不過，數量似乎不多，以愛州的「元和貢」來說，才五百顆。[86] 即使是以整個安南都護府（交州總管府；交州都督府；鎮南都護府）計算，也才二千顆。[87] 雖然如此，這畢竟顯示當時政府已注意到檳榔是當地的代表性物產，且具有商品價值。這是中國政府徵收「檳榔稅」的開端。

五、文學意象的營造

從漢代以來，檳榔除了在實體世界占有位置之外，在文學天地也一直是書寫與歌詠的對象，不過，在隋唐之前的文學作品中，檳榔主要都是現身於「詠物」詩（賦），[88] 以及「博物志」的文學類型中，作者只是羅列檳榔等植物、動物、器物的名稱，或是描述檳榔的品貌、物性與相關禮俗，其主要用意都在於炫耀自己的博聞廣知，或是頌揚物品擁有者的財富與崇偉，有時則藉物言志、抒情。[89] 隋唐五代文學的檳榔書寫，雖然也繼承了這樣的傳統，但也營造不少檳榔的新意象。

---

86. 李吉甫，《元和郡縣圖志》（清光緒六年〔1880 AD〕至八年〔1882 AD〕金陵書局校刊本），卷 38，〈嶺南道・交州〉，頁 9b；〈嶺南道・愛州〉，頁 12a；〈嶺南道・峰州〉，頁 14a。

87. 杜佑，《通典》，卷 6，〈食貨六・賦稅下・大唐・天下諸郡每年常貢・安南都護府〉，頁 128。

88. 關於中國文學的「詠物」傳統，詳見趙紅菊，《南朝詠物詩研究》（上海：上海古籍出版社，2009）；于志鵬，《宋前詠物詩發展史》（濟南：山東大學出版社，2013）。

89. 參見容媛，〈檳榔的歷史〉，頁 1–51；林富士，〈檳榔入華考〉，頁 94–100。

(一)詠物詩

在「詠物」詩的文類中，我們可以看到沈佺期 (656–714 AD)〈題椰子樹〉說：

> 日南椰子樹，香囊出風塵。叢生調木首，圓實檳榔身。玉房九霄露，碧葉四時春。不及塗林果，移根隨漢臣。[90]

沈佺期是相州內黃（今河南安陽市內黃縣）人，算是北人。這是他在唐中宗神龍二年 (706 AD) 被流放到驩州 （治所在今越南乂安省榮市） 時的作品。[91] 他所歌詠的對象是椰子樹，但在描述其外形的時候，卻用「檳榔身」來說明其「圓實」。這是藉物言物的詠物詩。

其次，仲子陵 (743–802 AD)〈洞庭獻新橘賦〉說：

> 皇帝垂衣裳而治萬國，舞干戚而來九區。包之橘柚，至自江湖，歲以為常。知方物之咸有，時而後獻。表庭實之何無，本其來則風秋洞庭，霜落寰海。元侯布較，下吏旁採。⋯⋯橘之名也則珍，橘之熟也惟新。越彼千里，獻於一人。丹其實，體南方之正。酸其味，含木德之純。足以附荔枝於末葉，遺檳榔於後塵。然出自荒陬，升聞莫由。煙波無已，歲月空流。豈知夫湮沉可達，職貢可修。辭草

---

90. 詳見沈佺期，連波、查洪德校注，《沈佺期詩集校注》（鄭州：中州古籍出版社，1991），卷2，〈題椰子樹〉，頁84。

91. 詳見查洪德編，〈沈佺期年譜〉，收入連波、查洪德校注，《沈佺期詩集校注》，頁218–230。

澤以孤往，入金門而見收。……儻草木之可儔，希成名於入貢。[92]

仲子陵是嘉州峨眉縣（今四川峨眉縣）人，雖然是進士出身，也曾經在中央任官，但職位不高。[93] 這首詩藉物言志，以「湖海清和，遠人修貢」為韻，一方面頌讚皇帝英明，讓邊遠的洞庭地區獻橘到朝廷，另一方面則讚美橘子的「德性」，並用來自喻。至於檳榔和荔枝則是用來襯托橘子的高超與美味。使用不同之物相互比較，也是詠物詩的一種類型。

　　白居易 (772–846 AD)〈題郡中荔枝詩十八韻兼寄楊萬州八使君〉也有類似的手法，他說：

　　　奇果標南土，芳林對北堂。素華春漠漠，丹實夏煌煌。葉捧低垂戶，枝擎重壓牆。始因風弄色，漸與日爭光。夕訝條懸火，朝驚樹點妝。深於紅躑躅，大校白檳榔。……早歲曾聞說，今朝始摘嘗。嚼疑天上味，嗅異世間香。潤勝蓮生水，鮮逾橘得霜。……近南光景熱，向北道途長。不得充王賦，無由寄帝鄉。唯君堪擲贈，面白似潘郎。[94]

白居易是「北人」，[95] 這是他在唐憲宗元和十四年 (819 AD) 從江州司馬轉

---

92. 董誥等編，《全唐文》（北京：中華書局，1987），卷 515，〈仲子陵·洞庭獻新橘賦〉，頁 5239。

93. 詳見何易展，〈唐代巴蜀文人仲子陵生平考述〉，《西華大學學報（哲學社會科學版）》，2006：6（成都，2006），頁 36–40。

94. 白居易，《白居易詩集》〔謝思煒校注，《白居易詩集校注》〕（北京：中華書局，2006），卷 18，〈律詩·題郡中荔枝詩十八韻兼寄萬州楊八使君〉，頁 1450–1451。

95. 白居易祖籍山西太原，出生於河南新鄭，後來移居陝西渭南（唐代下邽），算是北方人，但入仕之後，有不少時間都在南方任官（包括江西、四川、浙江、江蘇）。

任忠州刺史之後，第一次吃到荔枝之後的讚嘆。他在歌詠一番後，還寄贈他的朋友楊歸厚。主角是荔枝，檳榔、紅躑躅（杜鵑花）、蓮、橘等物則被用來比較。這也是物類相較的詠物詩。

再者，曹鄴 (816–878？AD) 賴以成名的〈四怨三愁五情詩〉中的「四情」一詩說：

> 檳榔自無柯，椰葉自無陰。常羨庭邊竹，生筍高於林。[96]

曹鄴是桂州陽朔縣（今廣西桂林市陽朔縣）人，這在寫自己的無依無靠。據說他在長安居住十年，九次應考都落第，後來就是以十二首〈四怨三愁五情詩〉為當時政要所賞識，才能踏入仕途。[97]

此外，在劉禹錫 (772–842 AD) 創制「竹枝詞」之後，[98] 晚唐詩人皇甫松（生卒年不詳，睦州新安〔今浙江省淳安縣〕）人，便利用這種詩體來描述地方風物，[99] 檳榔也進入「竹枝詞」的範疇。他寫道：

關於白居易的生平經歷，詳見朱金城，《白居易年譜》（上海：上海古籍出版社，1982）；王拾遺，《白居易傳》（西安：陝西人民出版社，1983）；平岡武夫，《白居易：生涯と歲時記》（京都：朋友書店，1998），頁 91–272；黃錦珠，《白居易：平易曠達的社會詩人》（臺北：幼獅文化事業公司，1988）。

96. 詳見曹鄴，《曹鄴詩》〔梁超然、毛水清注，《曹鄴詩注》〕（上海：上海古籍出版社，1985），〈四怨三愁五情詩十二首并序〉，頁 4。案：此詩首二句其實是出自西晉左思〈吳都賦〉的「檳榔無柯，椰葉無陰」。

97. 參見尹楚彬，〈曹鄴生平考辨〉，《廣西師範大學學報（哲學社會科學版）》，1990：2（桂林，1990），頁 28–33；李純蛟，〈晚唐詩人曹鄴生平略考〉，《西華師範學院學報（社會科學版）》，2003：6（南充，2003），頁 37–39。

98. 關於竹枝詞的發展，詳見孫杰，《竹枝詞發展史》（上海：上海人民出版社，2014）。

檳榔花發鷓鴣啼，雄飛煙瘴雌亦飛。木棉花盡荔支垂，千花萬花待
郎歸。芙蓉並蒂一心連，花侵槅子眼應穿。筵中蠟燭淚珠紅，合歡
桃核兩人同。斜江風起動橫波，劈開蓮子苦心多。山頭桃花谷底杏，
兩花窈窕遙相映。[100]

由詩所提及的動、植物來看，他所描述的應該是嶺南風光。這大概是歷代
以「竹枝」（又名「巴渝辭」）寫檳榔的開端，而且，也是首度在詩篇中將
檳榔與南方的瘴癘相提並論。這幾乎可以說是一種「物名詩」。所謂「物名
詩」是指援用物品名稱或其諧音字的詞意入詩，詩意與具體物品的形貌或
是所代表的意象，往往未能完全吻合，[101] 但此詩相當高明，因為具體物品、
物品名稱的詞意與詩意三者能密切結合。

　　這種物名詩，有時會以較為鬆散、自由的形式出現在民俗文學中，例
如，敦煌文書中的《秋胡變文》(S133) 有一段敘述主角（秋胡）「入山求
仙」的情節，描述仙人所居的山林有「花藥茂樹」：

並是白檀烏楊，歸樟蘇方，梓檀騰女，損風香氣，桃李橄子，含美
相思，氣非益智檳榔。[102]

---

99. 皇甫松生卒年不詳，其父皇甫湜 (777–835 AD) 與劉禹錫為同時之人；歐陽修，《新
　　唐書》，卷 176，〈皇甫湜傳〉，頁 5267–5268。

100. 收入彭定求等編，《全唐詩》（北京：中華書局，1960），卷 891，〈皇甫松十八首·
　　竹枝〉，頁 10068。

101. 明代徐師曾 (1517–1580 AD) 稱這種文體為「雜名詩」；詳見田中謙二，〈藥名詩の
　　系譜〉，收入藪內清、吉田光邦編，《明清時代の科學技術史》（京都：京都大學人
　　文科學研究所，1970），頁 206–208。

102. 詳見潘重規編著，《敦煌變文集新書》（臺北：中國文化大學中文研究所敦煌學研究

檳榔在俗文學中首次現身，似乎就在初唐時期。[103]

㈡藥名詩

「物名詩」的文類中，最為突出、數量最多的應該是「藥名詩」，其起源最晚可以追溯到南朝，唐代詩人也有若干創作，[104] 不過，以目前可見的藥名詩來看，以檳榔入詩在宋代以前只見於俗文學作品。例如，敦煌文書中的《伍子胥變文》（P2794）有一段敘述伍子胥逃往吳國途中「乞食遇妻」的情節，其妻「遂作藥名（詩）」問曰：

> 妾是仵茄之婦細辛，早仕於梁，就禮未及當歸，使妾閑居獨活。膏莨薑芥，澤瀉無憐（鄰），仰歎檳榔，何時遠志。近聞楚王無道，遂發犲狐（柴胡）之心，誅妾家破芒消，屈身首蓬。葳蕤怯弱，石膽難當，夫怕逃人，茱萸得脫。潛形菌草，匿影藜蘆，狀似被趁野干，遂使狂夫莨菪。妾憶淚霑赤石，結恨青箱。夜寢難可決明，日念舌乾卷柏。聞君乞聲厚朴，不覺躑躅君前，謂言夫壻麥門，遂使蓯蓉

會，1984），卷6，〈秋胡變文〉，頁982。另參王重民等編，《敦煌變文集》（北京：人民文學出版社，1957），卷2，〈秋胡變文〉，頁155。

103. 《秋胡變文》的創作時代考證不易，但從內容判斷，這應該是「九經」觀念盛行之時或之後的作品，且此一抄本的另一面（正面）抄錄《春秋左傳杜注》有「民」字「缺筆」的情形，因此，《秋胡變文》很可能抄錄於唐太宗李世民在位期間（629-649AD）或其後。因此，在此姑且判定《秋胡變文》為初唐作品。相關討論，詳見王偉琴，《敦煌變文作時作者考論》，頁82-83。

104. 田中謙二，〈藥名詩の系譜〉，頁205-229；歐天發，〈藥名文學之原理及其形式之發展〉，《嘉南學報》，31（臺南，2005），頁493-513；王偉，〈唐宋藥名詩研究〉（杭州：浙江大學人文學院碩士論文，2010）。

緩步。看君龍齒，似妾狼牙，桔梗若為，願陳枳殼。[105]

這段文字因涉及相當多的諧音字與古語，歷來校讀、註釋者對於細部文字、文句的解讀，意見紛歧，不過，整體而言，大多不否認通篇是以藥名行文、入詩。[106] 其所提及的常用藥物相當多，檳榔赫然入列。

(三)送別詩

送別、送行是中國詩歌中相當重要的一個文學母題和類型，而檳榔首度進入送別詩中，似乎是在中晚唐時期。李嘉祐 (719–779 AD) 〈送裴宣城上元所居〉一詩說：

水流過海稀，爾去換春衣，淚向檳榔盡，身隨鴻雁歸，草思晴後發，花怨雨中飛，想到金陵渚，酣歌對落暉。[107]

李嘉祐是趙州（今河北趙縣）人，曾經因故被貶謫到南方，先任江西鄱陽（今江西鄱陽）令，後任江陰（今江蘇江陰）令，再遷轉臺州（今浙江臺州）刺史、袁州（今江西宜春市袁洲區）刺史。此外，他也曾經在蘇州（今江蘇蘇州）居住數年。[108] 此書的寫作年代和地點不明，或以為是在他鄱陽

---

105. 詳見潘重規編著，《敦煌變文集新書》，卷 5，〈伍子胥變文〉，頁 840。另參王重民等編，《敦煌變文集》，卷 1，〈秋胡變文〉，頁 10。

106. 詳見范新俊，〈敦煌「變文」中的藥名詩〉，《醫古文知識》，2004：3（上海，2004），頁 19；劉瑞明，〈《伍子胥變文》的藥名散文新校釋〉，《敦煌研究》，2016：4（蘭州，2016），頁 70–73。

107. 收入彭定求等編，《全唐詩》，卷 206，〈李嘉祐・送裴宣城上元所居〉，頁 2146。

108. 關於李嘉祐的生平、貶謫、任官歷程及其相關年代，爭議甚多，意見紛紜，相關研

令任內，[109] 但由詩中提到「水流過海稀」、「身隨鴻雁歸」來看，這詩或許是作於海邊，而且可能是友人即將循海路返回北方時的送別之作，因此，這可能是他在臺州刺史任內所作。而詩題中的 「上元」 若是指唐肅宗（756–762 AD 在位） 的年號，那麼，傅璇琮認為李嘉祐在上元二年 (761 AD) 春天轉任臺州刺史的說法應該可以成立，事實上，詩云 「爾去換春衣」也說明這是春天的詩作。[110] 總之，從「淚向檳榔盡」一句來看，當時送別時兩人或許曾以檳榔酬酢。

此外，元稹 (779–831 AD) 〈送嶺南崔侍御〉一詩則說：

> 我是北人長北望，每嗟南雁更南飛，君今又作嶺南別，南雁北歸君未歸。……火布垢塵須火浣，木綿溫軟當綿衣。桄榔面磣檳榔澀，海氣常昏海日微。蛟老變為妖婦女，舶來多賣假珠璣。此中無限相憂事，請為殷勤事事依。[111]

究詳見傅璇琮，〈李嘉祐考〉，收入氏著，《唐代詩人叢考》（北京：中華書局，1980），頁 220–237；儲仲君，〈李嘉祐詩疑年〉，《唐代文學研究》（桂林，1990），頁 134–170；蔣寅，《大曆詩人研究》（北京：北京大學出版社，2007），頁 60–74；沈文凡、楊海霞，〈唐代大曆詩人李嘉祐研究述評〉，《湖南科技學院學報》，2006:9（永州，2006），頁 25–28；楊丁寧，〈唐大曆詩人李嘉祐生平交游的幾個問題〉，《首都師範大學學報（社會科學版）》，2011:S1（北京，2011），頁 63–66；郎瑞萍、葉會昌，〈大曆詩人李嘉祐貶謫期間的詩歌論略〉，《蘭臺世界》，2013：33（瀋陽，2013），頁 80–81。

109. 儲仲君，〈李嘉祐詩疑年〉，頁 169。

110. 傅璇琮，〈李嘉祐考〉，頁 226。

111. 元稹，冀勤點校，《元稹集》（北京：中華書局，1982），卷 17，〈律詩・送嶺南崔侍御〉，頁 202。

元稹祖籍河南府河南縣（今河南省洛陽市），但生長於長安，確實是「北人」。[112] 這是他在唐憲宗元和五年至九年 (810–814 AD) 被貶放為江陵府（治所在今湖北江陵縣）士曹參軍時的作品，[113] 贈詩的對象是當時被貶謫到嶺南的崔韶（曾任侍御史）。[114] 元稹似乎不曾到過嶺南，因此，詩中所提到的嶺南種種物事民情，可能是間接聽聞，或是當時北方文人對於嶺南的刻板印象、共同想像，檳榔則是主要標記之一。不過，這首送別詩的寫作時間點是在別後，而非別前。無論如何，此後士人的送別詩，凡是送人到嶺南者，或是贈給貶謫在嶺南的友人，以檳榔入詩幾乎成為俗套。而其樣板的製造者，應該可以說是元稹。

㈣典　故

以歷史典故入詩也是中國傳統詩人慣用的手法，而第一個入詩的檳榔典故是東晉劉穆之的故事。根據《南史》的記載，劉穆之年少時家貧，妻子卻是豪門江嗣之女。他常到妻家「乞食」而受辱。有一次他到江家赴宴後索求檳榔，妻舅江氏兄弟奚落他說：「檳榔消食，君乃常飢，何忽須此？」後來，劉穆之官拜丹陽尹，富貴騰達，於是召來江氏兄弟宴飲，醉飽之後，令人以「金柈貯檳榔一斛以進之」，算是報恩，也算是「復仇」。[115]

---

112. 關於元稹的家世和生平，詳見卞孝萱，《元稹年譜》（濟南：齊魯書社，1980）；花房英樹、前川幸雄，《元稹研究》（京都：彙文堂書店，1977）。

113. 詳見楊軍箋注，《元稹集編年箋注·詩歌卷》（西安：三秦出版社，2002），頁 563–564；卞孝萱，《元稹年譜》，頁 235–236。

114. 崔韶同時和元稹、白居易交好，多次出現在元、白詩中；詳見楊軍箋注，《元稹集編年箋注·詩歌卷》，頁 212。

李白 (701–762 AD) 在〈玉真公主別館苦雨贈衛尉張卿〉這首詩中，便以這則故事自勉、言志：

> 苦雨思白日，浮雲何由卷。……丹徒布衣者，慷慨未可量，何時黃金盤，一斛薦檳榔。功成拂衣去，搖曳滄洲傍。[116]

李白是名人，但家世卻不詳，出生地至少也有西域、蜀地兩種主流的說法。儘管眾說紛紜，但大多認為李白在二十四歲 (724 AD) 之前，應該都在蜀地居住、活動，或認為曾經寄籍劍南道綿州（今四川江油市昌隆縣）。其後，遊歷各地，直到唐玄宗開元十八年 (730 AD)，也就是三十歲那年，才首度入長安，想接近權貴、謀求功名。[117] 此詩就是當年受到「冷遇」時所寫，地點是在終南山樓觀的「玉真公主別館」。[118] 但贈詩的對象衛尉張卿究竟是誰，不易斷定，無論如何，「衛尉卿」是三品官，若是「衛尉少卿」則是四品官，而且，這位張卿很可能是駙馬張垍 (？–763 AD)，[119] 因此，詩中的

---

115. 李延壽，《南史》（北京：中華書局，1975），卷 15，〈劉穆之傳〉，頁 427。

116. 安旗等編，《新版李白全集編年注釋》（成都：巴蜀書社，2000），〈開元十八年‧玉真公主別館苦雨贈衛尉張卿二首〉，頁 112–113。

117. 安旗、薛天緯，《李白年譜》（濟南：齊魯書社，1982）；施逢雨，《李白生平新探》（臺北：臺灣學生書局，1999）。

118. 安旗等編，《新版李白全集編年注釋》，頁 111–114。

119. 李清淵，〈李白贈衛尉張卿詩別考〉，《文學遺產》，1992：6（北京，1992），頁 54–59；郁賢皓，〈李白詩中「衛尉張卿」續考〉，《南京大學學報（社會科學版）》，1993：2（1993），頁 53–54；郁賢皓，〈再談李白詩中「衛尉張卿」和「玉真公主別館」：答李清淵同志質疑〉，《南京大學學報（社會科學版）》，1994：1（南京，1994），頁 101–106。

「丹徒布衣」既指出身貧微的劉穆之，便只是李白自喻、自況、自勉，希望有一天也能由貧賤變富貴。但李白會用劉穆之的檳榔典故，或許也和衛尉張卿的身分有關，因為，假如他是駙馬，那麼，無論他出身如何，和皇家相較，仍然算是低人一等，處境和娶了豪門江氏之女的劉穆之還是有點類似。

無論如何，李白此詩一出，後來的詩人用這個典故講貧賤與富貴、男子與妻家（舅家；外家）關係的作品便日益增多。不過，在唐、五代時期，跟進者還不多。唯盧綸 (745–800AD)〈酬趙少尹戲示諸姪元陽等因以見贈〉說：

> 八龍三虎儼成行，瓊樹花開鶴翼張。且請同觀舞鸒鴿，何須竟哂食檳榔。歸時每愛懷朱橘，戲處常聞佩紫囊。謬入阮家逢慶樂，竹林因得奉壺觴。[120]

這首詩所用的典故大多是晉代貴顯家族子弟的佳話、軼事，意在讚美趙氏（趙密）「諸姪」的人品與才華，顯揚趙氏一門顯赫。因此，「何須竟哂食檳榔」一語，應該是要藉劉穆之年輕時索食檳榔而被哂笑的故事，用來做對比。但是，這或許有自況之意，因盧綸幼年喪父，曾經寄食於舅家（外家），或許曾經遭受冷落與羞辱。此外，趙密很可能就是盧綸的妻舅。[121]

---

[120]. 盧綸，劉初棠校注，《盧綸詩集校注》（上海：上海古籍出版社，1989），卷 2，〈酬趙少尹戲示諸姪元陽等因以見贈〉，頁 142–145。

[121]. 盧綸為河中蒲縣（今山西省永濟縣蒲州鎮）人，似乎出身望族之後，但其父祖輩任官並不顯赫，只是下層官吏之家。關於其生平，詳見傅璇琮，〈盧綸考〉，收入氏著，《唐代詩人叢考》，頁 469–492；蔣寅，《大曆詩人研究》，頁 233–252；趙林濤，《盧綸研究》（保定：河北大學出版社，2010）。

㈤情　色

當代臺灣因為檳榔攤林立，「檳榔西施」打扮非常顯眼，曾經引發各界的注目與議論，檳榔也被貼上「情色」與「不良」社會風氣的標籤。不過，這並非當代才有的現象。[122] 例如，清代的新竹貢生林占梅 (1821–1868 AD) 在談臺南的「妓家風氣」時曾經提到妓女「款客捧檳榔」，[123] 而丁紹儀《東瀛識略》(1873 AD) 則說北臺灣的「娼家」會利用妓女口嚼的檳榔汁施行「法術」，藉以羈縻客人。[124]

事實上，檳榔與情色沾連也不是臺灣獨有的現象。唐代長安就是先例。例如，張鷟《遊仙窟》在描述男主角進入崔十娘「臥處」所見的場景時說：

> 屏風十二扇，畫郭五三張。兩頭安絲縵，四角垂香囊。檳榔荳蔻子，蘇合綠沉香。織文安枕席，亂綵疊衣箱。[125]

張鷟是深州陸澤（今河北深縣）人，這篇小說創作於青年時期，雖然是小說，但場景可能是根據他在長安時期「冶遊」歡場的經驗而來。或許也可以說，《遊仙窟》反映了當時長安士人、官員「逛妓院」的浪蕩風尚。[126] 因

---

122. 詳見林富士，〈試論影響食品安全的文化因素：以嚼食檳榔為例〉，《中國飲食文化》，10：1（臺北，2014），頁 43–104。

123. 林占梅，《潛園琴餘草簡編》(《臺灣文獻叢刊》202；南投：臺灣省文獻委員會，1993)，〈乙卯（咸豐五年）・與客談及崁城妓家風氣偶成〉，頁 72–73。

124. 丁紹儀，《東瀛識略》(《臺灣文獻叢刊》2；南投：臺灣省文獻委員會，1996)，卷 3，〈習尚〉，頁 36。

125. 張鷟，《遊仙窟》〔李時人、詹緒左校注，《遊仙窟校注》〕（北京：中華書局，2010），頁 28。

此，我們可以大膽推測，當時妓女房間的擺設物品之一就是檳榔。

《遊仙窟》是隱喻性的描述，或許是出自作者想像，但白居易在唐憲宗元和十一年 (816 AD) 於江州司馬任內所寫的〈江南喜逢蕭九徹因話長安舊遊戲贈五十韻〉，則是追憶自身的經驗之作。[127] 詩的前半段，他寫的是昔日「長安舊遊」的往事。而他追憶所得的往事，也就是最讓他難以忘懷的京城舊事，就是在平康坊的歡宴、幽會與風流。當時的平康坊是人文薈萃之地，才子學者、達官貴人、各地顯要、富商巨賈經常出入、流連此地，這也是妓女所居之地。白居易顯然曾經是這裡的常客。從此詩來看，他相當熟悉當地妓院的位置、景觀與特徵，也知道若干名妓的特色。[128] 而在描述妓女的裝扮時，他說：

> 時世高梳髻，風流澹作妝。戴花紅石竹，帔暈紫檳榔。鬢動懸蟬翼，釵垂小鳳行。拂胸輕粉絮，煖手小香囊。[129]

此處，他提到了檳榔，但卻使用了「紫檳榔」一詞，令人費解。因為，「紫

---

126. 李時人、詹緒左校注，《遊仙窟校注》，〈前言〉，頁 1–71。

127. 白居易，《白居易詩集》，外集卷上，〈詩補遺・江南喜逢蕭九徹因話長安舊遊戲贈五十韻〉，頁 2898–2902。

128. 關於唐代的妓女、妓院，及其與士人、文學的關係，詳見宋德熹，〈美麗與哀愁：唐代妓女的生活與文化〉，收入氏著，《唐史識小》（臺北：稻鄉出版社，2009），頁 165–219；鄭志敏，《唐妓探微》（臺北：花木蘭文化，2010）。關於白居易在長安的住所、生活與妓館的關係，詳見妹尾達彥，〈白居易と長安・洛陽〉，收入太田次男等編集，《白居易の文学と人生 I》（東京：勉誠社，1993），頁 270–296。

129. 白居易，《白居易詩集》，外集卷上，〈詩補遺・江南喜逢蕭九徹因話長安舊遊戲贈五十韻〉，頁 2898–2899。

檳榔」可以說是一種檳榔的名字，也可以說是一種紫色的檳榔子。[130] 無論如何，我想他在詩中要強調的是紫色，因此，「帔暈紫檳榔」可以理解為妓女身上披著紫色暈染的披肩。但他會使用檳榔來形容紫色，或許是因為他當年在長安妓女的房間確實看過檳榔，而當他流落到南方之後，對於檳榔或許更加熟悉。於是，在這一篇懷舊的追憶詩作中，新舊經驗交織出「紫檳榔」一詞。

　　無論唐代長安城的妓院或妓女身上是否真有檳榔，從此之後，中國文人在描述情色場景的時候，無論是寫實還是想像，檳榔常成為重要的物件。

---

130. 和這一句對仗的是「戴花紅石竹」，「紅石竹」既可以說是一種花名，也可以說是指紅色的石竹花，因為，石竹花不僅有紅色，也有紫色、白色、粉紅色。同樣的，「紫檳榔」可以說是一種檳榔的名字，也可以說是一種紫色的檳榔子，因為檳榔子不僅有紫色的，也有青綠色的。若是指檳榔的名字，那麼，此物又叫馬檳榔、馬金囊、水檳榔，也有人認為就是文官果。但這就和檳榔是兩種很不一樣的植物。若說這是指紫色的檳榔，那麼，這或許是指經過乾燥處理的檳榔子切片（有些會呈現暗紫色），或是一種「內有紫文」的檳榔品種，或許就是產於麻逸國的「麻逸檳榔」（「其色紫赤油澤」）。當然，也不能排除當時人會用檳榔花或檳榔子染紫的可能性。不過，這畢竟是追憶之作，而且，詩作有時為了對仗、聲韻，難免會脫離現實。換句話說，在白居易的知識世界中，他是否能辨別紫檳榔與檳榔之別，或是真正接觸過「麻逸檳榔」，或是看過紫色的檳榔子，不無疑問。關於檳榔、紫檳榔的名物問題，蘇頌，尚志鈞輯校，《本草圖經》（合肥：安徽科學技術出版社，1994），卷10，〈木部中品・檳榔〉，頁 373–374；陳衍，《寶慶本草折衷》〔收入鄭金生整理，《南宋珍稀本草三種》〕（北京：人民衛生出版社，2007），卷13，〈木部中品・檳榔〉，頁 514；李時珍，《本草綱目》，卷31，〈果部・夷果・檳榔〉，頁 1829–1831；卷31，〈果部・夷果・馬檳榔〉，頁 1845；檀萃，《滇海虞衡志》據《問影樓輿地叢書本》排印；臺北：新文豐，1985），卷10，〈志果〉，頁 70。

六、地域與階層的擴散

在隋唐五代期間，檳榔文化的核心區域仍然是嶺南地區。當時中國境內最主要的檳榔產地就在這個區域，前引唐初的官修本草著作《新修本草》記載檳榔「生交州、愛州及崑崙」，[131] 劉恂《嶺表錄異》也說檳榔此物「交趾豪士皆家園植之」，[132] 而唐代各地貢賦中有檳榔的也只有嶺南道所轄的安南都護府，尤其是交州（今越南河內一帶）、愛州（今越南中北部的清化省）和峰州（今越南東北部的富壽省東南部和河西省西北部）。[133]

此外，鑑真 (689–7632 AD) 和尚等人在東渡日本的過程中則目睹、記錄了海南島的檳榔。[134] 根據日本僧人元開（真人元開；淡海三船，722–7852 AD）所撰的《唐大和上東征傳》，唐玄宗天寶七年 (748 AD)，鑑真應日本來華僧人榮叡、普照等弟子的邀請，打算東渡日本傳法，途中曾經漂

---

131. 蘇敬，《新修本草》，卷 13，〈木·檳榔〉，頁 646。

132. 劉恂，《嶺表錄異》，頁 197。

133. 從行政區域來說，嶺南道是唐代貞觀十道之一，所轄範圍包括今福建、廣東、海南、廣西壯族自治區大部分地區、雲南東南部、越南中北部地區。開元時期則將今福建境內的福州、泉州、建州、汀州等地改隸江南東道。關於唐代的行政區劃及嶺南道的地理範圍，郭聲波，《中國行政區劃通史·唐代卷》（上海：復旦大學出版社，2012），上冊，頁 506–518、571–748；下冊，頁 1185–1219、1456–1458、1462–1471。

134. 鑑真為廣陵江陽縣（今江蘇揚州江都縣）人，關於鑑真及其東渡日本的經過，詳見杉山二郎，《鑑真》（東京：三彩社，1971）；郝潤華，《鑑真評傳》（南京：南京大學出版社，2004），頁 125–180。

流到海南島。他們在岸州（海南島的東北和北方一帶）住在開元寺，當地
官員「施物盈滿一屋」，其中有當地的「珍異口味」，包括「益知子、檳榔
子、荔支子、龍眼、甘蔗」。[135] 這似乎是海南檳榔首次見於文獻記錄。

　　嶺南不僅是檳榔的主要產地，也是嚼食風氣最盛的地區。《新修本草》
便說：

> 交州、愛州人云：蒟醬，人家多種，蔓生，子長大，謂苗為浮留藤，
> 取葉合檳榔食之，辛而香也。[136]

可見當地不僅種檳榔，也種浮留藤（蒟藤），而且會用浮留藤的葉子包檳榔
來吃。而劉恂《嶺表錄異》也說：

> 安南人自嫩及老，採實啖之，以不蒌藤兼之瓦屋子灰，競咀嚼
> 之。……廣州亦嗽檳榔，然不甚於安南也。[137]

由此可見，當時安南（今越南中北部）大概男女老少都有吃檳榔的習慣，
而廣州也有這樣的風氣，只是不如安南。他們的吃法一如傳統，也就是檳
榔子、蒌藤（不蒌藤；浮留藤；扶留藤）、石灰（瓦屋子灰）三合一的標準
食法。[138] 此外，前引段公路《北戶錄》曾經提到瓊州（今海南海口、瓊海

---

135. 元開，《唐大和上東征傳》，收入《遊方記抄》，《大正新脩大藏經》，冊 51，T2089，
　　 卷 1，頁 991a–b。

136. 詳見唐慎微撰，寇宗奭衍義，張存惠重修，《經史證類備急本草》〔宋版〕（大阪：
　　 オリエント出版社，1992，據北京圖書館藏宋版影印），卷 9，〈草部中品之下·蒟
　　 醬〉，頁 41 引。

137. 劉恂，《嶺表錄異》，頁 197。

一帶）、崖州（今海南海口、瓊山、文昌、澄邁一帶）、高州（今廣東高州市）、潘州（今廣東高州市）人會「以糖煮嫩大腹檳榔」食用，則是另一種吃法。[139]

　　除了嶺南之外，當時雲南的檳榔文化也值得留意。早在兩晉之際，魏完《南州八郡志》便已提到南州（寧州）八郡生產檳榔，當地人認為這是「貴異」之物，在婚禮、待客之時，會用來款待親友。[140] 大約成書於東晉末至南朝初期的徐衷《南方草物狀》也說「交趾、武平、興古、九真」出產檳榔。[141] 其中，興古郡主要在今雲南文山市壯族苗族自治州。

　　而唐代袁滋《雲南記》對於當地的檳榔文化著墨更多，他說：

　　　雲南多生大腹檳榔，色青，猶在枝朵上，每朵數百顆。云是彌臣國來。[142]

這不僅介紹了雲南檳榔的名稱、物性，也說明了品種的來源是彌臣國。其次，《雲南記》還記載了當地食用檳榔的各種方式：

　　　雲南有大腹檳榔，在枝朵上，色猶青，每一朵有三二百顆。又有剖之為四片者，以竹串穿之，陰乾則可久停。其青者，亦剖之，以一片青葉及蛤粉卷和嚼嚥，其汁即似減澀味，雲南每食訖則下之。[143]

---

138. 關於嚼食檳榔的方式，詳見林富士，〈試論影響食品安全的文化因素：以嚼食檳榔為例〉，頁 51–52、67–77。

139. 段公路，《北戶錄》，卷 2，〈食目〉，頁 16b。

140. 繆啟愉、邱澤奇輯釋，《漢魏六朝嶺南植物「誌錄」輯釋》，頁 116–117。

141. 繆啟愉、邱澤奇輯釋，《漢魏六朝嶺南植物「誌錄」輯釋》，頁 77。

142. 李昉等，《太平御覽》，卷 971，〈果部八・檳榔〉，頁 4437a，引《雲南記》。

143. 李昉等，《太平御覽》，卷 971，〈果部八・檳榔〉，頁 4437a，引《雲南記》。

又說：

> 雲南有檳榔花糝，極美。[144]

又說：

> 平琴州有檳榔，五月熟。以海螺殼燒作灰，名為奔蛤灰，共扶留藤
> 葉和而嚼之，香美。[145]

袁滋祖籍陳郡汝南（今河南汝南），蔡州郎山（今河南確山）人，雖是北方
人，但曾經出使南詔（雲南），[146] 因此，《雲南記》所記應該是他的親身見
聞。[147] 由此可見，當地吃檳榔可以生食青檳榔或乾檳榔，也可以用檳榔花
調和米飯煮熟來吃。生食檳榔則會「卷和」扶留藤葉和蛤粉（蛤灰）來吃。
而從「每食訖則下之」一語來看，當時雲南人飯後吃檳榔似乎已經相當普遍。

　　至於雲南境內主要的檳榔產地，除前述的平琴州（治所在今廣西玉林
市）之外，樊綽《蠻書》載說：

> 荔枝、檳榔、訶黎勒、椰子、桄榔等諸樹，永昌、麗水、長傍、金

---

144. 李昉等，《太平御覽》，卷971，〈果部八・檳榔〉，頁4437a，引《雲南記》。

145. 李昉等，《太平御覽》，卷971，〈果部八・檳榔〉，頁4437a，引《雲南記》。案：當
　　 時唐代雲南基本上劃歸劍南道姚州管轄，但平琴州屬嶺南道。詳見郭聲波，《中國
　　 行政區劃通史・唐代卷》，上冊，頁644–646；下冊，頁1300–1310。

146. 劉昫，《舊唐書》，卷185，〈袁滋傳〉，頁4830–4831；歐陽修，《新唐書》，卷151，
　　 〈袁滋傳〉，頁4824–4825。

147. 關於袁滋出使南詔的經過與《雲南記》的內容，詳見屈直敏，〈袁滋《雲南記》考
　　 略〉，《中國邊疆史地研究》，19：3（北京，2009），頁140–147。

山並有之。[148]

永昌城在今雲南保山市，麗水城在今雲南盈江縣，[149] 至於長傍、金山，應該是指當時永昌、麗水附近的長傍山和金山。[150] 樊綽的生平不詳，只知他曾經在唐懿宗咸通三年至四年 (862–863 AD) 擔任安南經略使蔡襲的幕僚，在咸通六年 (865 AD) 擔任夔州都督府長史，他在西南一帶的任務就是協助政府防備南詔的侵擾，調查、搜集、整理與雲南相關的歷史、風土、人情、物產是他重要的工作。[151] 因此，此一檳榔產地的敘述應該有所根據。總之，從三、四世紀時的「貴異」之物，到八、九世紀的尋常飯後之物，在這段期間，雲南栽種檳榔的數量應該有大幅的增長。

嶺南另一個鄰近地區福建（閩），在隋唐之前，並無任何文獻提及當地有檳榔文化的痕跡。當然，寬泛來說，福建也可以說是古代南越國的一部分，唐初也隸屬於嶺南道，因此，我們也不能說隋唐以前的福建絕對沒有檳榔的痕跡或記錄。不過，具體提到福建檳榔的文獻，似乎以孟詵的《食療本草》為最早，該書提到：

> 檳榔，多食發熱，南人生食。閩中名橄欖子。所來北者，煮熟、薰乾將來。[152]

---

148. 樊綽，《蠻書》，卷7，〈雲南管內物產〉，頁191。

149. 李雲晉，〈南詔行政區劃及政區建置考述〉，《大理文化》，2008：5（昆明，2008），頁61–64。

150. 樊綽，《蠻書》，卷7，〈雲南管內物產〉，頁199。

151. 方國瑜，〈樊綽《雲南志》考說〉，《思想戰線》，1981：1（昆明，1981），頁1–6。

152. 孟詵，《食療本草》，頁23。

孟詵是汝州（今河南省汝州市）人，查其一生經歷，似乎一直都在北方（包括首都長安）任官，不過，他與孫思邈過從甚密，且長期研究藥物、醫方，[153] 因此，他的檳榔知識應該是有所考究。而根據他的說法，當時閩人以「橄欖子」來稱呼檳榔。因此，當時檳榔應該已經進入福建地區，但是仍非普遍之物，故以他們較為熟知的「橄欖」來稱呼這種外來之物。

　　檳榔進入福建地區的另一個例證是前引志端禪師的故事。在故事中，志端提到：「泉州沙糖，舶上檳榔」，[154] 我們雖不能確認「舶上檳榔」和沙糖一樣都是在泉州上岸的舶來品，但是，泉州在唐宋元時期正是中國「海上絲路」的重要據點，[155] 檳榔在泉州的海舶上，應該是常見之物。[156] 而志

---

153. 馬繼興，〈《食療本草》文獻學的研究〉，收入謝海州等輯，《食療本草》，頁 158–170。

154. 釋道原，《景德傳燈錄》，卷 22，〈福州林陽志端禪師〉，頁 381b。類似的內容也可見於釋惠洪，《僧寶傳》，卷 10，〈林陽志端禪師〉。

155. 詳見李東華，《泉州與我國中古的海上交通：九世紀末——十五世紀初》（臺北：臺灣學生書局，1986）；中國航海學會、泉州市人民政府編，《泉州港與海上絲綢之路》（北京：中國社會科學出版社，2002）；中國航海學會、泉州市人民政府編，《泉州港與海上絲綢之路㈡》（北京：中國社會科學出版社，2003）；鄭有國，《中國市舶制度研究》（福州：福建教育出版社，2004）；鄭有國，《福建市舶司與海洋貿易研究》（北京：中華書局，2010）；楊文新，《宋代市舶司研究》（廈門：廈門大學出版社，2013）。

156. 泉州灣後渚港在 1974 年出土了一艘載滿藥物的宋代海船，可辨識的藥物有乳香、降真香、龍涎香、檀香、胡椒、檳榔等香藥。因此，我們可以推想晚唐、五代的泉州應該有不少這樣的貿易船進出。關於沉船藥物的細節，詳見王慧芳，〈泉州灣出土宋代海船的進口藥物在中國藥學史上的價值〉，《海交史研究》，第 4 期（泉州，1982），頁 60–65。

端是福州人，故事發生的地點在福州林陽山瑞峰院（福建省福州市晉安區），這樣的地緣關係，可能讓志端禪師本身對於「泉州沙糖，舶上檳榔」印象深刻，才會在問答中脫口而出。

同樣屬於「南方」的江浙一帶（尤其是首都建康），在六朝時期已經有檳榔流傳的痕跡，文獻記錄也有不少。到了隋唐時期，或許因為政治中心在北方，當時士人的書寫較少觸及南方，因此，有關這個地區的檳榔文化，便相當罕見。不過，本文前面已經說過，李嘉祐提到檳榔的送別詩，很可能是他擔任「臺州」刺史時所寫，而且，當時送別時可能會以檳榔相贈。因此，我們相信當地應該有檳榔。

其次，南宋賾藏主《古尊宿語錄》（重刻於 1267 AD）曾提到唐代睦州和尚（陳尊宿；道明，約 792–895 AD）和一位座主的對話說：

> 主云：「和尚為什麼在學人缽囊裡？」師云：「有什麼檳榔豆蔻，速將來。」[157]

從道明和尚的話語中，我們可以推斷，當時睦州（治所在今浙江省建德市東北）佛寺中應該備有檳榔、豆蔻（荳蔻）這一類的藥物（食物）。[158] 此

[157.] 賾藏主，《古尊宿語錄》，《卍新纂續藏經》（東京：株式會社國書刊行會，1975–1989），第 68 冊，卷 6，〈睦州和尚語錄〉，頁 36a。

[158.] 豆蔻（荳蔻）與檳榔都具有「除口氣」、「令口香」的功用，僧人講經、說法、對談，似乎格外需要清新口氣。關於豆蔻（荳蔻）與檳榔的功用，李時珍，《本草綱目》，卷 14，〈草部・芳草・豆蔻〉，頁 865–867；卷 31，〈果部・夷果・檳榔〉，頁 1829–1834。關於檳榔和僧人宗教與日常生活的關係，詳見林富士，〈檳榔與佛教〉，頁 485–486。

外，前面也提到過，占城曾經「遣使入貢」，送給南唐後主李煜「檳榔五十斤」。[159] 南唐首都在金陵（今南京），可見當時江蘇地區也有檳榔的身影。

　　除了雲南（南詔；大理）、嶺南（嶺南道）、福建（原屬嶺南道，後屬江南東道）和江南（江南東道）之外，我們知道柳宗元被貶謫到永州時，曾經使用檳榔治病，因此，當時的湖南（原屬江南西道）應該有檳榔。而都城長安與洛陽是政治、商貿中心，因為貢賦及貿易所得及宮廷醫藥所需，也都應該有檳榔流通。[160] 至於其他地區，因史料所限，我們很難查考。但是，幸運的是，傳世的敦煌文獻中有不少與檳榔有關的材料，讓我們有一點解讀的空間。

　　首先，我們發現敦煌遺書有一份殘卷，是一名僧人法照在「辰年正月十五日」所寫的「施物疏」（北大 D162V），內容是施物清單（包括檳榔五顆）和施捨的對象（其亡過的師父），[161] 可見當地僧人會用檳榔來祭祀往生的老和尚。另有一份敦煌殘卷（S5901）的主要內容則是某僧為了「和合藥草」，「虧闕頗多」，因此寫信給某位大德（僧人），乞請賜給多種藥物，其中也有檳榔。[162] 因此，我們相信敦煌當地應該可以取得檳榔，至於檳榔

---

159. 徐松輯，《宋會要輯稿》，〈蕃夷·占城〉，「太祖·乾德四年」條，頁蕃夷四之六三。

160. 于賡哲，〈唐代藥材產地與市場〉，頁 75–104。

161. 法照，〈辰年正月十五日道場施物疏〉（北大 D162V），收入國立北京大學圖書館編，《北京大學圖書館藏敦煌文獻》（上海：上海古籍出版社，1995），第 2 冊，頁 158。

162. 詳見未名，〈某僧乞請某大德賜藥草狀〉（S5901），收入中國社會科學院歷史研究所、中國敦煌吐魯番學會敦煌古文獻編輯委員會、英國國家圖書館、倫敦大學亞非學院合編，《英藏敦煌文獻·漢文佛經以外部份》（成都：四川人民出版社，1990），第 9 冊，頁 206。

是從東南亞走海路上岸輾轉到敦煌，還是從印度透過陸上絲路而來，則無法得知。[163]

在實物之外，敦煌寫本之中，若干不同類型的文獻都提到了檳榔。前述的僧人「施物疏」、「書狀」就是其中兩類。其次，醫藥類的文書，如《張仲景五臟論》（P2115 背、P2378 背、P2755 背）、《雜療病藥方》（P3378 背）以及無書名、篇題的一些「藥方」（P2882、P3201、P3596 背、S3347）都有使用檳榔入藥的治病醫方，[164] 這充分顯現，即使在邊地敦煌，檳榔也已被當地的醫家、僧人所熟知。

此外，前述的敦煌變文（《伍子胥變文》、《秋胡變文》）會提及檳榔，似乎顯示，檳榔的流傳已逐漸向庶民階層擴散。而最足以說明其普及程度者，應該是當時「童蒙」教育用的各種字書、韻書，[165] 如《開蒙要訓》（P2487、P2578、P3054、P3189、P3243、S5431）、亡題的「字書」

---

163. 敦煌地區應該也有藥市、藥肆，但詳情難考。不過，以其鄰近的西州（吐魯番）來說，我們可以明確知道當地確有大宗的藥物買賣，而從殘存的藥物清單來看，當時市場上藥物的原產地非常多元，包括朝鮮半島、中國內地、中亞、印度、南亞、東南亞等地，可見當時中國西北邊地也有跨國性的藥物貿易。詳見姚崇新，〈中外醫藥文化交流視域下的西州藥材市場〉，收入氏著，《中古藝術宗教與西域歷史論稿》（北京：商務印書館，2011），頁 395–420。

164. 袁仁智、潘文主編，《敦煌醫藥文獻真迹釋錄》，頁 8、20、26、302、347、353、369、402。

165. 關於敦煌的蒙學教育與教材的問題，高明士，〈唐代敦煌的教育〉，《漢學研究》，4：2（1986），頁 231–270；鄭阿財、朱鳳玉，《敦煌蒙書研究》（蘭州：甘肅教育出版社，2002）；屈直敏，《敦煌文獻與中古教育》（蘭州：甘肅教育出版社，2013），頁 252–256；張新朋，《敦煌寫本《開蒙要訓》研究》（北京：中國社會科學出版社，2013）。

（P3391），[166] 以及《切韻》（S2071）等，都有檳榔一詞。[167]

就此而言，檳榔文化在隋唐五代時期似乎已經在敦煌流傳開來，檳榔不僅用於宗教和醫療的場域，也進入俗文學和童蒙書的領域。敦煌距離檳榔產地非常遙遠，檳榔的保存與遠距運輸都很困難，若非有強烈的生活與文化需求，此地要出現檳榔並不容易。

七、結　語

整體而言，隋唐五代時期的中國境內，有檳榔生產或流通的地區，明確見於記載或是可以推知的，只有嶺南（大致包括現在的廣東、廣西、海南島和越南中北部）、雲南、福建、江蘇、浙江、湖南、長安、洛陽和敦煌（詳見「圖2：隋唐五代時期中國境內的檳榔流布圖」）。而有嚼食或食用風氣的，只見於嶺南、雲南和福建，其他地區大多是作為藥物之用。這樣的地理分布，相較於六朝時期，檳榔版圖的變化並不大，嚼食風氣甚至有點縮收。不過，檳榔稅的徵收和檳榔貿易的進行，卻是在這段時期才明確見於記載。

---

166. 詳見法國國家圖書館、上海古籍出版社編，《法國國家圖書館藏敦煌西域文獻》（上海：上海古籍出版社，1995），第14冊，頁275；第16冊，頁85；第21冊，頁187；第22冊，頁109、279；第24冊，頁59；中國社會科學院歷史研究所、中國敦煌吐魯番學會敦煌古文獻編輯委員會、英國國家圖書館、倫敦大學亞非學院合編，《英藏敦煌文獻・漢文佛經以外部份》，第7冊，頁51。

167. 詳見中國社會科學院歷史研究所、中國敦煌吐魯番學會敦煌古文獻編輯委員會、英國國家圖書館、倫敦大學亞非學院合編，《英藏敦煌文獻・漢文佛經以外部份》，第3冊，頁242、246、258。

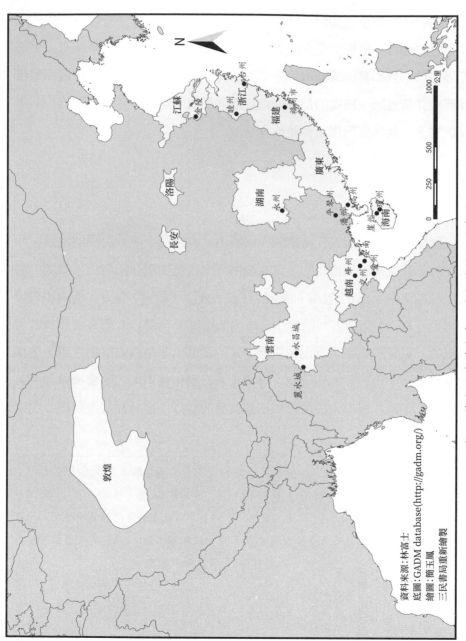

資料來源：林富士
底圖：GADM database(http://gadm.org/)
繪圖：簡玉鳳
三民書局重新繪製

圖 2：隋唐五代時期中國境內的檳榔流布圖

　　但是，若不從實物來看，檳榔在這個時期的文化版圖上所留下的漬痕，應該是比六朝時期還要深廣。由於積累了前朝的經驗，隋唐五代的知識分子（包括僧人）對於檳榔名物的認知，已經相當清晰。李善等人注《文選》、[168] 慧琳 (736–820 AD)《一切經音義》、[169] 段成式《酉陽雜俎》、[170] 段公路《北戶錄》、五代徐鍇 (920–974 AD)《說文解字繫傳》等，[171] 都曾援引隋代以前著作對於檳榔的描述，而最重要的集成之作則是歐陽詢等人所編的《藝文類聚》以及一系列醫方著作和本草書。

　　在承繼與集成之外，隋唐五代的知識分子對於檳榔的醫藥功能有了更新的認識，也有了更多樣的臨床運用；對於檳榔文化在中國域外的分布，有了更多的了解，更親近的接觸；對於檳榔的文學書寫，有了更多樣的表現，更新的意象營造。而且，這時期的檳榔文化還東傳日本。例如，日本

---

168. 蕭統編，李善注，《文選》（上海：上海古籍出版社，1986），卷5，〈賦・京都・左太沖吳都賦〉，頁213；卷8，〈賦・畋獵中・司馬長卿上林賦〉，頁369。案：李善為揚州江都（今江蘇揚州市）人；劉昫，《舊唐書》，卷189，〈李善傳〉，頁4946。

169. 慧琳，《一切經音義》，《大正新脩大藏經》，冊54，T2128，卷81，頁835b。案：慧琳為疏勒國（今新疆維吾爾自治區輪臺縣喀什噶爾）人，關於其生平及《一切經音義》，詳見徐時儀，《慧琳音義研究》（上海：上海社會科學院出版社，1997），頁1–27；姚永銘，《慧琳《一切經音義》研究》（南京：江蘇古籍出版社，2003），頁1–30。

170. 段成式，許逸民校箋，《酉陽雜俎校箋》（北京：中華書局，2015），前集卷16，〈廣動植之一・總敘〉，頁1121。案：段成式祖籍齊郡鄒平（今山東鄒平縣），東牟人；詳見許逸民，《酉陽雜俎校箋》，〈前言〉，頁1–26。

171. 徐鍇，《說文解字繫傳》（《四部叢刊》本；北京：中華書局，1987），卷11，〈通釋・二十五部・梛〉，頁11b。案：徐鍇為廣陵（今江蘇揚州市）人；見陸游，《南唐書》（臺北：藝文印書館，1967），卷五，〈徐鍇傳〉，頁3–5。

奈良時代 (710–784 AD) 的 《東大寺獻物帳》，是光明皇后將聖武天皇
(701–756 AD) 的遺物捨給佛寺的獻物清單，其中有「檳榔子七百枚」。[172]
由於這份獻物清單所記載的基本上都是「唐物」，因此，我們相信這些檳榔
子應該是來自中國。[173] 此外，丹波康賴 (912–995 AD) 於西元 982 年所編成
的《醫心方》，是日本現存的最早的醫書，其內容絕大多數都是擷取北宋以
前的中國醫書，尤其是隋唐時期的醫方，[174] 其中，檳榔方多達三十首，治
療的疾病包括：藥物中毒、風病、口瘡、口臭、肝病、寄生蟲、腳氣、痰
飲、呼吸道疾病、消化道疾病、腹腔疾病、水腫、不孕、小兒疾病等，[175]

---

172. 詳見朝比奈泰彥編修，《正倉院藥物》（大阪：植物文獻刊行會，1955），頁 201–
202；中村元，《仏教植物散策》（東京：東京書籍株式會社，1986），頁 168–172；
宮內廳正倉院事務所編集，柴田承二監修，《圖說正倉院藥物》（東京：中央公論
社，2000），頁 67–68；鳥越泰義，《正倉院藥物の世界：日本の藥の源流を探る》
（東京：平凡社，2005），頁 77–82。

173. 關於中古時期（九到十六世紀）日中兩國透過朝貢或貿易所進行的物質交換，參見
森克己，《續々日宋貿易の研究》（東京：勉誠出版，2009），頁 1–37、51–63、79–
126；皆川雅樹，《日本古代王権と唐物交易》（東京：吉川弘文館，2014）；關周
一，《中世の唐物と伝来技術》（東京：吉川弘文館，2015），頁 7–15、16–65。

174. 關於《醫心方》的編寫、內容及其流傳與價值，詳見杉立義一，《医心方の伝来》
（京都：思文閣，1991）；山本信吉等，《醫心方の研究》（大阪：オリエント出版
社，1994）；馬繼興，〈《醫心方》中的古醫學文獻初探〉，《日本醫史學雜誌》，31：
3（東京，1985），頁 325–371。

175. 詳見丹波康賴，趙明山等注釋，《醫心方》（瀋陽：遼寧科學技術出版社，1996），
卷 1，〈服藥中毒方〉，頁 16–17；卷 3，〈治一切風病方〉，頁 152；卷 5，〈治緊唇
生瘡方〉，頁 245；卷 5，〈治口吻瘡方〉，頁 253；卷 5，〈治口臭方〉，頁 254；卷
6，〈治心腹脹滿方〉，頁 296；卷 6，〈治肝病方〉，頁 300；卷 7，〈治寸白方〉，頁

而且，檳榔在當時已經有「和名」：阿知末佐。[176]

　　這些檳榔文本的作者或文本的主角，就其籍貫或生長的地區來看，可查考者有四十二人，其中，大多數都是「北人」，而且分散在華北、華中各個地區，另有三人是「蜀人」（李珣、仲子陵、李白），只有歐陽詢（今湖南長沙人）、劉恂（今江西鄱陽人）、鑑真（今江蘇揚州人）、李善（今江蘇揚州人）、徐鍇（今江蘇揚州人）、陳叔達（今浙江長興縣人）、皇甫松（今浙江淳安人）、睦州和尚（今浙江建德人）、日華子（今浙江寧波人）、志端和尚（今福建福州人）、曹鄴（今廣西陽朔人）十一人算是「南人」。因此，根據這些作者的地望來繪製一張檳榔文化的流布圖（詳見「圖3：隋唐五代時期檳榔文本相關人物籍貫或出生地分布圖」），便可知道當時檳榔在中國社會擴散的範圍，應該已經超過前朝，大致可以說具有「全國性」。

344–345；卷7，〈治蛔蟲方〉，頁345；卷8，〈腳氣療體〉，頁358；卷8，〈腳氣腫痛方〉，頁359；卷8，〈腳氣入腹方〉，頁364；卷9，〈治短氣方〉，頁391；卷9，〈治奔豚方〉，頁395；卷9，〈治痰飲方〉，頁397；卷9，〈治宿食不消方〉，頁403；卷9，〈治惡心方〉，頁406；卷9，〈治噫酢方〉，頁407；卷10，〈治癥瘕方〉，頁426；卷10，〈治大腹水腫方〉，頁434–435；卷20，〈治無子法〉，頁943；卷25，〈治小兒口瘡方〉，頁991；卷25，〈治小兒寸白方〉，頁1005；卷26，〈芳氣方〉，頁1077–1078。

176. 丹波康賴，《醫心方》，卷1，〈諸藥和名〉，頁48。

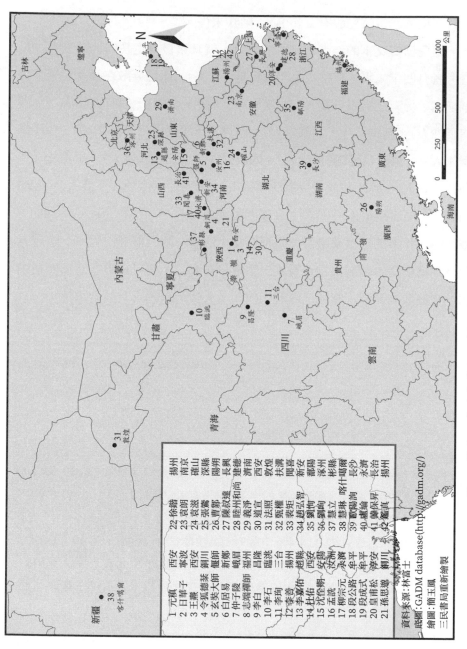

圖3：隋唐五代時期檳榔文本相關人物籍貫或出生地分布圖

1 元積	西安	22 徐鍇	揚州
2 日華子	寧波	23 袁朗	南京
3 王燾	礒山	24 袁滋	礒山
4 令狐德棻	銅川	25 張鷟	深縣
5 玄奘大師	偃師	26 曹鄴	陽朔
6 白居易	新鄭	27 陳叔達	長興
7 仲子陵	峨眉	28 陸州和尚	建德
8 志端禪師	福州	29 義淨	濟南
9 李白	昌隆	30 褚遂	西安
10 李台	臨洮	31 法照	敦煌
11 李善	三台	32 甄權	扶溝
12 李嘉佑	揚州	33 裴廷	聞喜
13 李嘉明	礒縣	34 趙弘智	新安
14 杜佑	西安	35 劉恂	鄱陽
15 沈佺期	安陽	36 盧眴	涿州
16 孟詵	汝濟	37 慧立	彬縣
17 柳宗元	永濟	38 慧琳	喀什噶爾
18 段公路	牟平	39 歐陽詢	長沙
19 段成式	淄平	40 盧綸	永濟
20 皇甫松	銅川	41 嚫保昇	長治
21 孫思邈	銅川	42 鑒真	揚州

資料來源：林富士
底圖：GADM database(http://gadm.org/)
繪圖：蕭玉鳳
三民書局重新繪製

檳榔與佛教：
以漢文文獻為主的探討[*]

一、引　言

　　1997 年臺灣政府制訂了〈檳榔問題管理方案〉，列舉檳榔所帶來的個人健康、自然生態、公共衛生和社會秩序等四大問題，並責成各個部門解決「檳榔問題」。於是乎，「檳榔有害」一時之間成為臺灣社會的主流價值，檳榔也逐漸被「污名化」，一些充滿爭議性的言論和「宣傳」也不時出現。其中，最讓我感到不安的一個論述是：十七世紀「漢人」移民臺灣之後，「發現原住民嚼食檳榔塊」，因「入境隨俗」才有此習慣，而「檳榔塊也成

---

* 本文初稿完成於 2012 年 5 月 20 日，小滿。二稿完成於 2015 年 10 月 8 日，寒露。二稿發表於「醫學的物質文化——歷史的考察」計畫、「生命醫療史研究室」主辦，「醫學的物質文化史」國際學術研討會（臺北：中央研究院歷史語言研究所，2015 年 11 月 11–13 日），會議中承蒙評論人巫毓荃博士暨與會學者惠賜意見，會後又蒙劉淑芬教授指正，特此致謝。三稿完成於 2016 年 2 月 17 日。本文投稿後，再獲兩位匿名審查人寶貴意見，敬表謝意。四稿完成於 2016 年 7 月 22 日，大暑。編案：原載於《中央研究院歷史語言研究所集刊》，88：3（2017.9），頁 453–519。

為當時入藥、社交、送禮的重要物品」。[1] 這個論述將檳榔毒害的源頭完全歸咎於原住民（南島語族），不僅不公平，也違背歷史事實。因此，我便在 2003 年撰寫〈檳榔入華考〉，指出中國的「漢人」最晚在西漢武帝時期就已接觸到檳榔，到了魏晉南北朝時期，檳榔不斷從邊地和外國輸入中國本土，部分「漢人」逐漸養成嚼食的習慣，至少，在南方的統治階層之間，吃檳榔已蔚為風潮，醫家也已經以檳榔入藥。到了隋唐、宋元時期 (581–1368 AD) 之後，尤其是地處或鄰近檳榔產地的雲南、兩廣、福建一帶，嚼食檳榔的風氣更是和南洋、南亞各地一樣，遍及各個社會階層。因此，我認為在明清時期 (1368–1911 AD) 移民臺灣的漢人，當他們在閩、廣原鄉的時候，不少人早就是「檳榔族」，不必原住民的教導。[2]

而在撰寫〈檳榔入華考〉過程中，我隱約感覺到檳榔入華似乎與佛教有密切的關聯，可是，臺灣當代的情形又讓我不敢冒然進行這樣的推論。例如，臺北土城的承天禪寺在外牆上懸掛了〈入寺須知〉的告示，[3] 共有八條，其中第五條寫著：

> 不宜食用含有魚、肉、蛋、蒜等葷腥成分之食物或菸、酒、檳榔、毒品等。

---

1. 關於檳榔在臺灣被「污名化」的情形，詳見林富士，〈試論影響食品安全的文化因素：以嚼食檳榔為例〉，《中國飲食文化》，10：1（2014），頁 43–104。
2. 詳見林富士，〈檳榔入華考〉，《歷史月刊》，186（2003.7），頁 94–100。
3. 承天禪寺是從福建到臺灣傳教的廣欽法師 (1893–1986 AD) 在 1955 年所創建的佛教寺廟；詳見朱其昌主編，《臺灣佛教寺院庵堂總錄》（高雄：佛光出版社，1977），頁 226；承天禪寺編，《廣公上人事蹟初編》（臺北縣土城鄉：承天禪寺，1992）。

這是有關食物的禁忌，看似和傳統中國佛教的規範無異，但是，將「菸、酒、檳榔、毒品」連稱並舉，似乎又有點現代感。無獨有偶，慈濟功德會的〈慈濟十戒〉也有一條涉及到檳榔：

> 一、不殺生，二、不偷盜，三、不邪淫，四、不妄語，五、不飲酒，
> 六、不抽菸不吸毒不嚼檳榔，七、不賭博不投機取巧，八、孝順父
> 母調和聲色，九、遵守交通規則，十、不參與政治活動示威遊行。

其中的第六條和承天禪寺的〈入寺須知〉頗為類似，也就是將檳榔、香菸、毒品和酒，同列為禁食之列。不過，兩者也有差別。承天禪寺所規範是不特定的「大眾」（包括出家眾和在家眾，信眾和非信眾），但禁絕的空間僅限於寺內。〈慈濟十戒〉所規範的則只限於「慈濟人」。據說這是慈濟的「根本戒」，「前五項為佛教五大根本戒，後五項則為證嚴上人針對現代社會發展的特殊形態，所提出的生活要求」，必須時時刻刻奉行。[4]

　　從承天禪寺和慈濟功德會所訂定的規範來看，我相信目前絕大多數的臺灣佛教寺院和道場應該沒有檳榔的容身之處，[5] 而佛教僧尼和虔誠的信

---

4. 《慈濟全球資訊網・慈濟志業・認識慈濟・慈濟十戒》 http://www.tw.tzuchi.org/index.php?option=com_content&view=article&id=408%3A2009-02-06-02-15-11&catid=81%3Atzuchi-about&Itemid=198&lang=zh；《慈濟語彙・專有名詞篇・慈濟十戒》 http://www.tzuchi.net/TCSC.nsf/bd47c2bac8e99bb64825685e0029b32e/caf4aa24fc6c4a6d4825686500159789?OpenDocument（檢索日期 2015/09/18）。

5. 關於慈濟功德會以及臺灣近、現代佛教的發展與特色，詳見康樂、簡惠美，《信仰與社會：北臺灣的佛教團體》（北縣：臺北縣立文化中心，1995）；江燦騰，《臺灣佛教百年史之研究》（臺北：南天書局，1996）；江燦騰，《認識臺灣本土佛教：解嚴以來的轉型與多元新貌》（臺北：臺灣商務印書館，2012）；范純武、王見川、李

眾大概也不會嚼食檳榔。事實上，我在臺灣生活已逾五十年，無論公私場合，我也從未見過出家的僧尼吃檳榔。

不過，禁吃、禁用檳榔似乎也不是臺灣佛教的常態。舉例來說，陳文達編纂的《（康熙）臺灣縣志》(1720 AD) 便說：

> 臺地僧家，每多美色少年，口嚼檳榔，檯下觀劇。至老尼，亦有養少年女子為徒弟者。大千天地之和，為風俗之玷。[6]

可見在十八世紀初期，滿口檳榔還是臺灣僧人的鮮明標記，讓官方史志的編者將這種現象與老尼養女的情形都視為「風俗之玷」。因此，臺灣僧人或佛教徒不吃檳榔絕非自古有之。

此外，信仰佛教為主的雲南傣族（擺夷）區域，和臺灣一樣，也出產檳榔，當地人不僅嗜吃檳榔，佛寺還栽種所謂的「五樹六花」。五樹是指菩提樹 (Ficus religiosa)、大青樹（闊葉榕，Ficus altissima）、貝葉棕 (Corypha umbraculifera)、檳榔樹 (Areca catechu)、糖棕 (Borassus flabellifer) 或鐵力木 (Mesua ferrea)；六花則是蓮花 (Nelumbo nucifera)、文殊蘭 (Crinum asiaticum)、黃薑花 (Hedychium flavum)、雞蛋花 （緬梔花，Plumeria rubra）、黃緬桂 (Michelia champaca)、地湧金蓮 (Musella lasiocarpa)。[7] 而

世偉，《臺灣佛教的探索》（北縣：博揚文化出版，2005）；闞正宗，《臺灣佛教史論》（北京：宗教文化出版社，2008）。

6. 陳文達編纂，《臺灣縣志》（《臺灣文獻叢刊》本；臺北：臺灣銀行經濟研究室，1957–1979），〈輿地志・風俗〉，頁 60。

7. 參見錢芸芝，〈佛教的「五樹六花」〉，《園林》，2003：3 (2003)，頁 28；唐緒祥，〈傣族檳榔盒〉，《裝飾》，2007：8 (2007)，頁 30–33；張雪蘿，〈佛教的「五樹六

同為南傳佛教盛行的東南亞地區，如泰國、緬甸、寮國等，其僧侶吃檳榔也不是罕見的事。據說，其佛寺也有栽種「五樹六花」的習慣。[8] 因此，禁止檳榔似乎不是整個佛教世界的一致作法。

　　事實上，佛教世界的核心區域和檳榔文化圈的主要範圍可以說高度重疊，[9] 兩者同時在印度、南亞、東南亞、東亞（越南、中國、韓國、日本）一帶發展、流傳。[10] 而佛教是一個相當重視戒律的宗教，對於僧人及信徒

花」〉，《中國花卉盆景》，2011：6（2011），頁 26–28。

8. 參見 Peter A. Reichart, *Betel and Miang, Vanishing Thai Habits* (Bangkok; Cheney: White Lotus, 1996), pp. 25–26; 松下智，〈東南アジア大陸諸民族と茶の文化——檳榔との比較民俗學的研究〉，《比較民俗研究》，14（1996），頁 77–107；王元林、鄧敏銳，〈東南亞檳榔文化探析〉，《世界民族》，2005：3（2005），頁 63–69；王成暉、劉業、向瀟瀟，〈淺談東南亞佛教園林中的「五樹六花」〉，《廣東園林》，2014：8（2014），頁 41–46。

9. 本文所說的「檳榔文化」是指人對於檳榔（物自身）的認知、使用及態度，以及檳榔的社會功能和文化意涵。

10. 關於佛教起源與傳布的歷史與地理分布，詳見 Richard H. Robinson and Willard L. Johnson, *The Buddhist Religion: A Historical Introduction*, third edition (Belmont, Calif.: Wadsworth Pub. Co., 1982); 奈良康明，《佛教史 I：インド・東南アジア》（東京：山川出版社，1979）；玉城康四郎編，《佛教史 II：中國・チベット・朝鮮》（東京：山川出版社，1983）；杜繼文主編，《佛教史》（北京：中國社會科學出版社，1991）；何勁松，《韓國佛教史》（北京：社會科學文獻出版社，2008）；楊曾文，《日本佛教史》，新版（北京：人民出版社，2008）；淨海法師，《南傳佛教史》（臺北：法鼓文化，2014）。關於檳榔文化圈的發展過程和空間分布，詳見 Dawn F. Rooney, *Betel Chewing Traditions in South-East Asia*; Peter A. Reichart, *Betel and Miang, Vanishing Thai Habits* (Bangkok; Cheney: White Lotus, 1996); Thomas J. Zumbroich, "The Origin and Diffusion of Betel Chewing: A Synthesis of Evidence from

的行為和日常生活有諸多的規範，飲食也是其中之一。[11] 因此，我們似乎
有必要探討檳榔在佛教世界中究竟占有何種地位，同時，也有必要了解佛
教在檳榔文化的發展過程中究竟扮演何種角色。唯限於時間與篇幅，本文
只能以傳世的漢文文獻為主，針對佛教僧人和信徒是否食用檳榔，僧人和
信徒在日常生活或宗教儀式中是否使用檳榔，以及佛教對於檳榔的認知與
態度等具體的問題，稍作釐清。

二、禁戒之物？

　　首先，必須先釐清，一般所謂的「吃檳榔」，其實是嚼食「檳榔嚼塊」，
嚼塊基本上是以檳榔子，荖藤和熟石灰這三種東西配組而成，只是檳榔子
和荖藤的品種會有所差異，各地針對檳榔子所做的加工處理（如去皮、煮
熟、曬乾、烘烤、醃製等）會有所不同，荖藤的取用部位（包括花果、荖
葉、根莖）也各有偏好，石灰則大多取自牡蠣之類的貝殼或是石灰岩，而

South Asia, Southeast Asia and Beyond," *eJournal of Indian Medicine*, 1 (2007–2008),
pp. 87–140; IARC (The International Agency for Research on Cancer), *Betel-quid and
Areca-nut Chewing and Some Areca-nut-derived Nitrosamines, IARC Monographs on
the Evaluation of Carcinogenic Risks to Humans*, 85 (Lyon, 2004), pp. 52–78; IARC,
*Personal Habits and Indoor Combustions, IARC Monographs on the Evaluation of
Carcinogenic Risks to Humans*, 100E (Lyon, 2009), pp. 333–372.

11. 參見森章司編，《戒律の世界》（東京：溪水社，1993）；佐藤達玄，《中國佛教にお
　　ける戒律の研究》（東京：木耳社，1986），中譯本：佐藤達玄著，釋見憨等譯，
　　《戒律在中國佛教的發展》（嘉義：香光書鄉出版社，1997）；康樂，《佛教與素食》
　　（臺北：三民書局，2001）。

「添加物」（如菸草、椰肉、香料等）也會因地而異，只有少數地方會省去萎藤或熟石灰。[12]

　　佛教律典對於這樣的嚼食行為的確有所規範。例如，在尊者毘舍佉造著，義淨譯的《根本說一切有部毘奈耶頌》中有段話說：

> 身安無病苦，不數食檳榔。為病乃無違，苾芻應噉食。[13]

這是上座部佛教規範僧人生活的主要律典之一。由此可見，僧人若是為了治病，可以「噉食檳榔」，否則，不可以常吃。其次，義淨所譯的另一部律典《根本說一切有部百一羯磨》也說：

> 且如（聖）〔西〕方諸處時人貴賤，皆噉（擯）〔檳〕榔，藤葉、白灰、香物相雜以為美味。此若苾芻，為病因緣，冀除口氣，醫人所說食者，非過。若為染口赤唇。即成不合。[14]

由此可知，在古代的印度社會，無論貴賤都有噉食檳榔的習慣，而其食用方式則是以藤葉、白灰和香物相雜，和華南、臺灣、東南亞一帶的吃法並無太大差異。[15] 對此「美味」，佛教並不完全排斥，但限於為了治病或是

---

12. 詳見 Dawn F. Rooney, *Betel Chewing Traditions in South-East Asia*, pp. 16–29; 賴美淑總編輯，《檳榔嚼塊的化學致癌性暨其防制：現況與未來》（臺北：國家衛生研究院，2000），頁 3；賴美淑總編輯，《檳榔嚼塊與口腔癌流行病學研究》（臺北：國家衛生研究院，2000），頁 5–6。

13. 尊者毘舍佉造著，義淨譯，《根本說一切有部毘奈耶頌》，《大正新脩大藏經》，冊 24，T1459，卷 3，頁 655a。

14. 義淨，《根本說一切有部百一羯磨》，《大正新脩大藏經》，冊 24，T1453，卷 10，頁 498c。

「除口氣」（口臭），不能為了「美容」（「染口赤唇」）的目的而食用。

㈠微醺與醉酒

至於佛教要求僧人不能無故「數食檳榔」的原因，可能和檳榔具有令人微醺，產生類似酒醉的經驗有關。我們知道，不可飲酒是佛教最基本的「五戒」之一，但是，為何不能飲酒，要禁什麼酒，其他會「醉人」的飲料或食物是不是也要禁，其實佛教內部還有過一番討論。

例如，婆藪盤豆（*Vasubandhu*，或譯世親，西元第四世紀人）所造，南朝陳的真諦 (499–569 AD) 所譯的《阿毘達磨俱舍釋論》（梵文：*Abhidharma-kośa*）便說：飲酒「是性罪」，「是身惡行」，是「放逸依處」。因為，酒類「能令醉、量不定」，「若過量數習」會「由此入惡道」，因此是「一切惡行所依」，故「一滴亦不許飲」。不過，並不是所有「令醉」（能醉人）之物都不能飲食，他還特別舉例說「檳榔子及俱陀婆穀，亦能令醉」，但這排除在禁戒之外。[16] 後來，玄奘將此書重譯為《阿毘達磨俱舍論》，大意不變，但針對「酒類」及「令醉」的問題，有更精確的界說，其文云：

> 如契經說窣羅、迷麗耶、末陀放逸處，依何義說？醖食成酒名為窣羅；醖餘物所成名迷麗耶酒。即前二酒未熟已壞，不能令醉，不名末陀。若令醉時，名末陀酒。……然以檳榔及稗子等亦能令醉，為

---

15. 關於印度嚼食檳榔的傳統和方式；詳見 Sumati Morarjee, *Tambula: Tradition and Art* (Bombay: Morarjee, 1974), pp. 1–24。

16. 婆藪盤豆造，真諦譯，《阿毘達磨俱舍釋論》，《大正新脩大藏經》，冊 29，T1559，卷 11，頁 234a–b。

簡彼故，須說窣羅、迷麗耶酒。[17]

這是將酒分成三種：一、窣羅酒（醞食所釀）；二、迷麗耶酒（醞餘物所釀）；三、末陀酒（前二種酒在釀製過程中敗壞，但會醉人者）。但是，也會醉人的「檳榔及稗子（俱陀婆穀）等」不能歸為酒類。[18]

　　針對《俱舍論》中的這段文字，玄奘的弟子普光 (627–664 AD)[19] 在《俱舍論記》進一步闡述說，窣羅是用米、麥等物加麴蘗所釀之酒；迷麗耶是用植物的根、莖、葉、花、果汁等，不加麴蘗，醞釀而成；末陀是指蒲桃 (Syzygium jambos) 酒，或是前二者「未熟」或「熟而已壞」卻能令人醉酒者。至於檳榔及稗子等物，雖然也能「醉人」，但因只會「令少時為醉而不放逸」，因此「許食」，不禁。[20]

　　佛教這樣的說詞似乎有點問題，因為檳榔子的確具有醉人的成分，唐代的林邑[21] 以及宋代之時南洋一帶的闍婆、三佛齊、注輦等國之人，都能利用檳榔汁或檳榔渣釀酒。[22] 而宋代李綱 (1083–1140 AD)〈檳榔〉一詩說：

---

17. 尊者世親造，玄奘譯，《阿毘達磨俱舍論》，《大正新脩大藏經》，冊 29，T1559，卷 14，頁 77c。

18. 類似的區分，也可見於尊者眾賢造，玄奘譯，《阿毘達磨順正理論》，《大正新脩大藏經》，冊 29，T1562，頁 561b。

19. 關於普光的生卒年及事蹟考釋，詳見杜文玉，〈唐慈恩寺普光法師墓誌考釋〉，《唐研究》，第 5 卷（北京：北京大學出版社，1999），頁 463–467。案：此一資料蒙劉淑芬教授賜告，特此致謝。

20. 詳見普光，《俱舍論記》，《大正新脩大藏經》，冊 29，T1821，卷 14，頁 229c。案：類似的說法也可見於唐代法寶，《俱舍論疏》，《大正新脩大藏經》，冊 41，T1822，卷 14，頁 650c。原文見附錄三：普光《俱舍論記》。

21. 劉昫，《舊唐書》（北京：中華書局，1975），卷 197，〈南蠻傳〉，頁 5269–5270。

當茶銷瘴速，如酒醉人遲。[23]

宋代姚寬 (1105–1162) 的《西溪叢語》也說：

> 閩、廣人食檳榔，每切作片，蘸蠣灰以荖葉裹嚼之。……初食微覺
> 似醉，面赤，故東坡詩云：「紅潮登頰醉檳榔」。[24]

可見，嚼食檳榔可以產生類似醉酒的感覺。而且，有些品種還能令人「醉」
得相當嚴重。例如，明代葉權 (1522–1578 AD)《賢博編》書後所附的〈遊
嶺南記〉便說：

> 檳榔別有能醉人者，外江人不慣此物。誤食之，則昏悶如醉，茶頃

---

22. 馬端臨，《文獻通考》（臺北：臺灣商務印書館，1987），卷 332，〈四裔考·三佛
齊〉，頁 2610a；卷 332，〈四裔考·闍婆〉，頁 2606b；卷 332，〈四裔考·注輦〉，
頁 2611a。案：闍婆國在今印尼爪哇島或特指該島東北角的泗水 (Surabaya；或譯
蘇臘巴亞) 一帶；三佛齊國在今印尼蘇門答臘東南部，都城原本在巨港（舊港），
大約在西元十一世紀中葉遷都到較為北邊的詹卑 (Jambi；現譯為占碑)；注輦國是
南印度的古國，興起於西元九世紀，到西元十三世紀已蔚為大國，主要領土在今印
度東南方的烏木海岸 (Coromandel Coast；又稱科羅曼德爾海岸) 一帶，其政治中
心可能是在今吉斯德納河 (Kistna River/ Krishna River；又稱奎師那河) 流入孟加
拉灣 (Bay of Bengal) 河口地帶的內洛爾 (Nellore)。詳見趙汝适著，楊博文校釋，《諸
蕃志校釋》（北京：中華書局，2000），卷上，〈志國·三佛齊國〉，頁 36–38；〈闍
婆國〉，頁 55–57；〈志國·注輦國〉，頁 77–78，楊博文注釋文；陳佳榮、謝方、陸
峻嶺，《古代南海地名匯釋》，頁 929、954–955、1045–1046。
23. 收入曹學佺，《石倉歷代詩選》（《文淵閣四庫全書》本；臺北：臺灣商務印書館，
1983–1986），卷 171，〈李綱·檳榔〉，頁 5b。
24. 姚寬，孔凡禮點校，《西溪叢語》（北京：中華書局，1993），卷上，頁 66。

始醒。[25]

　　不過，一般來說，吃檳榔和飲酒所造成的「迷醉」經驗和程度畢竟不同，絕大多數的檳榔，即使多吃，「醉人」的程度也很有限。宋代羅大經 (1196–1242 AD) 的《鶴林玉露》便說：

> 嶺南人以檳榔代茶，且謂可以禦瘴。余始至不能食，久之，亦能稍稍。居歲餘，則不可一日無此君矣。故嘗謂檳榔之功有四：一曰醒能使之醉。蓋每食之，則醺然頰赤，若飲酒然。東坡所謂「紅潮登頰醉檳榔」者是也。二曰醉能使之醒。蓋酒後嚼之，則寬氣下痰，餘醒頓解。三曰飢能使之飽。蓋飢而食之，則充然氣盛，若有飽意。四曰飽能使之飢。蓋食後食之，則飲食消化，不至停積。[26]

根據羅大經的經驗，嚼食檳榔的功效相當神奇。醒能使之醉，醉能使之醒；飢能使之飽，飽能使之飢。可見，此物既能令人有放鬆的微醺感覺，也具有提神醒腦的功效。既能充飢，也能幫助消化。

　　此外，清代屈大均 (1630–1696 AD) 也說：

> 暹羅所產曰番檳榔，……雜扶留葉、椰片食之，亦醉人。……當食時，鹹者直削成瓣。乾者橫剪為錢。包以扶檔，結為方勝。……內置烏爹泥石灰或古賁粉，……入口則甘漿洋溢，香氣薰蒸。在寒而暖，方醉而醒。既紅潮以暈頰，亦珠汗而微滋。真可以洗炎天之烟瘴，除遠道之渴饑。雖有朱櫻、紫梨，皆無以尚之矣。[27]

---

25. 葉權，《賢博編》（北京：中華書局，1987），頁 43。

26. 羅大經，《鶴林玉露》（北京：中華書局，1983），卷 1，〈檳榔〉，頁 247。

倘若這種經驗具有普遍性，那麼，佛教不禁止吃檳榔似乎是正確的選擇。但因具有「微醉」的效果，多吃恐怕有代酒取醉之意圖，因此，佛教並不主張「數食」檳榔。

㈡禮物與色欲

佛教不許或不鼓勵僧人「數食」檳榔，另外一個因素可能是基於五戒中的「不邪淫」。在印度、華南、東南亞及臺灣一帶，檳榔常被用來敦睦人際關係，是相當重要的社交禮物。舉凡皇帝、王公大人要賞賜臣下，部屬臣民要向君主表示誠敬之意；主人要款待賓客，賓客要貢獻物品給主人；乃至男女之間的情愛婚嫁，都常常以檳榔為「禮果」。[28]

但是，佛教對於僧人與俗眾之間的「檳榔交際」卻相當謹慎。例如，南朝齊 (479–502 AD) 僧伽跋陀羅（Saṃghabhadra，或譯眾賢）所譯的《善見律毘婆沙》（巴利語：*Samantapāsādikā*）便有一段關於「色戒」、「淫罪」的討論。[29] 根據這部巴利文律典的說法，僧人（比丘）是否犯「淫罪」，關

---

27. 屈大均，《廣東新語》（北京：中華書局，1985），卷 25，〈檳榔〉，頁 628–630。

28. 詳見 Dawn F. Rooney, *Betel Chewing Traditions in South-East Asia*, pp. 1–15, 30–39；陳鵬，〈東南亞的荖葉、檳榔〉，《世界民族》，1996：1（1996），頁 66–69；文子，〈檳榔在越南〉，《東南亞縱橫》，2001：5（2001），頁 23；吳盛枝，〈中越檳榔食俗文化的產生與流變〉，《廣西民族大學學報（哲學社會科學版）》，S1（2005），頁 24–26；王元林、鄭敏銳，〈東南亞檳榔文化探析〉，《世界民族》，2005：3（2005），頁 63–69；Xuân Hiên Nguyên, "Betel-chewing in Vietnam: Its Past and Current Importance," *Anthropos*, 101 (2006), pp. 499–518；范毅波，〈緬甸檳榔成型記〉，《商務旅行》，2009：1（2009），頁 69–70；林富士，〈檳榔入華考〉，頁 94–100；林富士，〈試論影響食品安全的文化因素：以嚼食檳榔為例〉，頁 43–104。

鍵不在於是否洩精（精出），因為比丘無法不和異性有所接觸，而且也有生理上的天然欲求和遺精現象，因此，產生性慾乃至洩精，只要沒有交媾的行為，而且是無心或不自覺的，都無罪。若是有意的或自覺的，不論是否有交媾或射精，便犯罪。其中，有一種稱之為「折林」的情況，是指男女之間以香花、檳榔作為定情、婚誓之物的習俗。因此，比丘與女眾之間相互餽贈檳榔便容易被視為一種挑逗，必須審慎。若比丘在這種相互餽贈的過程之中，是有意利用這種習俗「情挑」女方，自己也有欲念而洩精，便是「犯罪」（即最重的「波羅夷」罪），而即使沒有洩精，也算犯了次一等的「偷蘭遮」罪。[30]

三、高僧吃檳榔？

既然檳榔是佛教的「許食」之物，那麼，必定有不少僧人吃過檳榔。但是，或許因為吃檳榔不是一件奇怪、異常的事，並不值得大書特書，因此，確實吃過檳榔而且有姓名、年代可考的僧人，還真是寥寥可數。我們只能透過一些蛛絲馬跡，針對一些較為有名的僧人，做一些大膽的推測。

---

29. 僧伽跋陀羅譯，《善見律毘婆沙》，《大正新脩大藏經》，冊 24，T1462，卷 12，頁 761a。原文見附錄四：僧伽跋陀羅譯《善見律毘婆沙》。

30. 佛教的罪，依重輕可以分成七種（「七犯聚」；「七聚」），依序為：一、波羅夷；二、僧殘；三、偷蘭遮；四、波逸提；五、提舍尼；六、突吉羅；七、惡說；詳見道宣，《四分律刪繁補闕行事鈔》，《大正新脩大藏經》，冊 40，T104，卷 5，頁 48c。

(一)智　顗

　　智顗（天臺智者大師）在南朝陳宣帝太建元年至七年之間，曾經在建康的瓦官寺講解《法華經》、《大智度論》、《次第禪門》，吸引了不少信徒的注目與尊崇，弟子不乏貴冑和高官大吏。[31] 智顗在太建七年移居天臺山之後，仍長期受到皇室和官員的護持，例如，陳宣帝在太建十年便「勅名修禪寺」，吏部尚書毛喜也「題篆牓送安寺門」。[32] 事實上，毛喜還與智顗時有書信往來，其中一封說：

> 喜次書。適奉南嶽信，山眾平安。弟子有答，具述甲乙。後信來當有音外也。今奉寄牋香二片、熏陸香二觔、檳榔三百子。不能得多示表心，勿責也。弟子毛喜和南。[33]

這是弟子隨函奉寄的「供品」清單，有牋香（香木）、熏陸香（乳香），也有「檳榔三百子」。[34] 後來，陳後主在至德三年迎接智顗回到建康，請他在

---

31. 灌頂，《隋天台智者大師別傳》，《大正新脩大藏》，冊 50，T2020，頁 191a–197c；志磐，《佛祖統紀》，《大正新脩大藏》，冊 49，T2053，卷 6，〈東土九祖〉，頁 180c；卷 23，〈歷代傳教表〉，頁 247b–c。

32. 灌頂，〈國清百錄序〉，收入氏纂，《國清百錄》，《大正新脩大藏經》，冊 46，T1934，卷 1，頁 793a。案：毛喜擔任吏部尚書是在陳宣帝在太建十三至十四年；姚思廉，《陳書》，卷 29，〈毛喜傳〉，頁 390。

33. 灌頂纂，《國清百錄》，卷 2，頁 801c。

34. 灌頂《國清百錄》共收錄五封毛喜給智顗的信，根據內容判斷，第一封應該是寫於太建七年夏天，也就是智顗動念要移居天臺之時，主要內容是要勸阻智顗離開京師。第三封是在秋天寫的，內容仍然是在勸阻智顗移居天臺，可見也是 575 年之

靈曜寺講經說法，並屢屢派人向他宣達敬意、餽贈各種禮物，其中一次，就派遣「主書」羅闡「施檳榔二千子」。[35]

智者大師前後兩次獲得這麼多檳榔子，除非他別有用途（詳下文），否則，至少有一部分會成為他的口中之物。

(二)玄奘大師

第二個例子是唐代玄奘大師在印度留學的經驗。玄奘在他 28 歲那一年，也就是唐太宗貞觀元年 (627 AD)，從首都長安出發，展開了西行求法之旅。一路上，尋尋覓覓，說經講道，探僧禮佛，一直到 32 歲那一年才抵達摩揭陀國，進駐那爛陀寺，跟隨正法藏戒賢法師（梵名 *Shīlabhadra*，約 528–651 AD）學習佛法。玄奘在那爛陀寺的留學生涯長達五年，不僅不再東飄西盪，可以專心修習佛法，在寺中還備受禮遇。[36]

那爛陀寺是一座歷史悠久的佛寺，結構宏偉，可容納萬人，寺中僧眾的生活日用由國王供應，因此大多不必沿門托缽。而玄奘所得的供養，根據唐代冥詳《大唐故三藏玄奘法師》的記載為：

> 安置幼日王院，七日供養已。更與上房第四重閣，加諸供給。日得擔步羅葉一百二十枚，檳榔子二十顆，豆蔻子二十顆，龍香一兩。供大人米一升，蘇油、乳酪、石蜜等，皆日足有餘一期之料，數人

作。這是第四封，雖然年代不明確，但信中提及的「南嶽」，應該是指智顗的師父慧思禪師，因此，應該不會晚於 577 年。總之，此信很可能是在智顗移居天臺前夕所寫，也就是 575 年秋天。

35. 灌頂纂，《國清百錄》，卷 1，頁 799c。
36. 楊廷福，《玄奘年譜》（北京：中華書局，1988），頁 89–172。

食不盡。給淨人婆羅門一人，出行乘象，與二十人陪從。免一切僧
事。寺內主客萬人，預此供給者，渗法師有十人。言供大人米者，
此即粳米。大如烏豆，成飯已後，香聞百餘步。[37]

對此，唐代慧立撰、彥悰箋的《大唐大慈恩寺三藏法師傳》及唐代道宣的
《續高僧傳》都有類似的記載。[38] 由此可見，當時戒賢法師對這一位來自
中國的留學僧可說呵護備至，不僅免除「一切僧事」（勞役等事），在寺內
還住上房，兼有僕人侍奉，出外也有座騎和隨從，日常飲食和用品更是豐
足。事實上，全寺也只有十人享有這種待遇。在各種待遇之中，玄奘每天
可以拿到二十顆檳榔子，還加上一百二十枚的擔步羅葉（蔞葉），[39] 以當時
印度僧團的生活習慣來說，玄奘大師大概也會吃檳榔（詳下文）。

(三)鑑　真

第三個例子是鑑真和尚東渡日本過程中有過海南島的經歷。[40] 根據日

---

37. 冥詳，《大唐故三藏玄奘法師》，《大正新脩大藏經》，冊 50，T2052，卷 1，頁
216b。

38. 慧立撰，彥悰箋，《大唐大慈恩寺三藏法師傳》，《大正新脩大藏經》，冊 50，
T2053，卷 3，頁 237a；道宣，《續高僧傳》，《大正新脩大藏經》，冊 50，T2060，
卷 4，頁 4520a。

39. 梵文 *tāmbūla*（漢字直接音譯為擔步羅或耽餔羅）究竟指何而言，學界有不同看法，
或譯為蔞葉，或譯為檳榔，但此處既有擔步羅葉又有檳榔子，故知此處是指蔞葉而
非檳榔葉。事實上，*tāmbūla* 應該是指「檳榔嚼塊」，亦即由檳榔子、蔞葉及其他香
料（如豆蔻、丁香、龍腦等）所組成的嚼塊，其組合成分甚至可以多達十三種；詳
見 Sumati Morarjee, *Tambula: Tradition and Art* (Bombay: Morarjee, 1974), pp. 2–5;
中村元，《仏教植物散策》（東京：東京書籍株式會社，1986），頁 170–171。

本僧人元開所撰的《唐大和上東征傳》，唐玄宗天寶七載，鑑真應日本來華僧人榮叡、普照等弟子的邀請，打算東渡日本的過程中，曾有一段漂流記：

> 夜發經三日，乃到振州江口泊舟。其經紀人往報郡，其別駕馮崇債遣兵四百餘人來迎，引至州城，……即迎入宅內，設齋供養。又於大守廳內，設會授戒，仍入州大雲寺安置。其寺佛殿壞廢，眾僧各捨衣物造佛殿。住一年造了。別駕馮崇債自備甲兵八百餘人，送經四十餘日，至萬安州。州大首領馮若芳請住其家，三日供養。……行到岸州界，無賊，別駕乃迴去。榮叡、普照師從海路經四十餘日到岸州。州遊弈大使張雲出迎拜謁，引入令住開元寺。官寮參省設齋，施物盈滿一屋。彼處珍異口味，乃有益知子、檳榔子、荔支子、龍眼、甘蔗。[41]

這是鑑真等人在海南島上受到禮遇的情形。其中，振州是在島的西南方，萬安州在東南方，岸州就是崖州，在島的東北和北方一帶。他們在岸州是住在開元寺，當地官員「施物盈滿一屋」，其中有當地的「珍異口味」，包括益知子、檳榔子、荔支子、龍眼、甘蔗等物。

---

40. 關於鑑真及其東渡日本的經過，詳見安藤更生，《鑑真》（東京：吉川弘文館，1967）；杉山二郎，《鑑真》（東京：三彩社，1971）；許鳳儀，《鑑真東渡》（上海：上海人民出版社，2000）；郝潤華，《鑑真評傳》（南京：南京大學出版社，2004），頁125–180；李尚全，《慧燈無盡照海東：鑑真大和上評傳》（北京：社會科學文獻出版社，2012），頁1–62。

41. 元開，《唐大和上東征傳》，收入《遊方記抄》，《大正新脩大藏經》，冊51，T2089，卷1，頁991a–b。

接受了如此豐盛供養的鑑真和其他日本和尚，會不會也吃了檳榔呢？
由於海南島向來盛產檳榔，當地禮俗甚重檳榔，也嗜吃檳榔，[42] 佛教戒律
又不禁吃檳榔，他們在海南島停留、漂流期間，若是入境隨俗而吃檳榔，
應該也是自然之事。

㈣惠洪 (1071–1128 AD)

第四個例子是惠洪在廣東的遭遇。惠洪是北宋末年著名的禪僧，以詩、
史聞名，不僅活躍於佛門，也和當時的士大夫、朝臣關係緊密，互動頻繁。
後來因為捲入政爭，在宋徽宗政和元年 (1111 AD) 被流放到海南島的瓊州、
崖州，一直到政和三年 (1113 AD) 才獲赦。[43]

或許就在惠洪要前往海南島之時，和他頗有往來，且同為江西詩人的
謝逸（死於 1113 AD）寫詩賦別，詩中說到：

> 洪師斗藪蔬筍氣，白晝穴我夫子牆。粥魚齋鼓了無礙，坐禪不廢談
> 文章。老師領之笑不語，壞衲百孔穿寒光。洞庭風號波浪吼，笑撌
> 逐容談船憲。六月赤腳登大庾，黃茆瘴裡餐檳榔。[44]

---

42. 關於海南島的檳榔文化，詳見陳光良，〈海南檳榔經濟的歷史考察〉，《農業考古》，
    2006：4（2006），頁 185–190；Christian A. Anderson, "Betel Nut Chewing Culture:
    The Social and Symbolic Life of an Indigenous Commodity in Taiwan and Hainan," Ph.
    D. Dissertation, University of Southern California (California, 2007).

43. 參見黃啟江，〈僧史家惠洪與其「禪教合一」觀〉，收入氏著，《北宋佛教史論稿》
    （臺北：臺灣商務印書館，1997），頁 312–358；周裕鍇，《宋僧惠洪行履著述編年
    總案》（北京：高等教育出版社，2010），頁 147–175。

44. 謝逸，《溪堂集》（《文淵閣四庫全書》本），卷 3，〈送惠洪上人〉，頁 7a。

詩的前幾句是在讚美惠洪的灑脫、文才、學問、修養，後幾句則具體提到惠洪將要「登大庾」，到瘴癘之地「餐檳榔」。大庾嶺又叫梅嶺，是五嶺之一，就在江西、廣東兩省的交界地帶，也是北方人南下的要道之一，但這裡事實上只是惠洪的路過地點之一，雖然他可能如謝逸所說，在大庾嶺這一帶就吃起檳榔，但經常「餐檳榔」，或許要到檳榔產地的海南島之後才可能。

　　例如，同樣被貶謫到海南島三年 (1097–1101 AD) 的蘇軾 (1037–1101 AD)，在海南島期間還寫了數首以檳榔為主題的詩，[45] 其中一首〈食檳榔〉的長詩有一段說到：

> 北客初未諳，勸食俗難阻。中虛畏泄氣，始嚼或半吐。吸津得微甘，著齒隨亦苦。面目太嚴冷，滋味絕媚嫵。誅彭勳可策，推轂勇宜賈。瘴風作堅頑，導利時有補。[46]

可見，蘇東坡到海南島之後，因被人勸食而開始吃檳榔，一開始也有所畏懼，但嚼食之後，覺得滋味還相當不錯（滋味絕媚嫵），而且有益健康。因此，我們可以合理的推斷，同樣是外來者（北客）的惠洪，可能也會有類似的遭遇和經驗。事實上，惠洪在結束三年的流放生涯後，要搭船離開海南島時，曾寫了〈渡海〉一詩說：

> 萬里來償債，三年墮瘴鄉。逃禪解羊負，破律醉檳榔。瘦盡聲音在，

---

45. 關於蘇軾貶謫到嶺南、海南島的情形及其文學創作，詳見朱玉書，《蘇東坡在海南島》（廣州：廣東人民出版社，1993）；鄭芳祥，《出處死生：蘇軾貶謫嶺南文學作品主題研究》（成都：巴蜀書社，2006）。

46. 蘇軾，《東坡全集》（《文淵閣四庫全書》本），卷 26，〈食檳榔〉，頁 7a。

病殘鬢鬢荒。餘生實天幸，今日上歸舵。[47]

由此可知，他在海南島期間似乎經常吃檳榔，違反「身安無病苦，不數食檳榔」的戒律，才會說自己「破律醉檳榔」。

㈤宣無言（活躍於 1285–1350 AD）

第五個例子是元代的宣無言，他的生卒年及生平不詳，但根據元人的一些詩文來看，他應該是常住或是活躍於蘇州（崑山）、杭州一帶的僧人，而且與當地的文人、畫家有所交際，元惠宗至正十年 (1350 AD)，他還走訪當地的士人領袖顧瑛 (1310–1369 AD)，參與顧氏剛創立之「玉山草堂」的文人雅集，[48] 可見他並非無足輕重的俗僧。

不過，宣無言似乎不是在地人，晚年長住杭州的詩人方回 (1227–1305 AD)，[49] 有一詩題為〈走筆送僧宣無言歸泉南〉，詩中提到：

杭泉三千二百里，一瓶一鉢走桑梓。此僧脅中有詩腸，一口吸盡四海水。自從北海至南海，搜詩直至珊瑚底。歸哉非為戀鄉味，橄欖檳榔紅荔子。[50]

---

47. 惠洪，《石門文字禪》（《文淵閣四庫全書》本），卷9，〈渡海〉，頁 12a。

48. 顧瑛，《玉山名勝集》（《文淵閣四庫全書》本），卷1，〈遂昌鄭元祐明德〉，頁 1a–2b。關於顧瑛和「玉山草堂」的文人雅集，參見曹清，〈元代文人繪畫狀態綜述：元中後期的文人畫活動群體〉，《東南文化》，2003：5（2003），頁 55–63；陳國歡，〈元季文人畫家的文藝沙龍：論顧德輝的玉山草堂及與之關聯的畫家〉，《南京藝術學院學報（美術與設計版）》，2008：4（2008），頁 98–103。

49. 關於方回的生平，詳見潘柏澄，《方虛谷研究》（臺北：新文豐，1978）；詹杭倫，《方回的唐宋律詩學》（北京：中華書局，2002），頁 1–22。

可見宣無言應該是福建泉州人。雖然方回說他回泉州並不是為了「鄉味」享受（包括檳榔），但宣無言一回到「桑梓」，吃吃檳榔，似乎也無不可。

㈥釋大汕（約 1633–1704 AD）

　　第六個例子是清初釋大汕在越南的經驗。釋大汕是廣州地區相當活躍的僧人，曾住持長壽寺，長於繪畫、詩文，與當地士大夫頗有交遊，康熙三十四年，應越南南北紛爭時期廣南政權的統治者阮福淍（阮福調）（1691–1725 AD 在位）之請，前往越南弘揚佛法，在順化（今越南中部承天順化省的省會）、會安（今隸屬於廣南省，在越南中部濱海地區）居留一年多之後，才返回中國。其《海外紀事》（1699 AD 付梓）一書就是此行的見聞記錄。[51]

　　在越南期間，釋大汕可謂備受禮遇，被封為國師，受戒皈依的門徒相當多。不過，或許是因為水土不服、舟車勞頓，釋大汕經常生病，因此，屢屢企盼早日返回中國，但因天候惡劣，海上風波險惡，並受到慰留，以致未能如願。到了康熙三十四年十月初，仍不得不接受安南國王的安排，回到順化，並在十月十五日住進天姥寺。次日，與安南國王見面，談及廣州

---

50. 方回，《桐江續集》（《文淵閣四庫全書》本），卷 28，〈走筆送僧宣無言歸泉南〉，頁 21a–b。

51. 參見戴可來、于向東，〈略論釋大汕及其越南之行〉，《嶺南文史》，1994：3（1994），頁 19–25；余思黎，〈《海外紀事》前言〉，收入釋大汕著，余思黎點校，《海外紀事》（北京：中華書局，2000），頁 1–11；毛文芳，〈顧盼自雄‧仰面長嘯：清初釋大汕 (1637–1705)《行跡圖》及其題辭探論〉，《清華學報》，新 44：4（2010），頁 789–850。

長壽寺的修繕、擴建之事。最後，國王答應出資協助，並要他上疏詳細說明。因此，他連夜寫了〈重建長壽因緣疏〉。[52] 至於上呈之後的發展，他說：

> 王閱疏，首肯曰：「明春，老和上歸，代我修建長壽殿堂，得福廣，小國皆賴慈庇也。」乃訂於十一月初四延隨杖二十四眾，禮萬佛懺，以四十日為期。午後，回天姥，東朝侯差家人送檳榔果食。[53]

在這段文字中，他不僅記錄了安南國王和他的約定，還特別提到東朝侯派家人「送檳榔果食」到他所住的天姥寺，可見他多麼重視這次的饋贈。而收下檳榔之後，我想釋大汕應該會吃吧！畢竟這是安南當地的禮俗和飲食文化，而他在廣州也已多年，兩地的檳榔文化並無太大差異，吃檳榔是自然之事。更何況他當時正苦於「腹瀉頭痛」、「口破舌爛」，[54] 而檳榔的主治功效繁多，不僅可以「治瀉痢」，燒灰之後也能敷「口吻白瘡」，[55] 因此，即使不直接嚼食，也可以當藥來使用。

四、檳榔是藥：佛教的認知

那麼，僧人為什麼要嚼食檳榔呢？我想除了風俗習慣的薰染之外，應該和檳榔的醫藥功用有關。以上述的六位高僧來說，鑑真和惠洪所到的海南島，宣無言的家鄉泉州，以及釋大汕旅居的越南，都是中國士人和醫家

---

52. 釋大汕著，余思黎點校，《海外紀事》，卷5，頁99–111。
53. 釋大汕著，余思黎點校，《海外紀事》，卷5，頁111。
54. 釋大汕著，余思黎點校，《海外紀事》，卷5，頁102。
55. 李時珍，《本草綱目》，卷31，〈果部・夷果・檳榔〉，頁1831。

所說的南方「瘴癘之地」，[56] 該地之人往往以嚼食檳榔防治瘟疫，而檳榔也素以「洗瘴丹」聞名。[57] 因此，無論是旅行所經還是長住，這些地區的僧人，有可能為了「洗瘴」、辟瘟而吃檳榔。

　　除了防治傳染病之外，檳榔還有其他的藥效。義淨《南海寄歸內法傳》敘述「南海」（東南亞）各國佛教的「受齋軌則」時說：

> 眾僧亦既食了，盥漱又畢，乃掃除餘食，令地清淨。布以華燈，燒香散馥。持所施物，列在眾前。次行香泥，如梧子許。僧各揩手，令使香潔。次行檳榔豆蔻，糅以丁香龍腦，咀嚼能令口香，亦乃消食去癊。其香藥等，皆須淨瓶水洗，以鮮葉裹，授與眾僧。[58]

這是齋僧（飯僧）之後的儀式。其中，值得注意的是，在飯後，眾僧先是盥漱、揩手、接著便必須咀嚼糅合了丁香、龍腦和豆蔻的檳榔。根據義淨的認知，嚼食此物的功效主要有三：一是讓口氣芳香（口香）；二是幫助消

---

56. 詳見蕭璠，〈漢宋間文獻所見古代中國南方的地理環境與地方病及其影響〉，《中央研究院歷史語言研究所集刊》，63：1（1993），頁 67–171；范家偉，〈六朝時期人口遷移與嶺南地區瘴氣病〉，《漢學研究》，16：1（1998），頁 13–29；牟重行、王彩萍，〈中國歷史上的「瘴氣」考釋〉，《師大地理研究報告》，38（2003），頁 13–29；左鵬，〈漢唐時期的瘴與瘴意象〉，《唐研究》，8（2002），頁 257–275；左鵬，〈宋元時期的瘴疾與文化變遷〉，《中國社會科學》，2004：1（2004），頁 194–204。

57. 詳見吳長庚，〈瘴・蠱・檳榔與兩廣文化〉，《上饒師專學報》19：5（1999），頁 42–49；林富士，〈瘟疫、社會恐慌與藥物流行〉，《文史知識》，2013：7（2013），頁 5–12；林富士，〈試論影響食品安全的文化因素：以嚼食檳榔為例〉，頁 43–104。

58. 義淨，王邦維校注，《南海寄歸內法傳校注》（北京：中華書局，1995），卷 1，〈受齋軌則〉，頁 66。

化（消食）；三是化除痰癊（去癊）。事實上，古代佛教僧人相當重視「淨口」（口腔衛生），最常用的辦法是「嚼楊枝」，其功效和嚼檳榔相當類似。[59]

義淨或當時印度、南海的僧人對於檳榔藥效的認知，並非一人一時之見。例如，印度傳統醫學「阿育吠陀」最古老、最重要的經典之作《闍羅迦集》和《妙聞集》都已提到檳榔及其功用。[60] 《闍羅迦集》說可以咀嚼檳榔（梵文 *pūga*; *kramuka*）及其他香藥（蒟葉、樟腦、肉豆蔻、小豆蔻、蓽澄茄、丁香、香葵子）以潔淨、芳香口腔。[61] 而《妙聞集》在進行藥物

---

59. 道世，《法苑珠林》，《大正新脩大藏經》，冊 53，T2122，卷 99，〈雜要篇・淨口〉，頁 1016a–c；義淨，《南海寄歸內法傳》，卷 1，〈朝嚼齒木〉，頁 44–47。

60. 上述二書的成書年代，眾說紛紜，基本上都非一時一人之著作，不過，一般認為《闍羅迦集》（或譯《遮羅迦集》）應該早於《妙聞集》，前者大約成書於西元一世紀的印度西北部，後者則大約成書於西元二至三世紀印度中東部，成書之後，後人續有註解、增添，可以說是印度最古老的醫學經典。詳見 Gerrit Jan Meulenbeld, *A History of Indian Medical Literature* (Groningen: E. Forsten, 1999–2002), vol. IA, pp. 105–115, 333–352; 廖育群，《阿輸吠陀：印度的傳統醫學》（瀋陽：遼寧教育出版社，2002），頁 1–73；廖育群，《認識印度傳統醫學》（臺北：東大圖書，2003），頁 33–44 ; A. B. Bagde, R. S. Sawant, R. V. Sawai, S. K. Muley, R. S. Dhimdhime, "Charak Samhita: Complete Encyclopedia of Ayurvedic Science," *International Journal of Ayurveda & Alternative Medicine*, 1:1 (2013), pp. 12–20。

61. 詳見矢野道雄編譯，《インド医学概論：チャラカ・サンヒター》（東京：朝日出版社，1988），頁 44；廖育群，《認識印度傳統醫學》（臺北：東大圖書，2003），頁 33–44；日本アーユルヴェーダ学会『チャラカ本集』翻訳プロジェクト譯，《チャラカ本集総論篇：インド伝承医学 = Caraka's compendium section on fundamentals: the Indian traditional medicine》（大阪：せせらぎ出版，2011），頁 110；Priyavrat Sharma ed. & trans., *Caraka-saṃhitā: Agniveśa's treatise refined and annotated by Caraka and redacted by Dṛḍhabala* (Varanasi: Chaukhambha Orientalia, 2014), vol. 1,

分類時，將檳榔歸屬於三十七族中的第五族（主治：癩性皮膚病、泌尿病、黃疸、惡化黏液素、脂肪過多症）和第十四族（主治：腹部腺腫及毒、便祕、腹水、吐糞病），並將檳榔歸類為「淨化劑」（吐、下、吐瀉、頭部淨化劑）中的「下劑」，[62] 還說以檳榔和各種香藥（蔞葉等）以及石灰一同咀嚼，可以減少流涎，治療喉嚨的疾病，而且有益心臟的保健。在睡醒、用餐、沐浴、嘔吐之後服用，相當有益健康。[63] 此外，大約成書於七世紀中

p. 39; Ram Karan Sharma and Bhagwan Dash, *Caraka saṃhitā: text with English translation & critical exposition based on* (*Cakrapāṇi Datta's Āyurveda dīpikā*) (Varanasi: Chowkhamba Sanskrit Series Office, 2015), vol. 1, p. 123; Thomas J. Zumbroich, "The Origin and Diffusion of Betel Chewing: A Synthesis of Evidence from South Asia, Southeast Asia and Beyond," *eJournal of Indian Medicine*, 1 (2007–2008) pp. 118–119。案：印度醫學使用「檳榔嚼塊」治療疾病的傳統可謂淵遠流長，不僅起源甚早，歷代醫家都頗有論述，一直延續到近代，但其古籍的語言、版本、作者、年代的考訂與現代語譯，困難度都相當大，同一段文字，諸家的解釋有時會有南轅北轍的看法，本文暫從 T. J. Zumbroich 的看法，至於歷代印度醫學有關「檳榔嚼塊」的討論，詳見 G. J. Meulenbeld, *A History of Indian Medical Literature* (Groningen: Egbert Forsten, 1999–2002), vol. IA, p. 230; vol. IB, pp. 349–350; vol. IIA, pp. 130, 174, 248, 302, 342, 373; IIB, pp. 60, 245.

62. 詳見廖育群，《阿輸吠陀：印度的傳統醫學》，頁 173–174，180–181，193–194；K. L. Bhishagratna 英譯，伊東弥恵治原譯（日譯），鈴木正夫補譯，《アーユルヴェーダススルタ大医典 = Āyurveda Sushruta samhitā》（東京：人間と歴史社，2005），頁 166，167，173，262–263；K. R. Srikantha Murthy trans., *Illustrated Suśruta saṃhitā: text, English translation, notes, appendeces and index* (Varanasi: Chaukhambha Orientalia, 2014–2015), vol. 1, pp. 266, 269, 278, 448。

63. 詳見 Thomas J. Zumbroich, "The Origin and Diffusion of Betel Chewing: A Synthesis of Evidence from South Asia, Southeast Asia and Beyond," *eJournal of Indian*

葉的梵文《醫理精華》（*Siddhasàra*；《悉曇娑羅》）在進行藥物分類時，也
將檳榔收羅在內，並指其主治疾病與功效為：「尿道病、皮膚病、清熱退
燒、止嘔吐、解毒、去痰」及「黃疸」。[64] 因此，義淨所說應該是印度醫學
與佛教的古老傳統。事實上，義淨在印度和東南亞遊歷、求法的時間超過
二十年 (671–693)，單是在那爛陀寺就住了十年，他對於印度及南海諸國的
佛教和一般知識，當時恐怕很少有人能超越。[65]

其次，中國士人與醫家對於檳榔的藥效也早已有所認識，例如，東漢
章帝、和帝時期的議郎楊孚，其《異物志》便說：

> 檳榔，……以扶留、古賁灰并食，下氣及宿食、白蟲，消穀。[66]

他所提到的檳榔的醫藥功能也有三種：一、下氣；二、幫助消化（下宿食、
消穀）；三、排除寄生蟲（下白蟲），其中和義淨相同的就是幫助消化。而
南朝陶弘景的《名醫別錄》也說：

> 檳榔，味辛，溫，無毒。主消穀，逐水，除痰澼，殺三蟲，去伏尸，
> 治寸白。生南海。[67]

Medicine, 1 (2007–2008) pp. 118–119。另參廖育群，《阿輸吠陀：印度的傳統醫學》，
頁 249。

64. 陳明，《印度梵文《醫典醫理》精華研究》（北京：北京大學出版社，2002），頁 3–
26、330、334。

65. 王邦維，《唐高僧義淨生平及其著作論考》（重慶：重慶出版社，1996）。

66. 賈思勰，《齊民要術》〔繆啟愉校釋，繆桂龍參校，《齊民要術校釋》〕，卷 10，〈五
穀、果蓏、菜茹非中國物產者・檳榔〉，頁 600 引。

67. 陶弘景著，尚志鈞輯校，《名醫別錄》，卷 2，〈中品・檳榔〉，頁 145。

這些藥效可以歸為四類：一、消除水腫（逐水）；二、幫助消化（消穀）；三、排除寄生蟲（殺三蟲、去伏尸、治寸白）；四、化痰。其中和義淨相同的是幫助消化和化痰。值得注意的是，他特別註明此物生於南海（今廣東禪城區、三水縣、廣州、南海區一帶），其位置和義淨所說的「南海」各國在地理上相當接近。

　　至於實際的臨床應用，以義淨之前就已問世的醫典來說，葛洪的《肘後備急方》便有四個藥方使用檳榔以治療腹水（水腫）、醋心（胃酸逆流）、腰痛、百病（雜病）。[68] 孫思邈《千金要方》使用檳榔的醫方更達 18 種，所對治的疾病包括：婦人求子（1 首）、口病（口臭、身臭）（1 首）、風痺（1 首）、肝病（1 首）、胸痺（心臟）（2 首）、脾寒（1 首）、反胃（1 首）、積氣（肺臟）（4 首）、痰飲（大腸腑）（2 首）、九蟲（寸白蟲；大腸腑）（1 首）、補腎（1 首）、霍亂（膀胱腑）（1 首）、解毒（解五石毒）（1 首）。[69] 而其《千金翼方》也有 7 種，大部分和《千金要方》大同小異，唯增加專治水腫的「檳榔圓」。[70] 這些運用其實和印度、佛教醫學還頗為類似

---

68. 葛洪，《肘後備急方》（《正統道藏》本；臺北：新文豐出版公司，1977），卷 4，〈治卒大腹水病方〉，頁 559；卷 4，〈治卒胃反嘔啘方〉，頁 569b、571a、572a；卷 4，〈治卒患腰脅痛諸方〉，頁 577a；卷 8，〈治百病備急丸散膏諸要方〉，頁 651a。案：此書係經後人編輯而成，因此，若干藥方其實並非葛洪原書所有。此書雖有五個藥方使用到檳榔，但其中一方其實是取自「孫真人食忌治嘔吐方」（頁 571a），應排除在外。

69. 詳見附錄五：孫思邈《備急千金要方》「檳榔方」之製作與效用。

70. 孫思邈，《千金翼方》（臺北：中國醫藥研究所，1974），卷 5，〈婦人一‧婦人求子‧慶雲散〉，頁 61a；卷 5，〈婦人一‧熏衣浥衣香方‧五香圓〉，頁 69a；卷 5，〈婦人一‧熏衣浥衣香方‧十香圓〉，頁 69a；卷 15，〈補益‧解散發動方〉，頁

（如：芳香、痰飲、喉嚨、心臟、嘔吐、消食）。

此外，根據《海藥本草》的記載，十世紀以前的「大秦」（東羅馬帝國）也有用「檳榔」治療「膀胱諸氣」的醫方，[71] 而用敘利亞語書寫的一部中古醫書《醫學集》(*The Book of Medicines*) 則提到檳榔能治打嗝和胃部氣脹，[72] 這也和中、印醫學有相當接近的認知與運用。

事實上，僧人也會罹患疾病，也需要醫治，而用藥是佛教可以接受的醫療方式之一，佛教的經典（尤其是律典）也記載了不少常用的藥物，[73] 唐宋時期的中國佛教寺院更是充斥著各種藥材、藥劑，服藥養生也蔚為風氣。[74] 有些僧人還會預先準備藥材，以備不時之需。例如，敦煌殘卷（S5901）〈某僧乞請某大德賜藥草狀〉的主要內容便是某僧為了「和合藥草」，「虧闕頗多」，因此寫信給某位大德（僧人），乞請賜給多種藥物，其中便有檳榔。[75] 總之，檳榔既被認為具有保健和醫療的功效，因此，僧人

171a–172b；卷18，〈雜病上・胃中熱方〉，頁208b；卷19，〈雜病中・水腫方・檳榔圓〉，頁219b；卷19，〈雜病中・飲食不消方〉，頁226a–b。

71. 陳明，《中古醫療與外來文化》（北京：北京大學出版社，2013），頁138–139。

72. 陳明，《中古醫療與外來文化》，頁139。

73. 黑田源次，〈佛典に現はれたる醫藥〉，《國民醫學》，15：11（1938），頁1–12；大日方大乘，《仏教醫學の研究》（東京：風間書房，1965），頁419–452；福永勝美，《仏教醫學事典》（東京：雄山閣，1990），頁79–98；陳明，《印度梵文《醫典醫理》精華研究》（北京：北京大學出版社，2002），頁235–256。

74. 劉淑芬，〈唐、宋寺院中的丸藥、乳藥和藥酒〉，收入氏著，《中古的佛教與社會》（上海：上海古籍出版社，2008），頁398–435。

75. 中國社會科學院歷史研究所、中國敦煌吐魯番學會敦煌古文獻編輯委員會、英國國家圖書館、倫敦大學亞非學院合編，《英藏敦煌文獻・漢文佛經以外部份》（成都：四川人民出版社，1990），第9冊，頁206；黃永武主編，《敦煌寶藏》（臺北：新

吃檳榔可說有正當性。

五、檳榔是祭品：佛教的供養

　　僧人獲得檳榔之後，主要大概是當作日常嚼食之物，或是調和成為藥劑使用。不過，在食用之前，或是藥食之外，檳榔也可以當作祭品。例如，南朝梁僧伽婆羅（梵文 *Saṃghavarman*，460–524 AD）翻譯的《文殊師利問經》提到：

> 佛告文殊師利：有三十五大供養，是菩薩摩訶薩應知：然燈、燒香、塗身、塗地、香末香、袈裟及繖，若龍子幡並諸餘幡、螺鼓、大鼓、鈴盤、舞歌以臥具，或三節鼓、腰鼓、節鼓並及截鼓。曼陀羅花持地、灑地、貫花懸繒，飯水漿飲可食可噉。及以可味香和檳榔、楊枝浴香，並及澡豆，此謂大供養。[76]

而唐代慧沼 (651–714 AD) 撰的《勸發菩提心集》在闡述佛教各種「供養」時，也引上述經文以解說所謂的「大供養」。[77] 這種以燈、香、花、食物、衣服及各種珍貴之物「供養」三寶（佛、法、僧）的行為，是佛教相當重要的禮儀和宗教實踐，而檳榔似乎在佛教發展的早期就已被納入「供物」之中。例如，斯里蘭卡的巴利文史書《島嶼紀事》(*Dīpavaṃsa*) 曾提及孔雀王朝的阿育王在接受灌頂之時（大約是 270 BC），眾天神帶來了許多不

　　文豐，1981–1986），第 44 冊，頁 551。

76. 僧伽婆羅譯，《文殊師利問經》，《大正新脩大藏經》，冊 14，T468，卷 1，頁 493b。

77. 慧沼撰，《勸發菩提心集》，《大正新脩大藏經》，冊 45，T1862，頁 392a–b。

同的食物，其中有蒟藤和檳榔。另一本史書《大史》在敘述阿育王皈依佛教之事時，也有類似的記載，並說他在灌頂之後曾以大量的蒟藤（蒟葉）供養佛教的比丘。[78] 尼泊爾則有以檳榔等物供養天王 (*Lokapāla*) 的儀式。[79] 而在當代的斯里蘭卡，舉行喪禮時，仍有以檳榔供僧的習俗。[80] 同樣的，在緬甸的喪葬禮俗中，以檳榔供養僧人，也是必有的儀節。[81]

其次，唐代菩提流志 (Bodhiruci, ?–727 AD) 譯的《五佛頂三昧陀羅尼經》說：

> 若欲拔去佛法中刺，作阿毘柘嚕迦法。以毒藥和檳榔伽里根，作火食法。[82]

---

78. 詳見 Thomas J. Zumbroich, "The Origin and Diffusion of Betel Chewing: A Synthesis of Evidence from South Asia, Southeast Asia and Beyond," *eJournal of Indian Medicine*, 1 (2007–2008) p. 116. 另參摩訶那摩等著，韓廷傑譯，《大史：斯里蘭卡佛教史》（臺北：佛光文化，1996），頁 31、36。中文譯本將 *nāgalatā* 譯為「那伽羅多樹做的齒木」、「那伽羅多的齒木」。案：《島嶼紀事》大概成書於西元第三世紀後，《大史》則編成於西元第五世紀，而且學者對於巴利文的解譯並不盡相同，因此上述之事究竟是史實還是傳說，還有商榷的餘地。

79. Todd L. Lewis, "Mahayana *Vratas* in Newar Buddhism," *The Journal of the International Association of Buddhist Studies*, 12:1 (1989), pp. 109–139, esp. p. 124.

80. Rita Langer, *Buddhist Rituals of Death and Rebirth: Contemporary Sri Lankan Practice and Its Origins* (London; New York: Routledge, 2007), pp. 131, 197.

81. Alexandra de Mersan, "Funeral Rituals, Bad Death and the Protection of Social Space among the Arakanese (Burma)," in Paul Williams and Patrice Ladwig eds., *Buddhist Funeral Cultures of Southeast Asia and China* (Cambridge: Cambridge University Press, 2012), p. 150.

82. 菩提流志譯，《五佛頂三昧陀羅尼經》，《大正新脩大藏經》，冊 19，T952，卷 2，頁

火食法就是火供（煙供；火供養），也就是護摩 (homa)，這是密宗以火焚燒食物以供神、消災的儀式。[83] 僧人選擇檳榔作為法物，似乎和這種植物被印度教及佛教信徒認為具有溝通鬼神的效能有關。[84]

　　檳榔除了供佛、供神之外，也可以用來祭祀亡靈。例如，南朝齊的豫章文獻王蕭嶷臨終時：

> 召子子廉、子恪曰：「人生在世，本自非常，吾年已老，前路幾何。……三日施靈，唯香火、槃水、盂飯、酒脯、檳榔而已。朔望菜食一盤，加以甘菓，此外悉省。葬後除靈，可施吾常所乘舉扇繖。朔望時節，席地香火、槃水、酒脯、盂飯、檳榔便足。……後堂樓可安佛，供養外國二僧，餘皆如舊。與汝遊戲後堂船乘，吾所乘牛馬，送二宮及司徒，服飾衣裝，悉為功德。」子廉等號泣奉行。[85]

這是蕭嶷的遺言，主要是交代其子孫在他死後的喪禮期間和葬後的祭祀時節應該準備的祭品，以及遺物的處置。從遺言的最後一段來看，他們應該是信仰佛教的家庭。可見當時佛教徒祭祀祖先也可以用檳榔。

　　此外，敦煌遺書有一份殘卷（北大 D162V）〈辰年正月十五日道場施物疏〉，是一名僧人法照在「辰年正月十五日」所寫的「施物疏」，內容是

272c。

83. 黃柏棋，〈從伺火到護摩：東亞祕密佛教中火祠之變〉，《世界宗教學刊》，17（2011），頁 37–70。

84. Dawn F. Rooney, *Betel Chewing Traditions in South-East Asia*, pp. 30–34.

85. 蕭子顯，《南齊書》（北京：中華書局，1972），卷 22，〈豫章文獻王嶷傳〉，頁 423–424。

施物清單（包括檳榔五顆）和施捨的對象（其亡過的師父），[86] 可見僧人也用檳榔來祭祀往生的老和尚。

六、檳榔是禮物：佛教僧俗的交際

㈠施　物

檳榔除了用來供佛、供神、供鬼之外，在佛教世界中，供養人（尤其是僧人）也相當重要。例如，義淨《南海寄歸內法傳》敘述「南海」佛教「受齋軌則」時指出：請僧齋供以三天為期。第一天，信徒要帶著各種「供養」品（首要之物為檳榔）到佛寺邀請僧人。第二天，信徒再度到佛寺延請、迎接眾僧到家中講經說法。其後，眾僧「出外澡漱，飲沙糖水，多嚼檳榔，然後取散」。第三天，信徒三度前往佛寺，延請僧人到家，並且倍增前一天的「供養」品，在「佛前奉獻」，然後請僧人進行「讚歎佛德」、誦經、「點佛睛」等儀式「以來勝福」，最後則是請僧人在家用餐，餐後還要布施僧人各種物品，並奉上檳榔等物以供咀嚼。[87] 義淨說這是「南海十洲，一途受供法式」，但因信徒的社會、經濟地位有別，還是可以有不同的作法。中等人家，「或初日檳榔請僧，第二日禺中浴像，午時食罷，齊暮講經」；「貧乏之流」，則「可初日奉齒木以請僧，明日但直設齋而已」，或「可

---

86. 國立北京大學圖書館編，《北京大學圖書館藏敦煌文獻》（上海：上海古籍出版社，1995），第 2 冊，頁 158。

87. 義淨，《南海寄歸內法傳》，卷 1，〈受齋軌則〉，頁 62–66。原文見附錄六：義淨《南海寄歸內法傳・受齋軌則》。

就僧禮拜言伸請白」。[88] 由此可見，在這種齋僧禮佛的祈福儀式中，除了最貧窮、最儉省的方式之外，「檳榔請僧」、「檳榔供僧」都是不可免的儀節。檳榔成為最重要的供養品。

由於佛教信徒習慣以檳榔供養佛及僧人，因此，佛寺之中，檳榔應該是常見之物。前面提到過高僧吃檳榔的事例，如陳後主在至德三年派人到建康靈曜寺「施檳榔二千子」給智顗，印度的那爛陀寺每天供應玄奘二十顆檳榔子，海南島的地方官員到鑑真所住的開元寺「施物盈滿一屋」（包括檳榔），越南的東朝侯派家人「送檳榔」到釋大汕所住的天姥寺，都是很好的例證。

其次，日本奈良時代的《東大寺獻物帳》，是光明皇后將聖武天皇的遺物捨給佛寺的獻物清單，其中有「檳榔子七百枚」。[89] 而在內蒙古自治區巴林右旗索布日嘎蘇木所發現的遼代 (907–1125 AD) 佛塔（慶州白塔）中，有不少藥材，其中，經鑑定可以確知其名物的，便有公丁香、母丁香、沉香、乳香、白檀香、檳榔和肉豆蔻七種。[90]

上述這兩個例子中的檳榔，應該都是因為信徒的貢獻而進入佛教寺塔。

---

88. 義淨，《南海寄歸內法傳》，卷 1，〈受齋軌則〉，頁 68。

89. 關於《東大寺獻物帳》（正倉院寶物）的由來及其內容，詳見朝比奈泰彥編修，《正倉院藥物》，頁 201–202；東野治之，《正倉院》（東京：岩波書店，1988）；中村元，《仏教植物散策》，頁 168–172；宮內廳正倉院事務所編集，柴田承二監修，《圖說正倉院藥物》，頁 67–68；鳥越泰義，《正倉院藥物の世界：日本の藥の源流を探る》，頁 77–82；杉本一樹，《正倉院：歷史と寶物》（東京：中央公論新社，2008）。

90. 德新、張漢君、韓仁信，〈內蒙古巴林右旗慶州白塔發現遼代佛教文物〉，《文物》，1994：12（1994），頁 4–30。

但有些佛寺本身可能就能生產檳榔。例如，曾於清康熙三十三年 (1694 AD) 擔任臺灣府知府的齊體物，其〈竹溪寺〉一詩說：

> 梵宮偏得占名山，屼作蠻州第一觀。澗引遠泉穿竹響，鶴期朝磬候僧餐。夜深佛火搖鮫室，雨里檳榔綴法壇。不是許珣多愛寺，須知司馬是閒官。[91]

竹溪寺位於目前的臺灣臺南市南區，建於 1661 年，為全臺首座佛教寺院，[92] 齊氏應該是親自造訪後才做此詩，而從「雨里檳榔綴法壇」一語來看，當時這座禪寺周遭應該植有檳榔。此外，清代咸豐年間 (1851–1861 AD) 擔任廣東瓊州府臨高縣教諭的陳金錫，其〈臨江雜詠三首〉之一說：

> 毘耶山頂偶停車，古廟香焚頂禮餘；老去英雄甘伏櫪，愁生排遣幸披書。軒尋茉莉名賢迹，樹訪檳榔佛子居；寄語寒梅花放未，一枝雪亞憶吾廬。[93]

這應該也是遊覽之後的詩作，由「樹訪檳榔佛子居」一語來看，毘耶山（即目前海南島臨高縣高山嶺）上的古廟（佛寺）中應該有檳榔樹。佛寺既有檳榔樹，需要之時，採摘檳榔子應該是自然之事。

---

91. 收入蔣毓英，《(康熙) 臺灣府志》(《臺灣文獻叢刊》本；臺北：臺灣銀行經濟研究室，1957–1979)，卷 10，〈藝文志・詩〉，頁 287。

92. 朱其昌主編，《臺灣佛教寺院庵堂總錄》(高雄：佛光出版社，1977)，頁 436–437；邢福泉，《臺灣的佛教與佛寺》(臺北：臺灣商務印書館，2006)，頁 5。

93. 收入聶緝慶修，桂文熾纂，《(光緒) 臨高縣志》(清光緒十八年〔1892 AD〕刊本；臺北：成文出版社，1974)，卷 23，〈藝文・詩〉，頁 14b。

(二)禮　果

　　佛寺中的檳榔，無論是來自信徒的供養，還是自栽自種所得，或是購置而來，有時也會被僧人用來款待賓客。例如，南朝齊的王琰《冥祥記》所記載的一則鬼故事提到，長安人宋王胡的叔父，死後數年，在宋文帝元嘉二十三年 (446 AD)，突然「見形」，返家責罰、杖打宋王胡，不久後離去。但次年七月七日又返回家中，帶宋王胡到冥間遊歷，「遍觀群山，備睹鬼怪」，後來到了嵩高山，到兩位少年僧人的住處拜訪，僧人還「設雜果、檳榔等」接待他。據王琰說，這則故事是元嘉末年 (453 AD)「長安僧釋曇爽，來游江南」時所傳述。[94] 這雖然有濃厚的神話色彩，也是當時典型的佛教報應故事，人物與情節可能都是虛構而來，但是僧人接待賓客之時，「設雜果、檳榔等」應該是當時的禮俗，而檳榔應該也是賓主見面談話時共嚼的食物。若無這樣的社會實況，作者或故事的述說者釋曇爽恐怕難以憑空「想像」。

　　唐宋時期的中國僧俗交際往來也相當頻繁，在佛教寺院裡，僧人經常以茶和湯藥款待來訪或參加法會的賓客，[95] 而在「以檳榔代茶」的中國南方，檳榔應該會成為佛寺的招待品。例如，蔣之奇 (1031–1104 AD) 在宋哲宗元祐年間 (1086–1094 AD)「知廣州」時，[96] 曾在「光孝寺」建立瀟灑

---

94. 道世，《法苑珠林》，卷6，〈六道篇・鬼神部・感應緣〉，頁 314b–315a，引《冥祥記》。原文見附錄七：王琰《冥祥記》。

95. 劉淑芬，〈唐、宋寺院中的茶與湯藥〉，收入氏著，《中古的佛教與社會》（上海：上海古籍出版社，2008），頁 331–397。

96. 脫脫等，《宋史》（北京：中華書局，1977），卷 343，〈蔣之奇傳〉，頁 10916。

軒，[97] 並題詩說：

> 一斛檳榔互獻酬，禪房亦復種扶留。憑師稍稍添松竹，便可封為瀟
> 灑侯。[98]

由此可見，當時寺內不僅有檳榔，還種植了扶留（蔞藤），而蔣之奇造訪該
寺之時，寺中僧人似乎會拿出檳榔（與蔞葉）招待他，且賓主共嚼（一斛
檳榔互獻酬）。[99] 此寺在中國佛教史上可謂光彩奪目，不少重要的佛教經典
都在此地譯出，曾經居住此寺的僧人包括：曇摩耶舍（活躍於 397–424
AD）、菩提達摩（？–535 AD）、真諦、義淨、慧能 (638–713 AD)、鑑真、
不空 (705–774 AD) 等不同宗派的宗師，也是中外佛教交流的重鎮。[100] 值得
注意的是，僧人在此寺不僅帶來了佛典與佛法，也移植了樹木。例如，梁
武帝天監元年 (502 AD)，印度僧人智藥三藏渡海到廣州時，便從西印度帶

---

97. 光孝寺在今廣東省廣州市越秀區光孝路，是相當古老的一座佛寺，基地是西漢時期
南越王的舊宅，三國時期，吳國虞翻 (164–233 AD) 徙居此地，並栽植蘋婆樹和訶
梨勒樹，當時人稱為虞苑，可見其庭園之美。虞翻死後，捨宅為寺，稱「制止王園
寺」，其後，不斷有改建、改名之事，東晉稱「王苑朝延寺」；唐代暨武則天時期稱
「乾明法性寺」、「大雲寺」、「西雲道宮」（唐武宗滅佛時改）；北宋時稱「乾明禪
院」（宋太祖）、「崇寧萬壽禪寺」（宋徽宗）；南宋高宗時改稱「報恩廣孝寺」，到紹
興二十一年 (1151 AD) 又改稱「報恩光孝寺」，寺名才沿用至今。因此，蔣之奇當
時所看到的「光孝寺」其實是「乾明禪院」。關於此寺的建置沿革，羅香林，《唐代
廣州光孝寺與中印交通之關係》（香港：中國學社，1960），頁 7–30。
98. 王永瑞纂修，《(康熙) 新修廣州府志》〔清康熙抄本影印〕（北京：書目文獻出版
社，出版年代不詳），卷 9，〈古蹟・瀟灑軒〉，頁 108。
99. 羅香林，《唐代廣州光孝寺與中印交通之關係》，頁 7–30。
100. 羅香林，《唐代廣州光孝寺與中印交通之關係》，頁 33–129。

來一株菩提樹植栽在此寺壇前。而此寺俗稱「訶林」乃是得名於訶梨勒樹，
應該也是來自印度。根據《海藥本草》的記載，波斯人航海時會將訶梨勒
和「大腹」（檳榔）帶在船上「以防不虞」。根據中、印歷代藥典的記載，
這兩樣東西的藥效相當接近，主要都是用於化痰、下氣、消食等，訶梨勒
也是印度、波斯旅行者常帶之物。[101] 因此，在光孝寺中植栽檳榔樹，或許
和訶梨勒一樣，與印度、東南亞的僧人不無關係。僧人雲走四方時，或攜
訶梨勒，或帶檳榔子，都有其保健方面的考量。

其次，明代沐璘 (?–1458 AD) 在擔任雲南總兵關時，公暇之時曾造訪
臨安府建水縣的「指林寺」，並以詩記其事說：

> 過城公暇興偏賒，躍馬來遊釋子家。綠映隔窗羅漢竹，紅開滿樹佛
> 桑花。山光水色如迎客，蔞葉檳榔當啜茶。又得浮生閑半日，此身
> 忘卻在天涯。[102]

由「蔞葉檳榔當啜茶」一語，可見此寺僧人應該是以此款待來賓。

再者，明世宗嘉靖年間 (1522–1566 AD) 強銳[103]曾以〈莫春坐大石山

---

101. 詳見羅香林，《唐代廣州光孝寺與中印交通之關係》，頁 147–161；陳明，《殊方異
　　藥：出土文書與西域醫學》（北京：北京大學出版社，2005），頁 297–298。

102. 鄒應龍、李元陽纂修，《(隆慶)雲南通志》(1572 AD；民國二十三年〔1934 AD〕
　　雲南龍氏靈源別墅鉛字重排印本)，卷 13，〈寺觀志・臨安府・寺觀〉，頁 22b。

103. 強銳，字止之，溧水人，以詩畫聞名，與蔣珙齊名，生卒年不詳，但以蔣珙曾參與
　　「大禮議」之事推斷，應該活躍於明世宗嘉靖年間；陳田，《明詩紀事》（清陳氏聽
　　詩齋刻本；上海：上海古籍出版社，1995），己籤，卷 17，〈強銳〉，頁 23b；李放，
　　《畫家知希錄》（《遼海叢書》本；上海：上海書店，1994），卷 4，〈強銳〉，頁
　　1740b。

道室〉一詩寫自己的坐禪經驗說：

> 權學跏趺坐，微聞妙道香。石廚燒櫟葉，山榼送檳榔。人老花新舊，杯遲話短長。枯禪如佛相，冷眼笑人忙。[104]

大石山在明代的江蘇鎮江府溧陽縣（今江蘇省溧陽市）境內，由這首詩的內容來看，強銳應該是到山上佛寺進行暫時性的禪修，日常飲食則由佛寺提供，而由「山榼送檳榔」一語來看，僧人似乎還供應他檳榔。

此外，明末清初（十七世紀中葉）的張遠（福建侯官人）有〈澄海雜詠〉三首，其中一首寫龍潭寺，詩言：

> 尚有龍潭寺，風塵此地偏。人居墻突兀，佛國殿聯翩。子野傾蘇軾，昌黎對大顛。檳榔和蒟葉，咀嚼嶺南天。[105]

此寺位於清代的廣東潮州府澄海縣，縣內風俗「尤重檳榔，以為禮果」，[106]「慶弔往來」、「婚姻六禮」都用檳榔、蒟葉，「客至以代茶敘」。[107] 而這首詩所提到的「子野傾蘇軾」是指北宋的隱士（亦僧亦道）吳復古（字子野，號遠遊，潮州人） 和蘇東坡，「昌黎對大顛」 是指唐代的韓愈 (768–824

---

104. 收入高得貴修，張九徵等纂，朱霖等增纂，《（乾隆） 鎮江府志》（清乾隆十五年〔1750 AD〕增刻本；南京：鳳凰出版社，2008），卷51，〈藝文八・五言律詩・溧陽縣〉，頁 40b。

105. 收入金廷烈纂修，《（乾隆）澄海縣志》（清乾隆二十九年〔1764 AD〕刻本；廣州：嶺南美術出版社，2009），卷28，〈撰述八・藝文詩〉，頁 12b。

106. 金廷烈纂修，《（乾隆）澄海縣志》，卷1，〈風俗一・崇尚〉，頁 2a–b。

107. 金廷烈纂修，《（乾隆）澄海縣志》，卷1，〈風俗一・禮儀〉，頁 7a。

AD) 和僧人大顛（寶通禪師，732–824 AD，潮州人），四人的交會地點就在潮州，[108] 因此，此詩似乎暗喻僧俗（道俗）相逢，共嚼「檳榔和蒟葉」。

七、僧人與檳榔文本

在一些接近檳榔產地的地方，無論是在寺內還是寺外，無論是在「神聖」還是「凡俗」的領域，佛教僧人都有不少機會接觸檳榔，甚至食用檳榔。因此，在有意或無意之間，有些僧人將檳榔從他們的生活世界帶進了書寫世界，留下了各種不同類型的檳榔文本。

(一)名物考證

首先是關於檳榔的名物考證。根據現代植物學的認知與分類，檳榔 (Areca catechu) 屬於棕櫚科 (Arecaceae) 檳榔亞科 (Arecoideae) 檳榔族

---

108. 參見曾棗莊，《蘇軾評傳》〔修訂本〕（成都：四川人民出版社，1984），頁 193–229；莊義青，〈蘇軾與潮州高士吳子野〉，《韓山師範學院學報》，1999：3（1999），頁 60–66；陳澤泓，〈蘇軾與吳復古之交往〉，《廣東史志》，2000：4（2000），頁 65–69；李來濤，〈韓愈與大顛〉，《周口師範高等專科學校學報》，18：3（2001），頁 10–12；達亮，〈儒佛交輝兩宗師：韓愈與大顛的交往〉，《世界宗教文化》，2005：4（2005），頁 12–14；王啟鵬，〈蘇軾貶惠與韓愈貶潮州影響比較談〉，《周口師範學院學報》，24：1（2007），頁 19–23；楊子怡，《韓愈刺潮與蘇軾寓惠比較研究》（成都：巴蜀書社，2008）；達亮，《蘇東坡與佛教》〔增補本〕（臺北：文津出版社，2010），頁 232–290；羅聯添，《韓愈研究》（天津：天津教育出版社，2012），頁 89–99；張智炳，〈後世對韓愈與大顛交往的考辨〉，《許昌學院學報》，2014：4（2014），頁 35–39。

(Areceae) 檳榔亞族 (Arecinae) 檳榔屬 (Areca)。 檳榔屬獨立成屬是在 1753 年，到了十九世紀上半葉植物學家才開始進行進一步的分類（亞屬），但一直到二十世紀，學界對於檳榔屬的分類及數量仍有不同的看法，或說有 46 個亞屬，或說是 60 個，或說多達 76 個。至於名稱，從學名到地方的俗稱，更是品類繁複，數量眾多，不勝枚舉。[109]

檳榔有品種上的差異，在中國其實很早就引起注意，並有人嘗試以不同的名稱進行分類。例如，南朝宋顧微《廣州記》便說：

> 山檳榔，形小而大於蒳子。蒳子，土人亦呼為「檳榔」。[110]

可見當時人已將檳榔依檳榔子的大小分成三種，即檳榔、山檳榔與蒳子。另一種佚名者所撰的《廣州記》則是依大小分成：交趾檳榔、嶺外檳榔與蒳子三種。[111] 這基本上是以產地來命名。

對此，南朝宋、齊時期的僧人竺法真，在其《登羅浮山疏》中提出了不同的看法，他說：

> 山檳榔，一名「蒳子」。幹似蔗，葉類柞。一叢十餘幹，幹生十房，房底數百子。四月採。[112]

竺法真的先人是天竺人，其兄是著名的僧人竺法深。他原本住在建康的湘

---

109. 覃偉權、范海闊主編，《檳榔》（北京：中國農業大學出版社，2010），頁 3–30。
110. 繆啟愉、邱澤奇輯釋，《漢魏六朝嶺南植物「誌錄」輯釋》（北京：農業出版社，1990），頁 159–160。
111. 繆啟愉、邱澤奇輯釋，《漢魏六朝嶺南植物「誌錄」輯釋》，頁 169。
112. 繆啟愉、邱澤奇輯釋，《漢魏六朝嶺南植物「誌錄」輯釋》，頁 179。

宮寺，在宋孝武帝孝建年間因避難而遷居嶺南，《登羅浮山疏》主要記錄羅
浮山地區（今廣東博羅縣、龍門縣、增城市一帶）的物產。[113] 因此，這或
許是他個人的看法，但也有可能在羅浮山一帶的在地說法。總之，他認為
山檳榔和蒳子並無區別，因此，檳榔依大小可以分成檳榔與山檳榔（蒳子）
兩種。

　　此外，唐代僧人慧琳，在其《一切經音義》中對於「檳榔」的音義也
有所解說，他說：

> 檳榔（上音賓，下音郎）。《埤蒼》云：檳榔，果名也。其果似小螺，
> 可生啖，能洽氣，出交廣。其名曰檳榔，為樹〔艹/司〕乎如桂，
> 其未吐穗，有似禾黍。並形聲字。[114]

《埤蒼》是三國時期魏國張揖所撰的「小學」類著作，久已亡佚，因此，
上述這段文字中究竟有多少是《埤蒼》的原文，已經很難考定。但以張揖
的時代及生活的環境來說，他對於檳榔的認知應該相當有限，或許只知道
檳榔是「果名」而已。其餘有關檳榔子（檳榔果）的大小、形狀、功用、
產地，以及檳榔樹的生物特徵等，可能都是慧琳的認知。

(二)醫　藥

　　其次，僧人在提及檳榔的功效時特重其醫藥功能，前引慧琳《一切經

---

113. 慧皎，《梁高僧傳》，《大正新脩大藏經》，冊 50，T2059，卷 8，〈僧宗傳〉，頁
　　379b；宋廣業，《羅浮山志會編》（清康熙五十六年〔1717 AD〕刻本；上海：上海
　　古籍出版社，1997），卷 6，〈人物志・名賢〉，頁 2b–3a。
114. 慧琳，《一切經音義》，《大正新脩大藏經》，冊 54，T2128，卷 81，頁 835b。

音義》說檳榔「可生啖，能治氣」，義淨《南海寄歸內法傳》說咀嚼檳榔
「能令口香」、「消食、去瘴」便是很好的例證。

有趣的是，南朝僧深（活躍於 420–479 AD）的醫方中，有治療「婦人
無子」的「慶雲散」一方，專治「丈夫陽氣不足，不能施化，施化無所
成」，總共使用天門冬、菟絲子、桑上寄生、紫石英、覆盆子、五味子、天
雄、石斛、朮等九種藥物，但他特別註明，如果是「丈夫陽氣少而無子」，
則要「去石斛，加檳榔十五枚」。[115] 僧深的背景不詳，只知他是南朝宋、齊
間的僧人，年輕時就以醫術知名，擅長治療腳弱、腳氣的疾病，深受當時
醫家推崇，其醫方在唐、宋時代還常被引述。[116] 以一位僧人而言，如此關
心男子不舉、婦人無子之事，相當值得玩味。不過，印度阿育吠陀便有相
當豐富的房中術和房中藥方，而且中天竺的僧人曇無讖 (385–433 AD) 也將
此術傳入中國，[117] 因此，不管他的「慶雲散」是來自中國本土還是異域，
看來也不算突兀。

此外，隋代廣陵（今江蘇揚州）僧人梅師（號文梅）擅長醫療瘴癘、
雜症，有《梅師方》傳世，曾廣為歷代醫方、本草著作引述。[118] 他也使用

---

115. 丹波康賴，趙明山等注釋，《醫心方》（瀋陽：遼寧科學技術出版社，1996），卷
24，〈治無子法〉，頁 943，引《僧深方》。案：《僧深方》，即僧深所撰的《僧深藥
方》，或名《僧深集方》、《深師方》、《僧深方》，此一「慶雲散」方也見於孫思邈，
《備急千金要方》（臺北：中國醫藥研究所，1990），卷 2，〈婦人方上·求子〉，頁
17b–18a；孫思邈，《千金翼方》（臺北：中國醫藥研究所，1974），卷 5，〈婦人一·
婦人求子·慶雲散〉，頁 61a。

116. 岡西為人，《宋以前醫籍考》（臺北：南天書局，1977），第二冊，頁 547。

117. 陳明，《殊方異藥：出土文書與西域醫學》，頁 126–141。

118. 岡西為人，《宋以前醫籍考》，第二冊，頁 694。

檳榔治療「醋心吐水」和「腳氣壅痛」。[119]

㈢物產與禮俗

再者，佛教僧人或為求法，或為弘法，往往會遊歷四方，對於異地的風土、人情、物產、禮俗，也時有觀察、記錄或陳述，有些會提到檳榔。例如，《洛陽伽藍記》記載了北魏宣武帝（500–515 AD 在位）所立的永明寺中，有一位南方歌營國[120] 的沙門焉子善提拔陀，曾向中國僧人陳述他從南方到洛陽的旅行經驗及南方的風俗，他在介紹扶南國的情形時說：

> 南夷之國，最為強大，民戶殷多。出明珠金玉及水精珍異，饒檳榔。[121]

在各種植物的物產之中，他特別提到檳榔，可見此物在他心目中或是在扶南國相當重要。而義淨在唐高宗咸亨三年曾到過裸人國，也說當地「椰子樹、檳榔林森然可愛」。[122] 裸人國就在目前印度的尼科巴群島。[123]

至於清代釋大汕《海外紀事》所記載的檳榔面向則更寬廣。清康熙三十四年正月十五日（上元），釋大汕從廣州上船，前往越南。二十四日，抵

---

119. 李時珍，《本草綱目》，卷31，〈果部・夷果・檳榔〉，頁 1832–1833 引。

120. 歌營國或稱加營國，應在今馬來西亞南部或印度南部的加因八多 （Koimbatur 或 Coimbatore，或譯哥印拜陀或科因巴托爾）一帶；楊衒之，《洛陽伽藍記》〔楊勇校箋，《洛陽伽藍記校箋》〕（北京：中華書局，2006），卷4，〈城西・永明寺〉，頁202，楊勇箋文。

121. 楊衒之，《洛陽伽藍記》，卷4，〈城西・永明寺〉，頁 200。

122. 義淨，《大唐西域求法高僧傳二卷》，《大正新脩大藏經》，冊51，T2066，卷下，頁 7c–8a。

123. 詳見陳佳榮、謝方、陸峻嶺，《古代南海地名匯釋》，頁 907、1006。

達順化外海，越南國王派國舅和兩名僧人到海上迎接，釋大汕於是轉搭國
舅的船進港。他對於越南的首度接觸與景物描述就是那艘船，他說那船「舟
內外皆丹漆」，船艙內「下鋪青緣細草蓆，爐爇奇南，金盒盛檳榔，蔓結涼
枕、唾壺具焉」。登陸之後，釋大汕又被安排搭另一艘船航向王府，在航程
中，他眺望兩岸風光，看到了「樹林碁布，茆屋竹籬為鄉落」，「樹多笒竹、
波羅、椰子、檳榔、山石榴」，讓他覺得「土俗民風，煥然一新」。[124] 這是
他初抵越南的第一印象，從船上到岸上，檳榔始終難以忽視。

　　正月二十八日，釋大汕終於抵達王府，和越南國王見面之後，他被安
排住在附近的禪寺（禪林），從此之後，幾乎每天都有人前去拜謁，他說：

> 未明，而官民男女填咽階下。見必攜銀錢、檳榔、鮮果，禮拜已，
> 頂戴而獻，俗謂之賀云。洎是彌月不絕。[125]

這是在說他自己受歡迎的程度，但也記錄了越人以檳榔供養、禮敬僧人的
習俗。

　　六月三日，釋大汕正式向越南國王辭行，打算從順化前往會安，於六
月十五日搭海船返回中國。雖因一再被慰留，行程受到一些延誤，最後仍
順利在六月二十八日離開順化。他當時是採取水路，途中不時會進出近海
港口和內陸河川，以便休息、補給，[126] 因此，他對於順化之外的一些越南
市鎮、村落也有所接觸，例如，六月二十八日中午，他抵達某地的河中寺，
便說此寺「寺處平壤，三面臨水」，「蒼松翠陰，數百年古木。國中諸山，

---

124. 釋大汕，《海外紀事》，卷1，頁8-9。

125. 釋大汕，《海外紀事》，卷1，頁11。

126. 釋大汕，《海外紀事》，卷3，頁63-68。

無非檳榔、菴摩、椰子各種雜植，松則此僅見者矣」。[127] 可見檳榔是當時越南中部一帶山林景觀中不可或缺的植物。七月一日，釋大汕抵達會安港，其門徒和信眾又「皆持檳榔、鮮果、茶食禮獻」。[128]

　　釋大汕的返鄉之路並不平順，一方面是受阻於天候與風浪，另一方面則是感染疾病，以致到了九月底還滯留在會安，越南國王於是又派人要他在十月初八動身，循陸路回順化。[129] 後來因雨延至十月十二日一早才啟程，十五日夜晚才抵達順化的天姥寺。途中，他詩興大發，寫了十八首〈道中書事詩〉，其中一首寫道：「沙墟喧夕照，少婦剪檳榔」。[130] 次日，釋大汕與國王見面，十七日上午，他上呈〈重建長壽因緣疏〉，獲得國王首肯，答應出資協建長壽寺之後，回到天姥寺，午後，便收到東朝侯派遣家人送來的「檳榔、果食」。[131] 在這之後不久，大概在康熙三十五年春天，釋大汕便回到中國。[132] 由此可見，自始至終，釋大汕的越南印象，始終有檳榔的痕跡。

㈣貿易往來

　　檳榔既是可食之物，又被廣泛運用於治病、祭祀、人際與國際往來，因此，應該很早就成為商貿交易的物品。僧人對此也有所認知和記錄。例如，北宋釋道原的《景德傳燈錄》便記載了志端禪師的一則故事說：

---

127. 釋大汕，《海外紀事》，卷3，頁68。

128. 釋大汕，《海外紀事》，卷4，頁75–76。

129. 釋大汕，《海外紀事》，卷5，頁102。

130. 釋大汕，《海外紀事》，卷5，頁102–109。

131. 釋大汕，《海外紀事》，卷5，頁109–111。

132. 釋大汕，《海外紀事》，卷5，頁118–119。

> 福州林陽山瑞峰院志端禪師，福州人也。……有僧夜參，師曰：「阿
> 誰？」僧曰：「某甲。」師曰：「泉州沙糖，舶上檳榔。」僧良久。
> 師曰：「會麼？」僧曰：「不會。」師曰：「你若會，即廓清五蘊，吞
> 盡十方。」[133]

這段參禪語錄，也可見於釋惠洪的《僧寶傳》，內容稍有差異，但志端禪師
所提問的「泉州沙糖，舶上檳榔」，那位夜訪的僧人還是「不解」（不會）。[134]

志端的問話禪意至今依然費解，不過，我們知道，使用甘蔗汁煉製沙
糖的技術和傳統起源於印度，中國在唐代曾派人到印度學習製糖術，唐宋
時期的中國社會也逐漸普遍使用沙糖。[135] 其次，前引義淨《南海寄歸內法
傳》所載的「南海」佛教「受齋軌則」曾說，請僧齋供的第二天最後，眾
僧 「飲沙糖水， 多嚼檳榔」。 而沙糖與檳榔同樣被佛教視為治病療疾之
物。[136] 再者，北宋太宗先是在京城設立「香藥榷易署」，又在太平興國七年
(982 AD) 閏十二月下詔，將諸多「香藥」列入「禁榷」（就是只准官營、
專賣，禁止民間私自貿易）的名單，而且，只能在「廣南、漳、泉等州船
舶上」交易，其中，嚴格管制「專賣」的有八種，採取部分管制（只抽稅）
的「放通行藥物」有三十七種，檳榔即其中之一。[137] 這項規定制訂與施行

---

133. 釋道原，《景德傳燈錄》，《大正新脩大藏經》，冊 51，T2076，卷 22，〈福州林陽志
    端禪師〉，頁 381c。

134. 釋惠洪，《禪林僧寶傳》（《文淵閣四庫全書》本），卷 10，〈林陽端禪師〉，頁 4b–
    5a。

135. 季羨林，《文化交流的軌迹：中華蔗糖史》（北京：經濟日報出版社，1997）。

136. 福永勝美，《仏教醫學事典》，頁 79–98。

137. 《宋會要輯稿》，〈職官·市舶司〉，「太宗·太平興國七年」條，頁職官四四之二。

的時間雖然是在志端禪師死後，但是，在船舶上交易檳榔恐怕是北宋以前的舊慣，例如，在唐昭宗時期曾任廣州司馬的劉恂，其《嶺表錄異》便將「舶檳榔」和「交、廣生者」（大腹子）做區隔。[138] 由「舶檳榔」一詞來看就知道這是指舶來品，也有可能兼指透過船舶上的交易而來，無論如何，這都是指由船舶自海外帶來之物，非中國土產。至於泉州，在唐宋元時期正是中國「海上絲路」的重要據點，尤其是北宋哲宗元祐二年 (1087 AD) 在此設市舶司以後，泉州更是一躍而為世界國際級的重要港口，成為阿拉伯世界、印度、東南亞與東亞商人貿易往來的中心之一。[139] 檳榔在泉州的海舶上，應該是常見之物。例如，1974 年在泉州灣後渚港出土了一艘滿載藥物的宋代海船，經鑑定後發現，這些藥物可辨識者有乳香、降真香、龍涎香、檀香、胡椒、檳榔等香藥。[140]

因此，若將「泉州沙糖，舶上檳榔」放回志端所生活的五代、北宋之

關於宋代的香藥貿易，詳見林天蔚，《宋代香藥貿易史》（臺北：中國文化大學出版部，1986）。

138. 李昉等編，《太平御覽》（臺北：臺灣商務印書館，1975），卷 971，〈果部・檳榔〉，頁 4437b。

139. 詳見李東華，《泉州與我國中古的海上交通：九世紀末──十五世紀初》（臺北：臺灣學生書局，1986）；中國航海學會、泉州市人民政府編，《泉州港與海上絲綢之路》（北京：中國社會科學出版社，2002）；中國航海學會、泉州市人民政府編，《泉州港與海上絲綢之路(二)》（北京：中國社會科學出版社，2003）；鄭有國，《中國市舶制度研究》（福州：福建教育出版社，2004）；鄭有國，《福建市舶司與海洋貿易研究》（北京：中華書局，2010）；楊文新，《宋代市舶司研究》（廈門：廈門大學出版社，2013）。

140. 詳見王慧芳，〈泉州灣出土宋代海船的進口藥物在中國藥學史上的價值〉，《海交史研究》，第 4 期（泉州，1982），頁 60–65。

社會脈絡來看，則我們可以猜測，這八個字至少有五個很鮮明的意象連結：一是印度；二是佛教；三是藥物；四是海上；五是貿易。這應該是志端在福建及佛門生活的觀察與認知。

除了國際貿易之外，檳榔在中國境內也有地區性的交易。例如，釋惠洪的〈夢徐生序〉一文便說：

> 余竄朱崖三年，既蒙恩澤釋放，政和三年十一月十九日，自瓊州登邁北渡，將登舟，有兩男子來附載，佐舟者識之，曰：「此泉州徐五叔兄弟也，往來廉、廣，歸宿於瓊，以販檳榔為業，且見之二十年矣。」遂與俱載。[141]

由此可知，北宋末年，在福建、廣東一帶有人以販檳榔為業，大概是將海南島的檳榔運至廣東、福建一帶販賣。

(五)佛門生活

至於佛門生活中的檳榔經驗，僧人也有所記錄。前引諸多高僧事例，如隋朝僧人灌頂的《國清百錄》記載智顗在建康瓦官寺、靈曜寺接受皇帝、大官的檳榔供養；唐代僧人冥詳的《大唐故三藏玄奘法師》、慧立與彥悰的《大唐大慈恩寺三藏法師傳》及道宣的《續高僧傳》都記載玄奘在印度那爛陀寺每天接受檳榔供養；日本僧人元開的《唐大和上東征傳》記載鑑真等中、日僧人在海南島開元寺接受檳榔供養，釋大汕的《海外紀事》記載自己在越南順化禪寺、天姥寺接受檳榔供養，都是明證。而義淨《南海寄

---

141. 惠洪，《石門文字禪》，卷23，〈夢徐生序〉，頁24b。

歸內法傳》記載的「南海」佛教「受齋軌則」，詳述齋儀中的檳榔請僧、僧人嚼食檳榔之事，更是具體體現檳榔在佛門生活中的作用。在此不再贅述。

除此之外，南宋賾藏主《古尊宿語錄》（重刻於 1267）曾提到唐代睦州和尚和一位座主的對話說：

> 主云：「和尚為什麼在學人缽囊裡？」師云：「有什麼檳榔豆蔻，速將來。」[142]

這一問一答毫不相關，純粹是禪師的機鋒表現和啟悟的手法，但無意間也透漏了一些訊息。從睦州（治所在今浙江省建德市東北）道明和尚的話語中，我們可以大膽的推斷，當時佛寺中應該備有檳榔、豆蔻（荳蔻）這一類的藥物（食物），供給僧人「淨口」（「除口氣」、「令口香」）之用。[143] 而僧人「淨口」，除了因為群居或與人交際時必須清潔口腔之外，也是基於講求「清淨」的宗教信仰，在講經說法、唱頌經咒願文等場合，必須先淨化身、口、意三業。[144]

---

142. 賾藏主，《古尊宿語錄》，《卍新纂續藏經》，冊 68，X1315，卷 6，〈睦州和尚語錄〉，頁 36a。

143. 豆蔻（荳蔻）與檳榔都具有「除口氣」、「令口香」的功用；詳見李時珍，《本草綱目》，卷 14，〈草部・芳草・豆蔻〉，頁 865–867；卷 31，〈果部・夷果・檳榔〉，頁 1829–1834。

144. 〈睦州和尚語錄〉中的這一條檳榔材料，我原本並未重視，但劉淑芬教授提醒我，若干密教經典如《速疾立驗魔醯首羅天說阿尾奢法》、《金剛頂一字頂輪王瑜伽一切時處念誦成佛儀軌》都提到僧人在作法、念誦經咒之前，常須「口含龍腦豆蔻」或「洗漱，嚼齒木，噉豆蔻，塗香，令身口香潔」，因此，睦州和尚說「有什麼檳榔豆蔻，速將來」一語，應是其日常生活中的行事和話語，而檳榔、豆蔻則一如齒

八、結　語

　　從考古的人類遺骸（尤其是牙齒上的檳榔漬痕）來看，人類嚼食檳榔的歷史至少有五千年之久，[145] 遠長於信仰佛教的時間（二千六百年左右）。但是，「檳榔族」（吃檳榔的人）和佛教徒主要的居住區域又高度重疊（見圖4、圖5、圖6），因此，佛教在形成和發展過程中，其創教者和信仰者勢必曾經面臨要不要接受或如何接受既有的檳榔文化的問題。事實上，從

木、龍腦等物，都是淨口之物。劉淑芬教授此說甚有道理，但與淨口相關的材料雖多，直接提及檳榔者卻寡，因此，在此不再詳論。關於佛教（及印度）的清淨觀與淨化方法，可參見土橋秀高，〈戒律思想の展開：涅槃經の不淨物及び三種戒〉，《龍谷大學論集》，第352期（京都：永田文昌堂，1956），頁88–107；三瓶清朝，〈淨と不淨——インド文化的儀礼的汚れの信仰について〉，《民族學研究》，40：3（1975），頁205–226；杉本良男，〈あの世：この世，淨：不淨——Sinhalese 仏教における儀礼の構造〉，《民族學研究》，43：1（1978），頁39–62；前田亜紀，〈「不淨」から「不潔」へ——ネパールの仏教寺院における廃棄物観念の変容〉，《成蹊人文研究》，14（2001），頁93–109；羅因，〈安世高禪學思想的研究——兼論漢末道教養生術對禪法容受的影響〉，《臺大中文學報》，19（2003），頁45–90；蜜波羅鳳洲，〈大乗経典における浄化の理論と手法(2) 『維摩経』 所説のmahabhijnaparikarma を中心として〉，印度學宗教學會編，《論集》，35（2008），頁112–150。

145. 詳見 Thomas J. Zumbroich, "The Origin and Diffusion of Betel Chewing: A Synthesis of Evidence from South Asia, Southeast Asia and Beyond," *eJournal of Indian Medicine*, 1 (2007–2008) pp. 98–99; 林富士，〈試論影響食品安全的文化因素：以嚼食檳榔為例〉，頁 43–104。

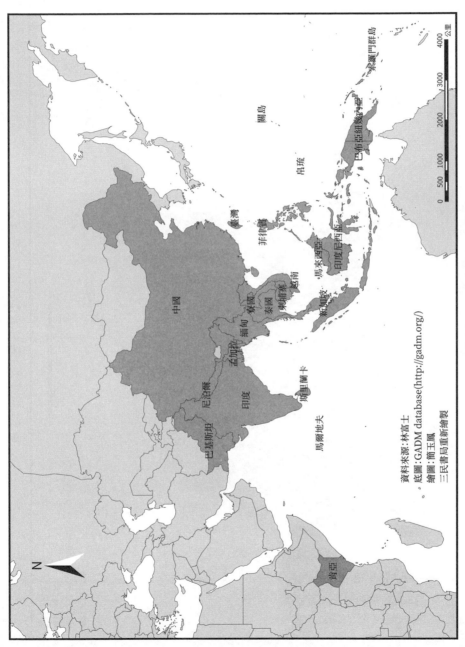

資料來源：林富士
底圖：GADM database(http://gadm.org/)
繪圖：簡玉鳳
三民書局重新繪製

圖 4：世界檳榔文化流布圖

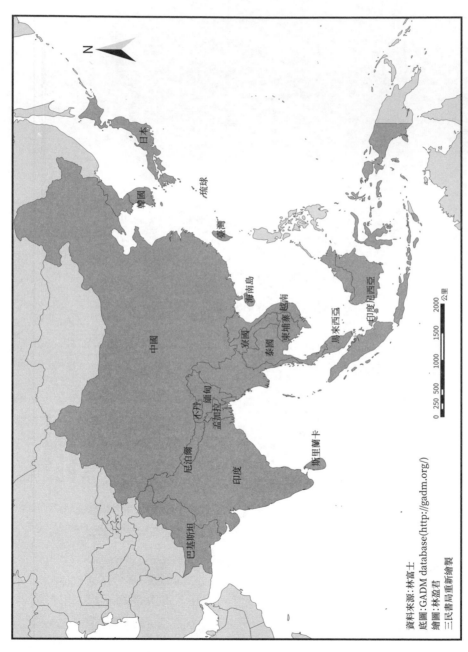

圖 5：檳榔文化與佛教信仰圈疊區域圖

資料來源：林富士
底圖：GADM database(http://gadm.org/)
繪圖：林盈君
三民書局重新繪製

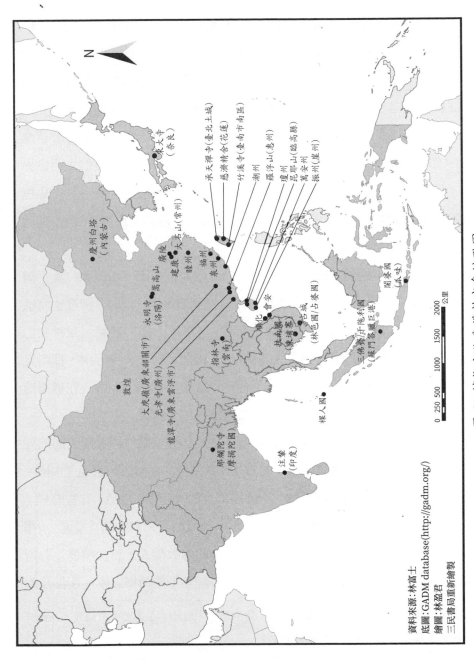

圖 6：檳榔文化與佛教交會地點圖

資料來源：林富士
底圖：GADM database(http://gadm.org/)
繪圖：林盈君
三民書局重新繪製

本文的探討可以知道，僧人究竟可不可以嚼食檳榔，的確曾經引發過討論。雖然，因時代、地區、宗派的不同，佛教內部也有多元的聲音，但是，大致而言，印度、南亞、東南亞和中國南方佛教僧人的基本態度是視檳榔為「許食」之物，可是，如果不是為了健康（包括口腔衛生和防治疾病）或是宗教儀式（淨口）的緣故，則不宜「數食」，尤其不允許為了追求「逸樂」（如類似酒醉的感覺和男女情慾之思）而吃檳榔。而在真實的生活世界中，我們發現，不同時期、不同地區的僧人都有吃檳榔的記錄，其中還包括若干中國赫赫有名的「高僧」（如智者、玄奘、鑑真、惠洪），至少他們都曾經接受過信徒的檳榔供養。

基本上，佛教認為檳榔是藥，適度的食用有益健康（如消除口臭、清除痰癊、幫助消化），有些僧人還會利用檳榔調製藥劑。同時，佛教也將檳榔當作祭品和禮物，鼓勵信眾用來「供養」（祭祀）佛、菩薩、眾神和亡魂，或是「供養」（施捨）僧人（及佛寺），因此，在許多佛寺中，都可見到信徒所貢獻的檳榔，有些佛寺甚至會自己栽植檳榔樹。而僧人在獲得檳榔之後，有時會用來款待賓客，作為交際應酬的「禮果」。

此外，檳榔及其周邊的物品（如檳榔盒）曾經被當作國與國之間的外交禮品，透過「朝貢」或「贈予」的方式，在南亞、東南亞和東亞（中國、韓國、日本、琉球）這些地區的「佛教國家」之間流傳。當然，有些時候，在「朝貢」與「贈予」的形式之下，其實所進行的是物與物的「交易」，禮品也就是商品。[146] 而浸潤在這種檳榔文化中的佛教僧人，對於檳榔也有所觀察、省思，並有所記錄或述說，留下了各種類型的檳榔文本，所涉及的

146.這個議題的史料繁多，與佛教又較無直接的關係，因此，在正文中不細談，詳細討論見本章「附論：檳榔、貢品與商品」。

主題至少包括：名物考證、醫藥、物產與禮俗、貿易往來和佛門生活。這些文本也成為我們了解人類檳榔文化的主要依據之一。

由此看來，在近代以前，佛教除了「禁戒」檳榔的逸樂性和情慾性使用，並要求一般人節制用量之外，可以說全盤接受了既有的檳榔文化，至少是「隨俗」。然而，從另一方面來看，佛教對於檳榔文化的傳播似乎也有所貢獻。以中國來說，檳榔算是外來物、舶來品，而檳榔文化在中國的傳布，幾乎和佛教入華同步發展。因此，我們可以合理的推測，僧人可能是中國檳榔文化的主要推手之一。

我們知道，從東漢到南北朝期間（大致是第一世紀到第六世紀），從海路到中國傳教的印度、東南亞僧人，一直絡繹不絕。到了隋唐時期（大致從第六世紀到第十世紀），除了「胡僧」仍持續不斷湧入中國之外，中國僧人或循陸路或循海路前往印度求法者，也不在少數。同時，韓國和日本的求法僧，以及中國至海外弘法的僧人，也經常穿梭於東亞、東南亞一帶。因此，在這千年左右的時間裡，各國佛教僧人往來流動所引發的文化傳播可說極其明顯，佛法的傳播當然最為耀眼，不過，伴隨著佛教進入中國（並擴及東亞）的各種物質文化（如念珠、椅子、糖）也不可忽視，[147] 檳榔應該也是其中的一項。無論是來華傳教的外國僧人，還是到印度求法的中國僧人，都有可能將檳榔、檳榔知識，以及吃檳榔的方法、習慣和禮俗帶到中國本土，並透過宗教儀軌、講經說法、詩文筆記，以及僧俗之間的交際應酬，將檳榔文化推向佛門之外的中國社會。

當然，佛教與檳榔文化之間的相互涵融，在宋元明清時期（大致從第

---

147. 詳見 John Kieschnick, *The Impact of Buddhism on Chinese Material Culture* (Princeton and Oxford: Princeton University Press, 2003).

十世紀到十九世紀末）的中國社會仍持續進行，而且，也和當時日益興盛的跨國「香藥」（香料）文化與貿易活動緊密交織。[148] 這樣的情勢，一直到所謂的「科學的」、「現代的」西方文明浪潮大力衝擊東方世界之後，才產生劇烈的改變。尤其是檳榔，到了二十一世紀，在被世界衛生組織轄下的國際癌症研究總署列為「第一類致癌物」之後，[149] 其命運究竟會如何，已不難猜測。至少，目前臺灣的佛教已經和此物斷絕了往來。[150] 這應該是檳榔與佛教關係的「古今之變」！

附論：檳榔、貢品與商品

檳榔及其周邊物品，除了作為人與人之間相互贈送的禮物之外，也曾經是國與國之間的外交禮品。例如，扶南國因常被林邑國「侵擊」，其國王闍那跋摩於是在齊武帝永明二年，派遣使者天竺道人（僧人）釋那迦仙到中國獻禮並求援，在進貢的禮物之中，有「瑇瑁檳榔柈一枚」，而該國「多

---

148. 關於亞洲的香藥（香料）文化與貿易史，詳見山田憲太郎，《東西香藥史》（東京：福村書店，1956）；山田憲太郎，《香料博物事典》（京都：同朋舍，1979）；山田憲太郎，《香料の歷史：スパイスを中心に》（東京：紀伊國屋書店，1994）；山田憲太郎，《スパイスの歷史：藥味から香辛料へ》（東京：法政大學出版局，1995）；山田憲太郎，《南海香藥譜：スパイス・ルートの研究》（東京：法政大學出版局，2005）；林天蔚，《宋代香藥貿易史》。

149. IARC, *Betel-quid and Areca-nut Chewing and Some Areca-nut-derived Nitrosamines.*

150. 臺灣佛教拒斥檳榔可能和官方的政令與宣導有關，因為從日治時代後期開始，政府對於嚼食檳榔基本上都是採取不鼓勵的態度，並設下若干限制；林富士，〈試論影響食品安全的文化因素：以嚼食檳榔為例〉，頁 47–50、65–66。

檳榔」。[151] 其次,「在南海洲上」有干陀利國,「俗與林邑、扶南略同」,且
「檳榔特精好,為諸國之極」,[152] 其國王也曾在宋孝武帝孝建二年、梁武帝
天監元年、天監十七年、陳文帝天嘉四年,派遣使者到中國進貢,其地應
該是在印尼蘇門答臘的巨港或馬來半島的吉打。[153] 史書雖未明言這兩國的
貢品中有檳榔,但是,王僧孺有〈謝賜于陀利所獻檳榔啟〉一文,[154] 顯然
南朝的皇室曾收到干陀利國的檳榔貢品,才能分賜給大臣。

　　六朝之後,東南亞國家向中國進貢檳榔或檳榔盤的例子相當多,以下
僅舉較具代表性的幾則事例以做說明。

　　以五代、兩宋時期來說,占城(即林邑國;占婆國)曾「遣使入貢」,
送給南唐李煜諸多「土產」,其中有「檳榔五十斤」,李煜投降之後,在北
宋太祖乾德四年將該批 「禮物」 呈獻給宋廷。[155] 其後, 在太宗淳化三年
(992 AD) 十二月,占城又派遣使者入貢,其中有「檳榔十三斤」。[156] 大約

---

151. 蕭子顯,《南齊書》,卷58,〈列傳・南夷・扶南國〉,頁 1015–1017。案:關於林
　　邑、扶南之間的衝突、交戰,以及中國介入的始末,詳見劉淑芬,〈六朝南海貿易
　　的開展〉,《食貨月刊》,復刊 15:9&10 (1986),頁 9–24;陳佳榮,《隋前南海交
　　通史料研究》(香港:香港大學亞洲研究中心,2003),頁 54–55。

152. 姚思廉,《梁書》(北京:中華書局,1973),卷 54,〈諸夷列傳・海南諸國・干陀
　　利國〉,頁 794。

153. 干陀利國的所在地究竟是蘇門答臘還是馬來半島,學界尚無定論;詳見陳佳榮、謝
　　方、陸峻岭,《古代南海地名匯釋》,頁 964;陳佳榮,《隋前南海交通史料研究》,
　　頁 56。

154. 嚴可均校輯,《全梁文》,卷 51,〈王僧孺〉,頁 3246b。

155. 徐松輯,《宋會要輯稿》(四川大學古籍整理研究所標點校勘,王德毅校訂本;臺
　　北:中央研究院歷史語言研究所,2008),〈蕃夷・占城〉,「太祖・乾德四年」 條,
　　頁蕃夷四之六三。

是同一時間，闍婆國也遣使來貢，雖未送檳榔，卻有「玳瑁檳榔盤二面」。[157] 到了真宗大中祥符八年 (1015 AD)，闍婆國又貢檳榔等物，[158] 真宗天禧二年 (1018 AD) 再貢「檳榔千五百斤」及其他香藥。[159]

明清時期，安南（越南）國王陳煒在明太祖洪武二十五年 (1392 AD) 五月，派遣使臣來貢檳榔等物。[160] 暹羅（泰國）國王在清乾隆元年 (1736 AD) 十二月，遣使入貢，又令人「駕船來粵探貢，并帶有檳榔蘇木等項、壓艙貨物」。[161] 越南國王在嘉慶八年 (1803 AD)，「納款入貢」，貢品有檳榔等十四種，而清廷則規定「越南國應進年例貢物」「檳榔九十斤」等，[162] 並賜越南國王阮福映「螺鈿漆檳榔盆二」等物。[163] 其後，清廷又於道光元年 (1821 AD)，賜越南國王「文竹檳榔盒二」、陪臣「文竹檳榔盒一」等物。[164]

156. 徐松輯，《宋會要輯稿》，〈蕃夷‧占城〉，「太宗‧淳化三年」條，頁蕃夷四之六五。

157. 徐松輯，《宋會要輯稿》，〈蕃夷‧闍婆國〉，「太宗‧淳化三年」條，頁蕃夷四之九七。

158. 徐松輯，《宋會要輯稿》，〈蕃夷‧闍婆國〉，「真宗‧大中祥符八年」條，頁蕃夷四之六九。

159. 徐松輯，《宋會要輯稿》，〈蕃夷‧闍婆國〉，「真宗‧天禧二年」條，頁蕃夷四之六九。

160. 中央研究院歷史語言研究所校勘，《明實錄》（臺北：中央研究院歷史語言研究所，1966），卷 182，〈太祖實錄‧洪武二十年五月至閏六月‧五月〉，頁 2743。

161. 中華書局整理，《清實錄》（北京：中華書局，1986），卷 32，〈高宗純皇帝實錄‧乾隆元年十二月上‧12 日〉，頁 639a。

162. 崑岡等編，《大清會典事例（光緒朝）》（北京：中華書局，1991），卷 504，〈禮部‧朝貢‧貢物‧嘉慶八年〉，第 6 冊，頁 840a。

163. 崑岡等編，《大清會典事例（光緒朝）》，卷 508，〈禮部‧朝貢‧賜予‧嘉慶八年〉，第 6 冊，頁 882a。

164. 崑岡等編，《大清會典事例（光緒朝）》，卷 509，〈禮部‧朝貢‧賜予‧道光元年〉，第 6 冊，頁 890a。

光緒三年 (1877 AD)，清廷再賜越南國王「文竹檳榔盤二」、陪臣「文竹檳榔盒一」等物。[165]

　　除了檳榔盆、檳榔盒這一類的周邊物品之外，中國其實也會贈予鄰國檳榔。例如，北宋神宗元豐二年 (1079 AD)，高麗王王徽病「風痺」，神宗於是派遣王舜封帶領翰林醫官邢慥、邵化及秦玠等人前往診治。[166] 據韓方史料記載，當時宋朝除了遣醫之外，其實還「賜藥一百品」，其中有「廣州檳榔」。[167] 這件事還有一段插曲涉及佛教。據說，當年王舜封出使高麗時，行船到昌國縣（今浙江省舟山市）梅岑山（又稱梅嶺山，即今所稱的普陀山）附近，巨龜浮現海面，風浪大作，船不能行，後因「觀音示現」，才「龜沒浪靜」，船隻也穩定下來。回國後，王舜封申奏朝廷，因而得旨在此山建造寶陀寺。[168]

　　然而，韓國的檳榔主要並不是來自中國的賞賜，而是來自貿易，例如，李朝 (1392–1910 AD) 燕山君二年（1495–1506 AD 在位）曾下「御書」於承政院，要求貿易各種遠方的外國物品，其中有沙糖、檳榔、龍眼、荔枝等物。[169] 高宗時期 (1864–1907 AD) 的《六典條例》則有一份「內醫院燕貿

---

165. 崑岡等編，《大清會典事例（光緒朝）》，卷 509，〈禮部・朝貢・賜予・光緒三年〉，第 6 冊，頁 901b。

166. 李燾，《續資治通鑑長編》（北京：中華書局，2004），卷 293，〈神宗・元豐元年〉，頁 7156。

167. 鄭麟趾，《高麗史》（東京：國書刊行會，1908–1909），卷 9，〈世家・文宗〉，頁 135。

168. 趙彥衛，傅根清點校，《雲麓漫鈔》（北京：中華書局，1996），卷 2，頁 29–30；胡榘修，方萬里、羅濬纂，《寶慶四明志》（《宋元方志叢刊》本；北京：中華書局，1996），卷 20，〈昌國縣志・敘祠・寺院・禪院〉，頁 5255。

藥材」清單，亦即朝鮮半島本身不出產或量少，必須向中國交易的「唐藥材」，其中便有檳榔。[170] 韓國檳榔的另外一個來源是日本。[171] 例如，根據《朝鮮王朝實錄》的記載，世宗在位期間（1418-1450 AD 在位），日本各地的藩主曾多次向朝鮮「貢獻」各種「土宜」或珍貴的物品，以換取布匹或圖籍、佛經，其中八次的貢品中都有檳榔。[172] 其後，成宗五年 (1474 AD)，日本京城管領源義勝為答謝高麗賜給《大藏經》，派人「獻土宜」，其中也有「檳榔子二十斤」。[173] 成宗十四年 (1483 AD)，日本對馬島主向高

169. 國史編纂委員會編，《朝鮮王朝實錄·燕山君日記㈡》（首爾：國史編纂委員會，1981），第 13 冊，卷 12，〈二年丙辰二月丁卯日（2 月 19 日）〉，頁 30b。

170. 三木榮，《（補訂）朝鮮醫學史及疾病史》（京都：思文閣出版，1991），頁 360。關於中韓兩國的貿易，詳見張存武，《清韓宗藩貿易，1637-1894》（臺北：中央研究院近代史研究所，1978）。

171. 關於中古時期（十一到十六世紀）日韓兩國透過朝貢或貿易所進行的物質交換，詳見關周一，《中世の唐物と伝来技術》（東京：吉川弘文館，2015），頁 66-98、99-127。

172. 這八次的時間和檳榔數量為：⑴世宗元年 (1418 AD)，檳榔 2 斤；⑵世宗三年 (1420 AD)，檳榔 15 斤；⑶世宗五年 (1422 AD) 九月二十四日，檳榔子 50 斤；⑷世宗五年十月四日，檳榔 126 斤；⑸世宗五年十月二十五日，檳榔 20 斤；⑹世宗六年 (1424 AD) 六月，檳榔子 11 斤；⑺世宗六年八月，檳榔子 10 斛；⑻世宗九年 (1426 AD)，檳榔 3 斤；詳見國史編纂委員會編，《朝鮮王朝實錄·世宗實錄》，卷 1，〈即位年十月二十九日〉，頁 33b-34a；卷 13，〈三年八月六日〉，頁 2b；卷 21，〈五年九月二十四日〉，頁 18b-19a；卷 22，〈五年十月四日〉，頁 1b-2a；卷 22，〈五年十月二十五日〉，頁 7b-8a；卷 24，〈六年六月十六日〉，頁 29b-30a；卷 25，〈六年八月二十一日〉，頁 19a-19b；卷 35，〈九年正月十三日〉，頁 7b。

173. 詳見國史編纂委員會編，《朝鮮王朝實錄·成宗實錄㈡》，第 9 冊，卷 50，〈五年甲午十二月乙巳日（12 月 24 日）〉，頁 12b。

麗請求以胡椒、丹木、丁香及檳榔換取「銅錢一萬緡」，此舉曾引起韓國朝臣的議論，他們很清楚，日本進獻的其實都是「南蠻」的產物。[174] 就在同一年，琉球國王派人來聘，並送「方物」，其中有「檳榔子百斤」（另外有：香五十斤、胡椒五百斤、桂心千斤、鬱金香五十斤、肉豆蔻百斤），希望高麗能給予「毘盧法寶一藏」（《毘盧藏》）及其他資助琉球創建毘盧寶殿的物資。[175]

　　至於日本的檳榔，在中古時期（九到十六世紀），有一部分應該是來自與中國貿易所得的「唐物」，[176] 但也有一部分應該是從東南亞各國進口，[177] 而且數量相當驚人。以十七世紀的記錄來看，荷蘭東印度公司 (Vereenigde Oost-Indische Compagnie) 在 1634 年 5 月，其暹羅的商務員為了運銷日本，特別準備了各種當地的貨物，其中有「檳榔子一萬一千斤」，[178] 1634 年 11 月，該公司的商船替商人從暹羅載運諸多貨品銷往日本，其中也有檳榔子一萬斤。[179] 後來，荷蘭人在十八世紀甚至引植檳榔樹到日本，[180] 但因氣候

---

174. 詳見國史編纂委員會編，《朝鮮王朝實錄・成宗實錄㈢》，第 10 冊，卷 152，〈十四年癸卯三月丙申日（3 月 4 日）〉，頁 1b。

175. 詳見國史編纂委員會編，《朝鮮王朝實錄・成宗實錄㈢》，第 10 冊，卷 161，〈十四年癸卯十二月丁丑日（12 月 18 日）〉，頁 11a–b。

176. 關於中古時期（九到十六世紀）日中兩國透過朝貢或貿易所進行的物質交換，參見森克己，《續々日宋貿易の研究》（東京：勉誠出版，2009），頁 1–37、51–63、79–126；皆川雅樹，《日本古代王権と唐物交易》（東京：吉川弘文館，2014）；關周一，《中世の唐物と伝来技術》（東京：吉川弘文館，2015），頁 7–15、16–65。

177. 參見關周一，《中世の唐物と伝来技術》，頁 66–98。

178. 詳見東印度公司，《巴達維亞城日記》，頁 120–121。

179. 詳見東印度公司，《巴達維亞城日記》，頁 141–142。

180. 檳榔樹（苗）在 1720 年由荷蘭輸入長崎，其後栽植在四國南部、九州一帶。琉球也有。詳見水村四郎等，《本草圖譜總合解說》（京都：朋友書店，1986–1991），第

的關係，數量及檳榔子的產量恐怕極為有限。當然，基於地緣及傳統的關係，日本在江戶時期 (1603–1867) 仍有從中國進口檳榔的記錄。[181]

　　總之，上述這些國家，包括東南亞各國、中國、韓國、日本、琉球等，基本上都是佛教流傳所及的國家，而檳榔曾經是他們之間交流、往來之時的重要禮物。

　　三冊，頁 1538–1540。

181. 詳見羽生和子，《江戶時代、漢方藥の歷史》（大阪：清文堂，2010）。

瘟疫、社會恐慌與藥物流行：
檳榔之用[*]

一、引言：瘟疫再臨

2013 年 3 月下旬，禽流感病毒 H7N9 侵襲人類的案例，首先見於中國的上海，隨後在長江中下游的省分（江蘇、浙江、江西、湖南等）也陸續發現一些病例，並有逐漸擴散的跡象，連黃河流域的省分（安徽、河南、河北、山東等）也無法倖免，病毒甚至還被大陸臺商帶回臺灣。截至 2013 年 4 月底，雖然所有的確診病例才 128 個，死亡也才 26 人，世界衛生組織認為不太可能造成大流行。但是，因為傳染途徑是經由人類經常接觸的鴿子與家禽，而被感染的禽鳥卻無症狀，也不會死亡，因此，格外難以防備。更令人擔憂的是，有些專家認為一旦病毒基因突變，可能會演變成人傳人的流行性感冒。因此，海峽兩岸的政府還是提高警覺，並啟動相關的防疫機制，連周邊的地區和國家也不敢輕忽其潛在的危險。

而民間的反應則更激烈。網際網路上充斥著各種流言：有人說 H7N9

_{* 完稿於 2013 年 5 月 8 日。編案：副標為杜正勝院士所加。}

已經演變為人傳人的病毒；有人說這是西方強權的生化攻擊；有人說政府隱匿疫情的嚴重性。口罩、溫度計、洗手乳、消毒液、克流感 (Tamiflu)、板藍根 (Radix Isatidis) 等醫護、防疫器材與藥物開始熱銷，禽鳥或被撲殺或乏人問津，活禽交易與觀光旅遊市場開始遭受打擊。這是非常典型的瘟疫所造成的社會恐慌現象。

二、恐慌的宗教反應

這樣的恐慌本身其實也是一種瘟疫，而且，並不是第一次出現。2003年「煞死病」(Severe Acute Respiratory Syndrome; SARS) 流行時，海峽兩岸便有過類似的現象。而在中國歷史上，類似的恐慌更是不乏前例，只是面對恐慌時的反應與應對措施不盡相同而已。

就以東漢末年到魏晉南北朝時期(大約從西元三世紀起一直到六世紀)來說，在四百年左右的時間裡，「正史」記載的「大疫」流行至少有二十七次，平均一、二十年便爆發一次。在瘟疫的陰影之下，人總不免會有所不安、惶惑和恐慌，必須尋求解答與慰助。而當時的宗教，無論是傳統的巫覡信仰，還是新興的道教，乃至外來的佛教，都成為恐慌者的心靈「解藥」。巫覡的「厲鬼」說和道、佛二教的「末世」（末劫）論，都被用來理解瘟疫的流行，都曾引起廣大的共鳴。而符咒、祓禳、齋戒、悔過、誦經、祭禱等宗教法術和儀式，也大為風行，即使是最高的統治者也奉行不二。例如，隋文帝開皇十二年 (592 AD)，當時首都長安流行「疾疫」，隋文帝便召來剃髮為僧的儒士徐孝克 (527–599 AD)，令他「講《金剛般若經》」，企圖消弭瘟疫（見《太平御覽》、《佛祖統紀》等）。

三、恐慌的醫藥反應：從白犬膽到板藍根

　　面對瘟疫，尋求醫藥救助也很常見。不過，在極度恐慌之下，有時候不免會有些荒腔走板的演出。例如，東晉元帝永昌二年 (323 AD)，百姓訛言「蟲病」流行：這種蟲會吃人皮膚、肌肉，造成穿孔，而且，「數日入腹，入腹則死」。這個謠言從淮、泗一帶一直傳到京都（建康），「數日之間，百姓驚擾」，人人都覺得自己已經染病。不過，當時也傳出解救之道：當蟲還在體表時，「當燒鐵以灼之」，嚴重的話，就要用「白犬膽以為藥」。因此，大家紛紛找人燒灼，有人甚至自稱能燒鐵，專門替人燒灼治病以牟利，還真「日得五六萬」。白犬的價格更是「暴貴」，漲了十倍，大家紛紛搶奪。不過，這畢竟只是傳言，並非真正爆發瘟疫，因此，四、五天之後便平息了（見《宋書·五行志》）。

　　H7N9 病毒對人類所造成的傷害當然比西元四世紀的「蟲病」真實，再加上過去遭逢瘟疫的恐怖經驗，雖然感染與死亡的人數還不多，社會恐慌依然出現。板藍根熱潮就是指標。

　　板藍（菘藍；馬藍）是傳統的中草藥，《神農本草經》便有關於「藍實」藥性與功效的記載，而從南北朝時期陶弘景的《名醫別錄》起，到明代李時珍 (1518–1593 AD)《本草綱目》，此物一直是中國本草學家著錄與討論的藥物之一。至於板藍根，則在宋代廣泛被用來治療中風、蛇蠍螫傷、藥毒、傷寒、下痢等疾病（見《太平聖惠方》、《聖濟總錄》等），明代治療各種疾病的複方之中，板藍根也是常見的組合成分之一（見《普濟方》等）。

　　不過，近代以來，板藍根受到矚目似乎始於 1988 年上海 A 型肝炎流

行期間，但廣為人知則可能肇因於 2003 年「煞死病」流行所引起的恐慌。不過，當時主要還是以「民間偏方」的方式流傳。而這一次，則有了官方的倡導或鼓動。例如，2013 年 4 月 3 日，江蘇省衛生廳制訂、印發了《江蘇省人感染 H7N9 禽流感中醫藥防治技術方案（2013 年第 1 版）》，文中建議「高危險人群」要服用中藥，其中便包括「板藍根沖劑」（板藍根顆粒）。這個「方案」一出，「板藍根」立刻熱銷，甚至被認為是「萬能藥」。根據中、港、臺、日、美等地的媒體報導：中國有將近五成的受訪民眾表示會去買板藍根；上海市中心的一家藥店設立了板藍根專櫃；南京的大學生開始流行以「板藍根」取代咖啡，有人則創出加牛奶、咖啡的混搭喝法。浙江省的養雞戶和江蘇省的蘇州動物園甚至還拿板藍根餵養動物。疫情較多的南方，從上海到廣州，許多藥店的板藍根都銷售一空，價格也跟著飛漲。到了 4 月中旬，連北京的板藍根藥材也已缺貨，只剩顆粒製劑。事實上，板藍根顆粒已經進入了中國國家基本藥物目錄，販售價格必須執行政府的「指導價」，但在搶購的熱潮之下，官方的定價很輕易就被打破，例如，湖北省物價局在 4 月份針對武漢市藥店進行突擊檢查時便發現，當地有些藥店的板藍根顆粒實際售價已經是官價的十倍。

　　當然，根據媒體的報導以及網際網路上流傳的訊息來看，仍有許多人拒絕盲目跟從這一波的板藍根熱潮，對於其效用及搶購行為，或加以嘲諷，或予以駁斥。若干藥物專家也紛紛提出警告，勸告民眾不要胡亂服藥或過度用藥，以免防疫不成反而產生不良的副作用。

四、防疫藥物的先鋒：洗瘴丹

　　在傳統中國醫藥史上，板藍根基本上只是眾多具有「清熱解毒」的藥物之一，而且很少作為單方使用。我不知道中國民眾和官方何以會選擇板藍根作為防治禽流感的藥物，這或許是來自近代民間的「經驗方」，或許是根據實驗室的科學實證研究結果，或許是社會恐慌之下的隨機選擇或藥商行銷。無論如何，如果真要選擇一種簡單易用，又能配合南方的風土，而且還要有醫藥經典為憑據的藥物，那麼，檳榔的妥適性理應在板藍根之上。

　　檳榔此物，唐末五代初年侯寧極（926–930 AD 之間的進士）的《藥譜》曾給予「洗瘴丹」的別名。從此之後，從五代北宋初年陶穀 (903–970 AD) 的《清異錄》、南宋孝宗乾道八年 (1172 AD) 刊刻，由施元之（1154 AD 進士）、顧禧（活躍於 1131 AD）注，施宿 (1164–1222 AD) 補注的蘇東坡詩集《註東坡先生詩》（《施註蘇詩》）、元末明初陶宗儀 (1329–1410) 的《輟耕錄》、明代李時珍《本草綱目》，一直到清代諸多的筆記、詩文，「洗瘴丹」這個別名始終是檳榔的專用，由此看來，檳榔必定與防治瘴癘、瘟疫有關。而大量宋、元、明、清時期的詩文中，凡提到中國南方的瘴癘之氣時，無論是親身遊歷之記、送行贈別之作，還是追憶遙想之詞，也常常會同時提到檳榔。

　　事實上，不少「外地人」到了南方（尤其是嶺南、閩粵一帶），都會入境隨俗而嚼食檳榔，其動機就是為了防瘴辟瘟。例如，北宋蘇軾〈食檳榔〉一詩便提到：

北客初未諳，勸食俗難阻。中虛畏泄氣，始嚼或半吐。吸津得微甘，
著齒隨亦苦。面目太嚴冷，滋味絕媚嫵，誅彭勳可策，推轂勇宜賈。
瘴風作堅頑，導利時有補。藥儲固可爾，果錄詎用許。

這是東坡先生吃檳榔的初體驗，滋味有苦有甘，評價有褒有貶，但他還是
相信檳榔具有藥效，而人在瘴風之地，也不得不吃。其次，元末明初的劉
基（劉伯溫，1311–1375 AD）也有類似的經驗，他有一首〈初食檳榔〉詩
便說：

檳榔紅白文，包以青扶留。驛吏勸我食，可已瘴癘憂。初驚刺生頰，
漸若戟在喉。紛紛花滿眼，岑岑暈蒙頭。將疑誤臘毒，復想致無由。
稍稍熱上面，輕汗如珠流。清涼徹肺腑，粗穢無纖留。信知殷王語，
瞑眩疾乃瘳。三復增味歎，書之遺朋儔。

這是劉伯溫到了南方，在「驛吏」的勸說之下，為了防治瘴癘而嚼食檳榔
的經驗談。此外，清代士人從中國大陸到瘴癘之鄉的臺灣，其經驗更是豐
富。例如，清嘉慶十一年 (1806 AD) 纂修完成的《續修臺灣縣志》，便收錄
了一首〈檳榔〉詩云：

臺灣檳榔何最美，蕭籠雞心稱無比。乍嚙面紅發軒汗，皺鵝風前如
飲酏。人傳此果有奇功，內能疏通外養齒。猶勝波羅與椰子，多食
令人厭鄙俚。我今已客久成家，不似初來畏染指。有時食鱉苦羶腥，
也須細嚼淨口舐。海南太守蘇夫子，日啖一粒未為侈。紅潮登頰看
婆娑，未必膏粱能勝此！

這是在讚美檳榔的滋味，也說明大家嚼食檳榔的理由在於它有「奇功」，也就是所謂的「內能疏通外養齒」。此詩作者剛來臺之時，也不太敢吃，但「客久成家」，逐漸就接受了，有時吃了「鰲苦羶腥」的食物之後，還必須「細嚼」檳榔以「淨口舐」。而清代文獻，從蔣毓英《臺灣府志》(1685 AD)、高拱乾《臺灣府志》(1695 AD)、陳夢林《諸羅縣志》(1717 AD)、李丕煜《鳳山縣志》(1720 AD)、王必昌《重修臺灣縣志》(1752 AD)、薛志亮等《續修臺灣縣志》(1806 AD)、周璽《彰化縣志》(1832 AD)、陳培桂《淡水廳志》(1871 AD) 到連橫《臺灣通史》(1920 AD) 等，在提到臺灣人嗜食檳榔的風氣時，大多會注意到臺人吃檳榔的原始動機就在於辟除瘴癘之氣。

五、檳榔的醫藥功能

中國並不是檳榔的原鄉，但接觸甚早。西漢武帝之時司馬相如所寫的〈上林賦〉，在描述長安上林苑的景物時，便提到一種叫做「仁頻」的植物，而根據唐人的注解，仁頻就是檳榔。事實上，漢人所撰的《三輔黃圖》也提到，漢武帝在元鼎六年滅南越之後，曾經從南越（兩廣、越南一帶）移來各種「奇草異木」，種植在上林苑中新建的「扶荔宮」，其中，便有「龍眼、荔枝、檳榔、橄欖、千歲子、甘橘」各百餘棵。這或許是檳榔樹首度越過長江流域，進入華北地區。

當然，隨著南越納入漢帝國的版圖，當地的檳榔樹也可以說就成為「中國」的物種。不過，在西漢時期，身處政治、經濟、文化中心的北方人對於檳榔應該還非常陌生。但是，到了東漢時期，章帝時的議郎楊孚在《異

物志》中已清楚描述了檳榔樹的外觀、生物特性、檳榔子的食用方式和功效：「下氣及宿食、白蟲，消穀」。《異物志》原書已經亡佚，我們根據的是北魏賈思勰《齊民要術》的引述，因此，中國人對於檳榔的清楚認識是否可以前推到西元第一世紀，還有爭辯的空間。但是，西元第三世紀的吳普《本草》和李當之《藥錄》都已提到檳榔，南朝陶弘景《名醫別錄》更是針對檳榔的產地、藥性和功效（消穀、逐水、除痰澼、殺三蟲、去伏尸、治寸白）詳加介紹。由此可見，檳榔很早就進入中國的醫藥知識體系之中，中國對於這種原產於異邦他鄉的「異物」之容受，最早可能是出自醫藥方面的考量。

總之，在魏晉南北朝時期，中國醫家很快便將南方「土產」的檳榔納入本草世界，並且開始研究、配製以檳榔為主要成分的各種藥方，而東晉南朝的皇親貴戚、富家豪族，乃至僧人，也開始流行「吃檳榔」。雖然，當時並沒有文獻明白指出他們吃檳榔的目的，但是，因為檳榔在嶺南之外的地區還是相當難得的珍異之物，因此，「誇富」、炫耀應該是動機之一。其次，交州、廣州一帶雖然是可怕的瘴癘之鄉，但也是充滿「財富」和機會之地，到當地仕宦、商貿，是一種難以抗拒的誘惑。因此，為了防治瘴癘，「入境隨俗」而食用檳榔，可能也是南方王朝轄下的士人、民眾沾染此風的原因。

不過，早期的中國醫方或一般文獻似乎並未特別強調檳榔辟瘴、防瘟的效用。到了唐宋時期才有了明顯的變化。例如，在唐昭宗時期曾任廣州司馬的劉恂，其《嶺表錄異》便記載：

> 安南人自嫩及老，採實啖之，以不蔞藤兼之瓦屋子灰，競咀嚼之。

自云：交州地溫，不食此無以祛其瘴癘。廣州亦噉檳榔，然不甚於安南也。（引自李昉等編，《太平御覽・果部・檳榔》）

北宋的本草學家蘇頌 (1020–1101 AD) 也說：

嶺南人噉之以當果食，言南方地濕，不食此無以祛瘴癘也。（引自李時珍，《本草綱目・果之三・夷果類・檳榔》）

南宋羅大經《鶴林玉露》也記載：

嶺南人以檳榔代茶，且謂可以禦瘴。余始至不能食，久之，亦能稍稍。居歲餘，則不可一日無此君矣。故嘗謂檳榔之功有四：一曰醒能使之醉。蓋每食之，則醺然頰赤，若飲酒然。東坡所謂「紅潮登頰醉檳榔」者是也。二曰醉能使之醒。蓋酒後嚼之，則寬氣下痰，餘醒頓解。三曰飢能使之飽。蓋飢而食之，則充然氣盛，若有飽意。四曰飽能使之飢。蓋食後食之，則飲食消化，不至停積。

根據羅大經的觀察，當時嶺南人認為檳榔「可以禦瘴」，而且嚼食風氣非常興盛，已到了「以檳榔代茶」的地步，而他自己的體驗則是：「醒能使之醉，醉能使之醒；飢能使之飽，飽能使之飢。」這也就是後來屢屢被文人、雅士所引述、討論的檳榔「四功」。

不僅民俗以嚼食檳榔「禦瘴」，當時的醫方中也有不少是以檳榔為主要成分複方，例如，延年桃奴湯、木香犀角丸、木香丸、七聖圓、紅雪通中散、七寶散、達原飲、三消飲、芍藥湯方、檳芍順氣湯等，被用來治療山瘴、溫瘴、瘴毒、瘧疾、伏連鬼氣、瘟疫、下痢等傳染性疾病（見唐代王

燾《外臺祕要》；宋代《太平聖惠方》；《太平惠民和劑局方》；蘇軾、沈括
《蘇沈良方》；宋代陳自明《婦人良方大全》；明代吳有性《瘟疫論》等）。
而李時珍《本草綱目》總括檳榔主治的各種疾病便有：

> 消穀逐水，除痰澼，殺三蟲、伏尸，療寸白（別錄）。治腹脹，生搗
> 末服，利水穀道。傅瘡，生肌肉止痛。燒灰，傅口吻白瘡（蘇恭）。
> 宣利五臟六腑壅滯，破胸中氣，下水腫，治心痛積聚（甄權）。除一
> 切風，下一切氣，通關節，利九竅，補五勞七傷，健脾調中，除煩，
> 破癥結（大明）。主賁豚膀胱諸氣，五膈氣，風冷氣，腳氣，宿食不
> 消（李珣）。治衝脈為病，氣逆裡急（好古）。治瀉痢後重，心腹諸
> 痛，大小便氣祕，痰氣喘息，療諸瘧，御瘴癘（時珍）。

其中，瘧、瘴癘、諸蟲（三蟲、伏尸、寸白）等，可以說就是現代所謂的
「傳染病」，或是俗稱的「瘟疫」。由此可見，對於傳統中國醫家來說，檳
榔不僅是「洗瘴丹」，還頗接近「萬能藥」。

六、結語：藥物的古今之變

不過，古人對於嚼食檳榔是否真能防治瘴癘，其實也有不同的看法。
包括南宋周去非 (1135–1189 AD) 的《嶺外代答》、明代吳興章杰的《瘴
說》、本草學家盧和的《食物本草》，都曾討論過檳榔的醫藥功效，也都認
為檳榔並不是百利而無一害，如果經常食用，會導致「臟氣疏洩」。至少，
若未染病，不應該為了要預防而吃檳榔，否則會「耗氣」、「有損正氣」。不
過，他們似乎並不完全否定檳榔能緩解「瘴癘」所引起的一些症狀。

　　但是，到了近代則不同了。尤其是在臺灣，檳榔幾乎已經被徹底的「污名化」。1997 年 4 月 8 日官方核定的〈檳榔問題管理方案〉，列舉了檳榔所帶來的四大問題：一是個人健康（嚼食會增加罹患口腔癌的風險）；二是自然生態（種植氾濫會嚴重影響水土保育）；三是公共衛生（檳榔殘渣會污染環境）；四是社會秩序（風俗）。於是乎，「檳榔有害」便成為臺灣社會的主流價值，有些學者甚至認為檳榔會招致「亡國滅種」，並大聲呼籲要「早日把這些檳榔危害清除乾淨」。

　　從萬能的藥物到被人厭惡的毒物，檳榔形象與評價的古今之變可謂大矣！目前正在風行的板藍根，乃至克流感等防治禽流感的藥物，是否有一天也會被人唾棄？還是會盛行不衰？且讓我們拭目以待。

檳榔所見食品安全的文化因素[*]

一、引　言

　　近年來，食品安全一直是臺灣民眾最為關心的生活和社會議題之一，若干不良或有害食品所引發的恐慌，如多氯聯苯 (PCB) 米糠油、戴奧辛 (Dioxin) 鴨蛋、三聚氰氨 (Melamine) 毒奶粉與塑化劑 (DEHP) 等，經常成為媒體、官方和民眾熱烈討論的「事件」。在這類的事件中，大家所關注的焦點幾乎都只放在造成食品安全的「製造」端，其中，最常被提及的是各種「添加物」、「殘留物」或「成分」（尤其是所謂的保健食品和基因改造食品）是否「安全」。[1] 然而，影響食品安全的因素，除了來自製造或生產端之外，在食品保存、運送的過程中，也充滿了腐敗、變質，或遭受污染等各種風險。而有些時候，食用者「料理」或食用方式不當也會造成危害。

* 本文初稿完稿於 2013 年 3 月 5 日，驚蟄。二稿完稿於 2013 年 10 月 11 日。本文寫作過程中，承蒙謝筱琳、李庭歡、蔡佩玲、陳藝匀、何幸真、與蘇婉婷等六位女士協助整理資料、繕打、及校訂文稿，又蒙兩位匿名審查人提供修改意見，特此致謝。編案：原文題為〈試論影響食品安全的文化因素：以嚼食檳榔為例〉於 2014 年刊載於《中國飲食文化》，10:1，頁 43–104；今題名為杜正勝院士審定。
1. 詳見林富士主編，《食品科技與現代文明》（臺北：稻鄉出版社，2010）。

這種情形往往因為是個人性的、偶發性的，通常會被視為「意外」而被忽略。但是，食用者本身所造成的食品安全問題，有一些是集體性的、長期性的，因為文化薰習所形成的「飲食習慣」所導致，其所引發的反應與爭議也相當複雜。從醫學的角度來看，這雖然是食品安全、公共衛生和個人健康問題，但是，從社會的角度來看，則通常會涉及禮俗、風尚、經濟等層面，有時甚至還會牽涉到政治、宗教、族群等更具意識形態的領域，而格外值得我們注意。其中，嚼食檳榔所引發的問題，便是相當典型的一個例子。

近二十年來，檳榔在臺灣幾乎已經被徹底的「污名化」。1997 年 4 月 8 日，行政院核定通過的〈檳榔問題管理方案〉便列舉了檳榔所帶來的四大問題：一是個人健康（嚼食者會增加罹患口腔癌的風險）；二是自然生態（種植氾濫會嚴重影響水土保育）；三是公共衛生（檳榔殘渣會污染環境）；四是社會秩序（風俗）（林立的檳榔攤及「檳榔西施」招徠生意的行為，不僅占用道路，也會破壞社會「秩序」）。因此，行政院認為「不應鼓勵嚼食檳榔」，並責成各個政府部門（包括農委會、國防部、財政部、內政部、衛生署、環保署、教育部與國科會）利用各種辦法解決「檳榔問題」。[2] 於是乎，「檳榔有害」便成為臺灣社會的主流價值，有位學者甚至認為檳榔會招致「亡國滅種」的嚴重後果，他認為「檳榔的氾濫、檳榔文化在臺灣的盛行與固著，代表的是臺灣人民反智的與墮落的心態」，並大聲呼籲應「早日把這些檳榔危害清除乾淨」。[3]

---

2. 詳見韓良俊主編，《檳榔的健康危害》，〈附錄五〉，頁 238–246。

3. 詳見韓良俊主編，《檳榔的健康危害》，〈附錄一〉，頁 204–207；〈附錄二〉，頁 208–225。

　　無論如何，自從行政院〈檳榔問題管理方案〉公布之後，在解決「檳榔問題」的作為方面，各相關部會（主要是衛生署、內政部、教育部和國防部）幾乎都是以「宣導」檳榔的「健康危害」為主，企圖降低民眾「嚼食檳榔的比例」。因此，各種媒體及場合便常可見到政府的「文宣」，或是來自於醫師與學者專家關於「檳榔致癌」的言論。可是，十餘年過去了，雖然政府單位可以舉出一些檳榔「嚼食率」下降的數字，但是，2011 年成年男性的「嚼食率」還是超過 10%，[4]「檳榔族」（紅唇族）的陣容顯然依舊壯大，檳榔攤也還是四處林立，可見檳榔並未從臺灣的土地上被根除，政府的宣導與執行成效似乎有限。[5] 這樣的結果，似乎會讓人覺得有點奇

---

4. 衛生署國民健康局宣稱，該局針對 18 歲以上成人男性嚼檳榔行為的調查結果顯示，2007 至 2011 年，臺灣成年男性嚼檳榔率分別為 17.2%、15.2%、14.6%、12.5% 及 11.3%，呈現逐年下降之趨勢。詳見行政院衛生署國民健康局，《國民健康局 2012 年報》，〈歷年成年男性嚼檳榔趨勢圖〉，頁 85。

5. 以我居住地附近的臺北市南港區舊莊派出所一帶來說，根據我在 2013 年 1 月 21 日（星期一）隨機查訪的結果來看，以派出所為中心點，半徑五十公尺的圓圈範圍之內，便至少有八家（甲乙丙丁戊己庚辛）賣檳榔的店鋪。其中四家（甲乙丙丁）是在舊莊街上，甲、乙兩家在派出所東側，朝南的小店面，甲家為「阿寶檳榔」，也兼賣飲料、香菸。乙家則是汽、機車零件行兼賣檳榔。丙、丁兩家在派出所西側，都是朝北的店面，丙家較小，招牌簡陋，除「檳榔」二字之外，還加上「結冰水」三字。業者是一名中、老年男子，他只賣以荖葉包裹的「包葉」（白灰）檳榔，50元一包（10 口）。他說目前沒有人在吃「紅灰」（夾荖花）檳榔了，因為那都浸泡過「雙氧水」（這是為了防止檳榔子和所夾的「荖花」變黃），而且會「致癌」，所以他自己不吃，也勸人不要吃。但他以前應該也賣過「紅灰」檳榔（他還從冰箱中拿出一罐雙氧水讓我看）。他也告訴我如何分辨臺灣檳榔和泰國檳榔。他說：臺灣檳榔較小、較嫩，剖開後像椰子，只有水，俗稱「白中」；泰國檳榔較大顆、較粗

怪，因為，當市售食品被官方或專家驗出內含有毒的「添加物」或是「致癌成分」之後，一般來說，臺灣民眾的反應基本上都是拒買、拒吃，甚至會責罵業者和政府。而檳榔早在 2003 年便已被世界衛生組織轄下的國際癌症研究總署列為第一類致癌物，官方與專家也不斷藉此宣告：檳榔就是「致癌物」！[6] 何以民眾仍不懼怕？

硬（口澀、難嚼），剖開後還有細小的種仁。他還說：檳榔子不能單嚼，否則會瀉肚。丁家就和丙家只有一店之隔，店面較大，且有正式的大招牌「北世紀檳榔」，除零售外還兼營大批發，業主是一名年輕男子，但包檳榔與零售者則是一名穿著並不暴露的年輕女子（檳榔西施），擺在櫃臺上的都是「包葉」（白灰）檳榔，但他們也賣「紅灰」檳榔（她稱之為「菁仔」），放在冰箱裡，50 元二包（每包 10 口），顯然比「包葉」檳榔便宜一半。戊家則是在派出所南側，位於南深路上，緊臨南深路與舊莊街的交界處，是一間朝西的小店面，招牌上只寫其營業項目為：「包葉、結冰水、飲料」。其餘三家都是在派出所北側。己家是在北二高高架路下，大都會客運 306 公車線的總站出口處，檳榔攤只有一張小長桌和一張椅子，無棚蓋或任何遮蔽物。庚家就在己家西邊十公尺處，是臨時搭建的小棚子，招牌寫著「停一下檳榔」。這兩家都緊臨汐止和南港交界的大坑溪南岸，而過了永庭橋，在溪流的北岸就是辛家，位於新北市的汐止區東勢街上。檳榔攤也是臨時搭建的小棚子，業者是一位中、老年的婦人，她只賣「包葉」檳榔，50 元一包，小粒、細軟者一包 10 口，較大粒、粗老者一包 15 口。她說，目前已經沒有人在吃「紅灰」（菁仔）了。這八家檳榔店，丁家與戊家似乎是最近二、三年才開業，辛家則營業還不到一年。根據這一次的隨機訪查來看，檳榔攤似乎還真不少，而且有些還是新增者。不過，從「紅灰」檳榔較便宜、較不受歡迎，以及業者的話來看，政府所宣導的「檳榔致癌」似乎已部分發揮了作用。

6. 詳見衛生署國民健康局網站 (http://www.bhp.doh.gov.tw) 2012 年 4 月 17 日所發布的新聞（檢索日期 2013/01/24）。案：國際癌症研究總署決定將檳榔列為第一類致癌物雖在 2003 年，但正式公告其實是在 2004 年；詳見 IARC (The International

　　我想，這絕非政府宣導不力，而是專家的「科學知識」和大眾的「庶民知識」、「日常經驗」有了落差。[7] 而民眾對於檳榔的認知和態度，則主要來自生活的體驗和文化的薰習。以下，且先看看專家的「科學」說法。

二、嚼食檳榔的健康風險

　　近百年來，世界各國有關嚼食檳榔所引起的健康風險問題，研究成果為數頗多，在此無法詳述其主要論點，[8] 只能以臺灣所出版的三本最具綜合性和權威性的論著：《檳榔嚼塊與口腔癌流行病學研究》、《檳榔嚼塊的化學致癌性暨其防制：現況與未來》和《嚼檳榔與口腔癌基因、抑癌基因的突變和表現》為例，介紹科學界的主流論述。

　　這三本書都是由國家衛生研究院所出版，其官方色彩相當濃厚，立場也非常鮮明。1996 年 12 月，國家衛生研究院成立了「論壇」，並逐步設置

Agency for Research on Cancer), *Betel-quid and Areca-nut Chewing and Some Areca-nut-derived Nitrosamines, IARC Monographs on the Evaluation of Carcinogenic Risks to Humans*, 85 (Lyon, 2004).

7. 最能反映民眾對於檳榔的認知和非官方立場者，應該是王蜀桂，《臺灣檳榔四季青》。

8. 最具全面性和權威性的報告，參見 IARC, *Tobacco Habits Other than Smoking; Betel-Quid and Areca-Nut Chewing; and Some Related Nitrosamines, IARC Monographs on the Evaluation of Carcinogenic Risks to Humans*, 37 (Lyon: IARC, 1985); IARC, *Betel-quid and Areca-nut Chewing and Some Areca-nut-derived Nitrosamines, IARC Monographs on the Evaluation of Carcinogenic Risks to Humans*, 85 (Lyon: IARC, 2004); IARC, *Personal Habits and Indoor Combustions, IARC Monographs on the Evaluation of Carcinogenic Risks to Humans*, 100E (Lyon: IARC, 2009).

各種委員會，其中，「健康促進與疾病預防委員會」於 1998 年 1 月成立，並由當時的衛生署副署長賴美淑擔任召集人。委員會的宗旨在於「發掘我國當前健康促進與疾病預防之重要問題與評估其現況，並探討有關工作之優先次序」。初期工作以「文獻回顧」(literature review) 的方式進行，主題則是以「疾病與危險因子交叉之方法」選定，第一期所選定的四大主題為：一、菸害與心血管疾病；二、飲食與生長發育；三、檳榔與口腔癌；四、運動與體適能。這四個主題被認為是「保健」方面「現今臺灣最重要的課題」。每個主題之下，又分二至三個子題。其中，「檳榔與口腔癌」有三個子題，上述三書便是其報告書。[9] 而「檳榔與口腔癌」這個主題小組的召集人正是長期主張、鼓吹要消滅檳榔的韓良俊教授。[10]

　　根據他們的研究報告，臺灣嚼食檳榔的方式主要有兩種。一種是將新鮮的檳榔子，也就是俗稱的菁仔，剖開為二，內夾荖花 (inflorescence of

---

9. 詳見吳成文與賴美淑所寫的〈序〉，以及各書之〈執行摘要〉，收入賴美淑總編輯，《檳榔嚼塊與口腔癌流行病學研究》；賴美淑總編輯，《檳榔嚼塊的化學致癌性暨其防制：現況與未來》；賴美淑總編輯，《嚼檳榔與口腔癌癌基因、抑癌基因的突變和表現》。案：「健康促進與疾病預防委員會」到目前為止，至少執行了五期的計畫，每一期的主題都不盡相同，其中，第二期和第三期都有與檳榔相關的主題，第二期是：「檳榔與癌前病變、癌前狀態」；第三期是：「檳榔之其他健康問題」。詳細的研究報告見賴美淑總編輯，《檳榔相關口腔癌前病變之流行病學研究》；賴美淑總編輯，《嚼食檳榔引發之口腔黏膜下纖維化症：流行病學與致病機轉》；賴美淑總編輯，《口腔癌前病變及癌前狀態之診斷、治療、預後與化學預防：以嚼食檳榔相關者為重點》；賴美淑總編輯，《嚼食檳榔的健康危害（不包括口腔癌及口腔癌前病變）》；賴美淑總編輯，《嚼食檳榔行為之預防與戒斷》。

10. 詳見韓良俊，〈自序〉、〈前言：我為什麼催生「檳榔學」〉，收入氏著，《檳榔的健康危害》，頁 8–12、13–16。

Piper betel），然後加入少許紅灰（通常用石灰、柑仔蜜及香料調配而成），俗稱紅灰檳榔。另一種是用整顆檳榔子，外包荖葉，荖葉則裹上石灰，俗稱「包葉檳榔」。除此之外，還有一種較為罕見的是所謂的「硬荖藤檳榔」，即將新鮮檳榔子剖開，中間塗抹白灰，再夾入切塊的硬荖藤（莖部），這一種食用方式幾乎只流行於原住民之間，且少有市售。荖藤又叫蔓藤、扶留藤和枸醬，荖葉是荖藤的葉子，荖花則是荖藤未成熟的果實。因此，嚴格來說，一般所嚼食的其實是所謂的「檳榔嚼塊」，包含多種成分。[11] 世界其他有嚼食檳榔風尚的社會，其「檳榔嚼塊」也大多是由檳榔子、荖藤（荖花、荖葉）和熟石灰（或牡蠣殼）所組成，只是檳榔子和荖藤的品種會有所差異，針對檳榔子所做的加工處理（如去皮、煮熟、曬乾、烘烤和醃製等）也有所不同，而「添加物」（如菸草、椰肉、香料等）也會因地而異，少數地方則會省去荖藤或熟石灰。[12]

　　根據《檳榔嚼塊的化學致癌性暨其防制：現況與未來》的報告，「檳榔嚼塊」之中，檳榔子中的檳榔鹼 (arecoline) 和檳榔次鹼 (arecalidine) 是讓嚼食者產生「提神」（興奮）作用和保暖感覺的主要成分，但其成分和含量多寡，會因品種、成熟程度、以及人工炮製的方式（新鮮、曬乾、燻製等）而有所不同。紅灰的主要成分是熟石灰，也就是氫氧化鈣 (CaOH)，外加甘草蜜，含有兒茶素 (catechin) 和單寧 (catechu tannins)。荖葉的主要化學成

---

11. 詳見賴美淑總編輯，《檳榔嚼塊與口腔癌流行病學研究》，頁 6；賴美淑總編輯，《檳榔嚼塊的化學致癌性暨其防制：現況與未來》，頁 3。

12. Dawn F. Rooney, *Betel Chewing Traditions in South-East Asia* (Kuala Lnmpur: Oxford University Press, 1993), pp. 16–29; 賴美淑總編輯，《檳榔嚼塊與口腔癌流行病學研究》，頁 5–6。

分是 ： 丁香酚 (eugenol)、 類胡蘿蔔素 (Carotenoid) 和抗壞血酸 (ascorbic acid)。荖花則有：黃樟素 (safrole)、丁香酚 (eugenol) 等。荖花若單獨嚼食會有辛辣氣味，但如果和檳榔合嚼，則會轉變為芳香氣味。[13]

他們認為檳榔嚼塊之中可能的致癌因子包括：一、檳榔子中的生物鹼 (alkaloids)；二、檳榔子生物鹼的硝化衍生物 (nitroso-compounds)；三、檳榔子中多酚 (polyphenol) 成分自動氧化所釋出的活性氧 (reactive oxygen species)；四、紅灰成分對口腔黏膜組織的刺激作用；五、荖花（荖藤）或荖葉中的黃樟素及羥基胡椒酚 (hydroxychavicol) 等。這些成分可能使口腔細胞產生「基因毒性」與「非基因毒性」，進而起始和促進腫瘤的產生，最終導致口腔癌。其中，檳榔子的生物鹼和硝化衍生物很可能具有致癌性。檳榔鹼與黃樟素也可能具有致癌或促癌作用。檳榔次鹼與的致癌性則仍有爭議。此外，丁香酚可能不具明顯的基因毒性，甚至有抗氧化的作用。紅灰則可能具有促癌作用。[14]

事實上，檳榔嚼塊中的一些成分對於健康似乎並非全是負面的。例如，荖花的成分雖然會抑制口腔細胞的生長，並且具有基因毒性，但是，這些成分也可以抑制檳榔生物鹼的硝化 (nitrosation)，而硝化物被認為是致癌的主要成分。其次，丁香酚是荖花和荖葉中的主要成分之一，也是嚼食檳榔時產生香味的主要來源之一，此物不僅不會導致腫瘤，反而具有抗發炎、抑制硝化以及致癌物質基因毒性的作用。再者，荖葉中的成分也可以抑制口腔癌、胃癌、乳癌產生，可以抑制硝化作用，甚至有利於抗癌。由此可見，將檳榔子與荖花、荖葉合嚼，或許正好可以抵消彼此的毒性，至少可

---

13. 賴美淑總編輯，《檳榔嚼塊的化學致癌性暨其防制：現況與未來》，頁 3–5。

14. 賴美淑總編輯，《檳榔嚼塊的化學致癌性暨其防制：現況與未來》，頁 x、23–24。

以減少硝化物的產生。[15] 因此，這份報告的結論其實是：「檳榔嚼塊與其組織成分在致癌過程的確切角色，仍需更多的研究來加以釐清」，「須建立適當的動物研究模型，使動物暴露於檳榔嚼塊之情形相似於人的嚼食狀況」，而且，「檳榔嚼塊各組成成分對免疫系統之影響、各組成成分間之交互作用、在多步驟致癌機轉之角色等，及嚼食檳榔者之營養與遺傳因子亦需加以評估」。[16] 換句話說，我們似乎還不能將檳榔與致癌物完全畫上等號。

　　至於《嚼檳榔與口腔癌基因、抑癌基因的突變和表現》則是從分子生物學入手，分析口腔癌患者的癌基因和抑癌基因的變異。他們發現有嚼食檳榔習慣的國家、地區（臺灣、東南亞、印度）和沒有此一習慣的地區（歐美、日本），患者的基因變異的確有很明顯的差別。[17] 他們認為在化學致癌物的致癌模式中，ras 癌基因的突變和過度表現是腫瘤起始和促進作用的關鍵，這會使基因不穩性增加，從而使口腔癌的發生機率大增。而臺灣患者ras 癌基因的變異情形，比其他地區顯然高了許多，但又比印度低，其原因在於臺灣是檳榔嚼食區，而印度除了檳榔之外，還常夾菸草嚼食，二者結合會產生「硝化化合物」（致癌物）。[18] 然而，這份報告的撰寫人也坦承，這方面的研究相當不足，案例仍不多，臺灣的樣本數僅 33 例（其中 6 例有ras 癌基因突變），連同印度也才 90 個案例。[19]

　　事實上，實驗室醫學和分子生物學的研究還無法在嚼食檳榔與罹患口

---

15. 賴美淑總編輯，《檳榔嚼塊的化學致癌性暨其防制：現況與未來》，頁 13–18。
16. 賴美淑總編輯，《檳榔嚼塊的化學致癌性暨其防制：現況與未來》，頁 x、23。
17. 賴美淑總編輯，《嚼檳榔與口腔癌基因、抑癌基因的突變和表現》，頁 x、28–29。
18. 賴美淑總編輯，《嚼檳榔與口腔癌基因、抑癌基因的突變和表現》，頁 4–7。
19. 賴美淑總編輯，《嚼檳榔與口腔癌基因、抑癌基因的突變和表現》，頁 31。

腔癌之間建立出堅實的因果關係，對於一般民眾來說，真正較具說服力或
威嚇作用的還是來自流行病學的研究。不少的流行病學統計都指出，若干
口腔病變，包括口腔黏膜下纖維化症 (oral submucous fibrosis)、口腔白斑症
(oral leukoplakia)、口腔鱗狀上皮細胞癌（口腔癌）等，都和患者嚼食檳榔
的習慣有緊密的關係。[20]《嚼檳榔與口腔癌基因、抑癌基因的突變和表現》
一書根據 1996 年衛生署的報告指出，口腔癌在臺灣十大癌症中死亡率、發
生率都排第七位，單獨就男性來看，則是第五位。然而，口腔癌的死亡數
年增率卻高達 14.58%，為所有癌症總死亡率平均增加率 7.33% 的兩倍左
右。[21] 若根據衛生署「2011 年國人十大死因統計」來看，則口腔癌的死亡
率排名上升為第五位 （死亡人數 2,463），純就男性來說，則排名第四
位。[22] 至於口腔癌的發生率，以 1991–1993 年來說，男性為每十萬人口
11.8 人，女性為每十萬人口 2.1 人，平均是每十萬人口 6.95 人。[23] 比對
WHO 所收集、公布的 1988–1993 年世界各個國家、地區癌症每年平均發
生率的資料，臺灣口腔癌的發生率似乎偏高，僅次於印度。不過，WHO 的
資料其實很不完整，例如中國的海南島、馬來西亞等地都未收入。[24]

---

20. 賴美淑總編輯，《檳榔嚼塊的化學致癌性暨其防制：現況與未來》，頁 1。

21. 賴美淑總編輯，《嚼檳榔與口腔癌基因、抑癌基因的突變和表現》，頁 1。

22. 衛生署網站 (http://www.doh.gov.tw)，2012 年 5 月 25 日所發布的新聞：〈100 年國人
主要死因統計〉（檢索日期 2013/01/24）。

23. 洪信嘉、陳建仁，〈口腔及咽癌之流行病學〉，收入韓良俊主編，《檳榔的健康危
害》，頁 17–38。

24. 賴美淑總編輯，《檳榔嚼塊與口腔癌流行病學研究》，頁 16。案：根據 WHO 在
2008 年所公布的資料來看，臺灣口腔癌的發生率已躍居世界第一；詳見 WHO
Globalcan 網站：http://globocan.iarc.fr/summary_table_site_prev.asp?selection=13010

　　那麼，臺灣的檳榔嚼食率又如何呢？《檳榔嚼塊與口腔癌流行病學研究》一書引述葛應欽在 1991 年所做的調查指出，高雄市民的檳榔嚼食率，男性為 9.8%，女性為 1.6%。原住民則有 46.5% 的男性、38% 的女性有嚼食習慣。他們認為臺灣的檳榔嚼食率與其他嚼食國家相較，其實還不算是最嚴重，不過，檳榔嚼食者有較集中於藍領階級、中老年男性，及某些原住民族群的現象 。[25] 而根據 2001 年在臺灣各縣市所進行的調查與統計來看，男女平均的嚼食率仍有 8.5%（男性占 93.7%），同時，職業、族群與教育程度的集中偏向也和十年前大同小異。[26]

　　但是，同一個社會，同時有偏高的口腔癌發生率和較高的檳榔嚼食率，並不能直接推衍出兩者之間存有因果關係。因此，專家通常還會針對口腔癌患者進行飲食習慣的調查。以〈高雄醫學院 1985–1996 病歷切片資料〉來看，口腔癌的發生年齡，嚼食檳榔者比不嚼食者提早約 10 年，而且，嚼食者占所有病例的比率 ，由 41.4% (1975–1984 AD) 逐步提升到 73.8% (1987–1991 AD)、82.7% (1985–1996 AD)。[27] 這是比較能顯示檳癌相關性的統計資料，但是，這樣的調查、統計方式也有其限制，因為，這些患者大多還有抽菸或喝酒等習慣，究竟何者才是最關鍵性的因素，還很難斷言。[28]

&title=Lip%2C+oral+cavity&sex=0&africa=1&america=2&asia=3&europe=4&oceania=5&build=6&window=1&sort=15&submit=%A0Execute%A0（檢索日期 2013/10/11）。

25. 賴美淑總編輯，《檳榔嚼塊與口腔癌流行病學研究》，頁 10。
26. 楊奕馨、陳鴻榮、曾筑瑄、謝天渝，〈臺灣地區各縣市檳榔嚼食率調查報告〉，《臺灣口腔醫學衛生科學雜誌》18（2002），頁 1–16。
27. 賴美淑總編輯，《檳榔嚼塊與口腔癌流行病學研究》，頁 29–31。
28. 根據〈高雄醫學院 1985–1996 病歷切片資料〉（《檳榔嚼塊與口腔癌流行病學研究》，頁 31 表 13）來看，患者的「檳、菸、酒」習慣，只吃檳榔而不抽菸、喝酒者只占

即使是有嚼食檳榔習慣的口腔癌患者,還須考量其嚼食量。根據調查,大部分南非的檳榔嚼食者每天嚼食量都少於 5 顆,且平均嚼食 22.06 年;但口腔癌患者則平均每天嚼食 14 顆,且平均嚼食約 13.3 年。[29] 至於臺灣的情形,根據陳至興等人針對 234 例口腔癌病人所做的調查,平均每人每天約嚼食 18.3 顆,且嚼食了 19.1 年。[30]

無論如何,從流行病學的統計和醫師的臨床經驗來看,多數口腔癌病人的檳榔嚼食量、嚼食頻率及嚼食時間都較其社會的平均值高,顯示檳癌之間應該有其關聯性。但是,相關的統計卻也顯示,似乎長年累月的嚼食檳榔,而且每天都有不少的嚼食量,才會有較高的致癌風險,而減少每天的嚼食量則可以降低風險。或許是因為這種緩慢、積累、漸進式的致癌模式,使一般嚼食者很難從自身的經驗中感受或意識到嚼食檳榔的罹癌風險。換句話說,不是經常性的、大量的嚼食檳榔,不被認為會帶來立即或長期性的健康風險,這點就連專家和醫師也很難否認。其次,檳榔致癌或危害健康的「醫學」證據或日常經驗,似乎遠不如抽菸、喝酒來得明確,成癮性也不明顯,價格又較低廉。若政府無法勸阻或禁止民眾抽菸、喝酒,那麼,要根除檳榔就更不容易了。[31] 更何況,嚼食檳榔已經是歷史悠久的飲

8.6%,和沒有任何「檳、菸、酒」習慣者的 7.6% 相差很小。最多的是檳、菸、酒三樣皆有者,占 47.1%,而檳、菸都用者占 22.4%。可見菸與檳榔共食,似乎和口腔癌的發生有較大關聯。單獨嚼食檳榔在流行病學的統計上,較無充足而明確資料足以顯示其致癌風險。

29. 賴美淑總編輯,《檳榔嚼塊與口腔癌流行病學研究》,頁 13。

30. 賴美淑總編輯,《檳榔嚼塊與口腔癌流行病學研究》,頁 13;陳至興、林清榮、張斌,〈234 例口腔癌的統計與分析〉,《中華民國耳鼻喉科醫學會雜誌》,19:1 (1984),頁 20–25。

食習慣。

三、嚼食檳榔的風氣

　　人類嚼食檳榔的歷史，從考古的人類遺骸（牙齒）來看，至少有五千年之久。文獻記載則至少可追溯至西元前六世紀，可以說是南亞（尤其是印度）、東南亞、太平洋群島和中國南方一帶長久而普遍的飲食習慣。[32] 至

---

31. 事實上，在國家衛生研究院「健康促進與疾病預防委員會」「檳榔與口腔癌」小組的「報告書成果討論會」（2000 年 2 月 24 日）上，學者、醫師與衛生署官員也討論到在臺灣「禁斷」檳榔的問題，他們都意識到檳榔已經成為一種「產業」，賴以維生者可能達百萬人之多，強力禁止恐引發社會、經濟問題，因此，只能採取「宣導檳榔危害」及「口腔癌篩檢」的措施，希望民眾能站在「自我健康維護」的立場，戒斷檳榔或及早診療。詳見賴美淑總編輯，《檳榔嚼塊與口腔癌流行病學研究》，頁 48–50。

32. 詳見 Donald Rhind, *Betel-nut in Burma* (Rangoon: Department of Agriculture, Burma, 1936); Norman M. Penzer, "The Romance of Betel-chewing," in *Poison-Damsels, and Other Essays in Folklore and Anthropology* (London: Priv. print. for C. J. Sawyer, 1952), pp. 187–298; Anthony Reid, "From Betel-Chewing to Tobacco Smoking in Indonesia," *The Journal of Asian Studies*, 44:3 (1985), pp. 529–547; Dawn F. Rooney, *Betel Chewing Traditions in South-East Asia*, pp. 1–15; Christian A. Anderson, "Betel Nut Chewing Culture: The Social and Symbolic Life of an Indigenous Commodity in Taiwan and Hainan," Ph. D. Dissertation, University of Southern California (California, 2007); Thomas J. Zumbroich, "The Origin and Diffusion of Betel Chewing: A Synthesis of Evidence from South Asia, Southeast Asia and Beyond," *eJournal of Indian Medicine*, 1 (2007–2008), pp. 87–140; 葛應欽，〈嚼食檳榔文化源流〉，收入韓良俊主編，《檳榔的健康危害》，頁 39–45。

於臺灣的情形，從考古資料來看，應該也有四、五千年的嚼食歷史，[33] 文字記錄則可追溯到西元十七世紀荷蘭和中國的文獻。不過，西元十七世紀以後，臺灣檳榔文化的形塑者究竟是原住民還是漢人，是學界一直爭論不休的議題。一方認為嚼食檳榔是原住民（番人，南島民族）的舊有習慣，閩粵一帶的漢人，原本嚼食風氣並不普遍或是無此習慣，直到明清時期移民來臺之後，受到原住民的影響，才沾染此風。另一方則是主張原住民原本並無這樣的習俗，是受到漢人從中國帶來的習俗影響才開始嚼食檳榔。但是，也有人認為原住民和漢人在西元十七世紀以前都已各自養成嚼食檳榔的習慣。[34] 不過，隨著考古報告的增加，以及對於海峽兩岸嚼食檳榔相

---

33. 參見李光周，《墾丁國家公園的史前文化》，頁 26–29；Chao-Mei Lien, "The Interrelationship of Taiwan's Prehistoric Archeology and Ethnology," in Kuang-Chou Li et al., eds., *Anthropological Studies of the Taiwan Area: Accomplishments and Prospects* (Taipei: Department of Anthropology, National Taiwan University, 1989), pp. 173–192; Chao-Mei Lien, "The Neolithic Archaeology of Taiwan and the Peinan Excavations," *Indo-Pacific Prehistory Association Bulletin*, 11 (1991), pp. 339–352, esp. pp. 343–345; 張菁芳，〈十三行遺址出土人骨之形態學與病理學分析及其比較研究〉；蔣淑如，〈清代臺灣的檳榔文化〉，頁 35–36；陳叔倬、邱鴻霖、臧振華、李匡悌、朱正宜，〈南關里東遺址出土人骨研究初步報告〉，收入《2009 年度臺灣考古工作會報會議論文集》，頁 5–2–1～5–2–7。

34. 相關的主張和討論，詳見德重敏夫，〈食檳榔の風俗〉，《民俗臺灣》，3：10（1943），頁 34–41；王四達，〈閩臺檳榔禮俗源流略考〉，《東南文化》，1998：2（1998），頁 53–58；陳其南，〈檳榔文化的深度探索〉，《聯合報》，1999 年 12 月 7 日，14 版（文化版）；葛應欽，〈嚼食檳榔文化源流〉，頁 39–45；朱憶湘，〈1945 年以前臺灣檳榔文化之轉變〉，《淡江史學》，11（2000），頁 299–336；蔣淑如，〈清代臺灣的檳榔文化〉，頁 4–5、32–36；林富士，〈檳榔入華考〉，《歷史月刊》，186

關文獻的掌握與分析日漸深入，我相信承認漢、原各自有其悠久傳統的學者會越來越多。然而，奇怪的是，行政院衛生署的官方網站仍偏執一說，繼續宣稱：「漢人」在西元十七世紀移民到臺灣之後「發現原住民嚼食檳榔塊」，因而「入境隨俗」才有此習慣。[35]

　　無論如何，從西元十七世紀起到現在，有關臺灣「住民」嗜食檳榔的記載一直都不絕於書，相關的研究也不少，[36] 因此，以下便舉若干最具代

　　（2003.7），頁 94–100；林瑤棋，〈從唐山人土著化談臺灣人吃檳榔及拜阿立祖〉，《臺灣源流》，32（2005），頁 141–151；黃佐君，〈檳榔與清代臺灣社會〉，頁 4–7。

35. 行政院衛生署食品藥物管理局的網站，在「公告資訊」中有一篇 2002 年 10 月發布的「宣導性」短文，題為〈檳榔的歷史〉（http://www.fda.gov.tw/TC/news.aspx，檢索日期 2012/12/14），文中談到「臺灣嚼食檳榔的歷史」時便說：「明朝時漢人移民臺灣，發現原住民嚼食檳榔塊，入境隨俗，因此檳榔塊也成為當時入藥、社交、送禮的重要物品。」案：這段文字幾乎是完全襲用葛應欽的說法，葛氏之說，詳見葛應欽，〈嚼食檳榔文化源流〉，頁 39–45；賴美淑總編輯，《檳榔嚼塊與口腔癌流行病學研究》，頁 4。

36. 江家錦，〈嚼檳榔的民俗雜記〉，《文史薈刊》，1（1959.6），頁 45–50；何一凡，〈檳榔、竹與清代臺灣的社會〉，《史聯雜誌》，12（1988），頁 16–23；尹章義，〈臺灣檳榔史〉，《歷史月刊》，35（1990.12），頁 78–87；殷登國，〈臺灣的檳榔文化史〉，《源雜誌》，6（1996.11），頁 36–39；王蜀桂，《臺灣檳榔四季青》；林翠鳳，〈竹與檳榔的文獻觀察——以「陶村詩稿」為例〉，《臺中商專學報》，31（1999），頁 111–130；朱憶湘，〈1945 年以前臺灣檳榔文化之轉變〉，頁 299–336；蔣淑如，〈清代臺灣的檳榔文化〉；黃佐君，〈檳榔與清代臺灣社會〉；劉正剛、張家玉，〈清代臺灣嚼食檳榔習俗探析〉，《西北民族研究》，48：1（2006），頁 46–51；Huwy-min Liu, "Betel Nut Consumption in Contemporary Taiwan: Gender, Class and Social Identity," *Master Thesis*, The Chinese University of Hong Kong (Hong Kong, 2006); Christian A. Anderson, "Betel Nut Chewing Culture: The Social and Symbolic Life of

表性的史料，以及學者較少運用或細加剖析的文獻，說明臺灣人嚼食檳榔的風氣和方式。

關於臺灣嚼食檳榔的風氣，從下列記載便可略窺一二。例如，首任臺灣知府蔣毓英在他所纂修的《臺灣府志》中，在描述臺灣的物產時，便已提到檳榔及其食用方式。[37] 其次，福建長樂人林謙光在清康熙二十六年來臺擔任臺灣府儒學教授，在他編纂的《臺灣府紀略》中，介紹臺灣「菓之美者」時也提到檳榔。[38] 緊接著，高拱乾在擔任福建分巡臺灣廈門兵備道期間纂修完成的《臺灣府志》，也說臺灣出產檳榔，「能醉人，可以袪瘴」，[39] 府學的學田還「雜植椰、檨、檳榔等樹」。[40] 其後，浙江人郁永河在清康熙三十六年來臺灣工作、遊歷約九個月，並將見聞撰成《裨海紀遊》，而此書也描述了臺灣住民嚼食檳榔的習慣。[41] 但是，較為詳細的記載似乎是首見於漳州人陳夢林等在清康熙五十六年所纂修完成的《諸羅縣志》，此書說：

> 土產檳榔，無益饑飽，云可解瘴氣；薦客，先於茶酒。閭里雀角或相詬誶，其大者親鄰置酒解之，小者輒用檳榔。百文之費，而息兩氏一朝之忿；物有以無用為有用者，此類是也。然男女咀嚼，競紅

---

an Indigenous Commodity in Taiwan and Hainan”; 周明儀，〈從文化觀點看檳榔之今昔〉，《通識教育與跨域研究》，5（2008），頁 111–137。

37. 蔣毓英，《臺灣府志》（《臺灣文獻叢刊》65），卷4，〈物產志·果之屬〉，頁74。

38. 林謙光，《臺灣府紀略》（《臺灣文獻叢刊》104），〈物產〉，頁63。

39. 高拱乾，《臺灣府志》（《臺灣文獻叢刊》65），卷7，〈風土志·土產〉，頁199–200。

40. 高拱乾，《臺灣府志》，卷2，〈規制志·學田〉，頁34。

41. 郁永河，《裨海紀遊》（《臺灣文獻叢刊》44），卷上，頁15。

於一抹；或歲糜數十千，亦無謂矣。[42]

這段文字相當簡潔的說明了檳榔在當時臺灣漢人社會的主要功能（解瘴癘、款待賓客、解糾紛），以及臺灣人好嚼此物的原因（防治疾病），同時也指出，無論男女都不惜耗費數萬錢在嚼食檳榔上。

其後，由臺灣府海防捕盜同知兼臺灣縣知縣王禮掛名主修，於康熙五十九年纂成的《臺灣縣志》也說：

> 檳榔之產，盛於北路、次於南路，邑所產者十之一耳。但南北路之檳榔，皆鬻於邑中，以其用之者大也。無益之物，耗財甚多。然鄰里角競，親朋排解，即以此代酒席釋之，遂為和好如初。客至，亦以此代茶焉。[43]

王必昌 (1704–1788 AD) 等在清乾隆十七年 (1752 AD) 纂修完成的《重修臺灣縣志》則承襲前志的記載，並補充說：

> 南北路之檳榔輦來於邑中，男女競食不絕口。中人之家，歲靡數十千。云可解瘴氣，實無益也。[44]

這些觀察證明，從十七世紀下半葉一直到十八世紀中葉，嚼食檳榔的風氣

---

42. 周鍾瑄修，陳夢林、李欽文纂，《諸羅縣志》(《臺灣文獻叢刊》141)，卷 8，〈風俗志‧漢俗〉，頁 145。

43. 王禮修，陳文達纂，《臺灣縣志》(《臺灣文獻叢刊》103)，〈輿地志‧風俗‧雜俗〉，頁 58。

44. 魯鼎梅修，王必昌纂，《重修臺灣縣志》(《臺灣文獻叢刊》113)，卷 12，〈風土志‧風俗〉，頁 403。

持續存在。

緊接著，清乾隆二十八年 (1763 AD)，福建建寧縣人朱仕玠 (1712–？ AD) 來臺擔任鳳山縣教諭，曾記錄當地的風氣說：

> 土人啖檳榔，有日食六、七十錢至百餘錢者，男女皆然；惟臥時不食，覺後即食之，不令口空。食之既久，齒牙焦黑；久則崩脫。男女年二十餘齒豁者甚眾。聞有一富戶，家約七、八口，以五十金付貨檳榔者，令包舉家一歲之食；貨檳榔者不敢收其金，懼傷本也。貧窶之家，日食不繼，每日檳榔不可缺；但食差少耳。相習成風，牢不可破，雖云足解瘴除濕，而內地官臺者，食亦稀少，未見遂受濕瘴病，是知土人惡習也。[45]

根據他的見聞，當地「土人」喜愛嚼食檳榔的風氣，已經是不分男女、不分貧富了，不僅耗費驚人，連牙齒的健康都受到影響。對他來說，這是一種「惡習」。

稍後，在清乾隆三十四年 (1769 AD) 來臺任官的湖南武陵人朱景英，在描述臺灣的習氣時也說：

> 土人啖檳榔，有日費百餘錢者，男女皆然，行臥不離口；啖之既久，唇齒皆黑，雖貧家日食不繼，惟此不可缺也。[46]

他的觀察和朱仕玠幾乎一模一樣，只是不曾提出批判。

---

45. 朱仕玠，《小琉球漫誌》(《臺灣文獻叢刊》3)，卷 7，〈海東賸語（中）・檳榔〉，頁 71。

46. 朱景英，《海東札記》(《臺灣文獻叢刊》19)，卷 3，〈記氣習〉，頁 28。

此外，周璽在清道光十二年 (1832 AD) 纂修完成的《彰化縣志》中，敘述當地的飲食習慣時也說：

> 每日三餐，富者米飯，貧者食粥及地瓜，雖歉歲不聞啼饑也。葷菜則稱家之貧富耳。惟檳榔為散烟瘴之物，則不論貧富，不分老壯，皆嚼不離口，所以有黑齒之譏也。[47]

這是不分老壯、不分貧富的嚼。此書又針對「雜俗」說：

> 土產檳榔，無益饑飽，云可解瘴氣，薦客先於茶酒。閭里雀角，或相詬誶，大者親鄰置酒解之，小者輒用檳榔。數十文之費，而息兩家一朝之忿焉。然男女咀嚼，或日費百餘文，黑齒耗氣，不知節矣。[48]

在此，提到檳榔的嚼食亦無男女性別之分。同時，補充說明檳榔的社會功能和健康危害。

再者，在清光緒元年 (1875 AD) 隨福建巡撫王凱泰 (1823–1875 AD) 來臺的浙江人何澂，在其《臺陽雜詠》中提到臺灣人「細嚼雞檳慣代茶」，並說：

> 男女均嗜檳榔，咀嚼不去口，唇齒皆殷。客至，亦必以獻，即以代茶。[49]

---

47. 李廷璧修，周璽纂，《彰化縣志》（《臺灣文獻叢刊》156），卷9，〈風俗志‧漢俗‧飲食〉，頁289。

48. 李廷璧修，周璽纂，《彰化縣志》，卷9，〈風俗志‧漢俗‧雜俗〉，頁292。

49. 何澂，《臺陽雜詠》，收入臺灣銀行經濟研究室編，《臺灣雜詠合刻》（《臺灣文獻叢刊》28），頁67。

稍後，在清光緒十七年 (1891 AD) 來臺任官的湖南人唐贊袞，在其《臺陽見聞錄》中描述當時的檳榔習俗時也說：

> 臺地男女均嗜咀嚼不去口，唇齒皆殷。客至，必以獻，即以代茶。婦人嚼成黑齒，乃稱佳人。[50]

據此，紅唇黑齒已經成為當時臺灣人的鮮明標誌。此外，屠繼善在清光緒二十年 (1894 AD) 總纂修完成的《恆春縣志》也提到當地的檳榔：

> 產於番社者多，……男婦皆喜啖之，不絕於口。婚姻大事，及平時客至，皆以檳榔為禮。[51]

這樣的嚼食風氣，連佛教僧人也被沾染，例如，陳文達等人在清康熙五十九年 (1720 AD) 纂修完成的《臺灣縣志》，提到清代臺灣的僧尼時便說：

> 僧尼者，民而異端者也；然歷代所不廢。蓋將以此待鰥寡孤獨之民，使不致於死亡莫恤。而臺地僧家，每多美色少年，口嚼檳榔，檯下觀劇。至老尼，亦有養少年女子為徒弟者。大干天地之和，為風俗之玷。[52]

由此可見，當時臺灣應有不少僧人曾經滿口檳榔，連同其他作為，被官方視為「風俗之玷」。

---

50. 唐贊袞，《臺陽見聞錄》(《臺灣文獻叢刊》30)，卷下，〈檳榔〉，頁 166。

51. 陳文緯修，屠繼善纂，《恆春縣志》(《臺灣文獻叢刊》75)，卷 9，〈物產（鹽法）·果之屬〉，頁 155。

52. 王禮修，陳文達纂，《臺灣縣志》，〈輿地志·風俗·雜俗〉，頁 60。

　　根據上述文獻的記載，我們應該可以相信，從早清到晚清，大約二百年左右，臺灣住民，無論男女、老壯、貧富、僧俗、漢番，都有嚼食檳榔的習慣，至於其普遍的程度，或是所謂的嚼食率，則不易明確判斷。

　　到了日治時期 (1895–1945 AD)，有人認為日本人「厭惡」檳榔，因此「禁植」、「禁吃」檳榔，「臺灣光復」之後，檳榔的種植和嚼食風氣也才「光復」。[53] 這樣的看法，似乎廣被接受，但其實並不完全正確。已有學者指出，當時來臺的日本人（尤其是學者和官員）以及若干臺灣本地的士紳之中，的確有人（例如：樺山資紀、後藤源太郎）對於嚼食檳榔的風氣深惡痛絕，甚至主張加以禁絕，而且在統治後期（昭和時期）也曾經實施過一些「禁令」，但主要是取締「亂吐檳榔汁」的行為，並鼓勵種植檳榔與荖藤的農民轉植其他經濟作物。即使有所禁止，通常還是採行宣導、教育和罰款等較為和緩的方式，且鼓勵自律。而且，根據臺灣總督府的調查統計，在 1921–1941 年間，臺灣檳榔的種植面積和檳榔子的產量，整體而言並無太大的起伏變化，有資料遺留的三次檳榔嚼食率調查則分別為：11.8%（1929 AD；鳳山）、5.52%（1931 AD；岡山）、20.46%（1932 AD；東港），平均 12.59%，和目前臺灣的情形相差不多。[54] 因此，我們不宜誇大日本殖民政府遏止或改變臺灣嚼食檳榔風氣的程度。

　　事實上，單就當時《臺灣日日新報》(1898–1944 AD) 有關檳榔的各種報導來看，日治時期，許多日本人並不討厭檳榔。例如，西元 1907 年東京博覽會，臺灣館展出的特展中便有檳榔。1910 年 2 月 24 日，日本殖民政

---

53. 詳見葛應欽，〈嚼食檳榔文化源流〉，頁 42–43；王蜀桂，《臺灣檳榔四季青》，頁 24；賴美淑總編輯，《檳榔嚼塊與口腔癌流行病學研究》，頁 10。

54. 朱憶湘，〈1945 年以前臺灣檳榔文化之轉變〉，頁 314–316、322–329。

府還派恆春番人到日英博覽會展示，而男女都背著檳榔子袋，其餘在日本各地舉行的博覽會、展示會，只要設有臺灣館，大致都會展出檳榔。1908年的臺中公園、總督的督邸和庭園，1920 年的臺北新公園，都植栽檳榔或改種檳榔，其餘公共建設落成時的植樹紀念，有時也會植栽檳榔。1933 年4 月 12 日杜聰明 (1893–1986 AD) 在名古屋醫大的研討會上發表論文，甚至指出檳榔有助於「保健」。而有關檳榔產地、產量、價格、工藝品（例如：利用檳榔纖維製扇子、帽子），以及檳榔的照片、圖畫、文藝作品等，更是頻頻上報，甚至有雜誌、作家以檳榔為刊名（如《檳榔樹》）、筆名（如柴田檳榔）。當然，我們也可以看到一些有關檳榔的負面新聞，例如，1905年，有人說吃檳榔是臺灣的「惡俗」。1910 年 12 月 5 日，已有「維新之人，不吃檳榔」之說。又，1937 年 3 月 26 日的報導，屏東番社的男女青年開始不吃檳榔，並打算推展為全面禁食檳榔。1938 年 1 月 8 日報導，因受皇民化運動的影響，使「頑固」的農民覺醒，開始不種檳榔，改種其他果樹。此後，有關受到皇民化運動而「改良」風俗，不吃、不種檳榔（及荖藤）的報導便頻頻出現。[55] 如此看來，似乎是在 1936–1937 年開始推動皇民化運動之後，日本殖民政府對於檳榔的態度和政策才有較大的轉變。[56]而其所造成的影響，因中日之戰、世界大戰隨之爆發，恐怕相當有限。至於 1945 年以後到現在的情形，粗略估算，嚼食率大致都有 10% 上下，目前的嚼食人口則大概有一、二百萬人。[57]

---

55. 利用大鐸資訊股份有限公司的《臺灣日日新報》電子資料庫查詢，與檳榔相關的資料有 207 筆，因資料繁多，在此無法一一註明。

56. 參見沈佳姍，〈戰前臺灣黑齒習俗流變初探〉，《臺灣原住民研究論叢》10，頁 67–94。

四、嚼食檳榔的方式

　　接著我們必須要問：臺灣住民究竟如何吃檳榔？其嚼食方式是否有古今之變或族群差異？是否嚼出臺灣獨有的特色？

　　首先，我們可以發現，大清國在康熙二十三年 (1684 AD) 將臺灣正式納入版圖之後，設一府三縣，首任臺灣知府蔣毓英纂修的《臺灣府志》(1685 AD) 已提到檳榔及其食用方式：

> 檳榔：向陽曰檳榔，向陰曰大腹，實可入藥。叢似椰而低，實如雞心而差大。和蔞藤食之，能醉人。粵甚盛，且甚重之，蓋南方地濕，不服此無以祛瘴。蔞藤蔓生，葉似桑，味辛，和檳榔食。[58]

這對於檳榔的品種分類或許有問題，但是，此書很清楚的告訴我們當時的吃法是將檳榔子（實）和「蔞藤（籐）」、蔞葉一起嚼食，而且，此一習俗和「粵人」（廣東移民）原鄉的物產與風氣有關，嚼食的動機則是為了防治瘴癘之害，明白指出檳榔的藥物功用以及和風土之間的關係。

　　其次，郁永河《裨海紀遊》(1698 AD) 對於臺灣住民嚼食檳榔的方式也有以下描述：

---

57. 參見洪信嘉、陳建仁，〈口腔及咽癌之流行病學〉，頁 41–42；王蜀桂，《臺灣檳榔四季青》，頁 15；溫啟邦等，〈國人嚼檳榔的現況與變化〉，《臺灣衛誌》，28：5，頁 407–419。

58. 蔣毓英，《臺灣府志》，卷 4，〈物產志・果之屬〉，頁 74。

獨榦凌霄不作枝，垂垂青子任紛披；摘來還共蔞根嚼，贏得唇間盡
染脂。（檳榔無旁枝，亭亭直上，……子形似羊棗，土人稱為棗子檳
榔。食檳榔者必與蔞根、蠣灰同嚼，否則澀口且辣。食後口唇盡
紅。）[59]

他的觀察著重點與蔣毓英纂修的《臺灣府志》略有不同，他發現嚼食檳榔
必須與蔞（蔟）根、蠣灰同嚼，否則會澀口且辣，而食後則會口唇盡紅。
在此，他談到了蠣灰，不提或忽略了蔞葉，至於他所說的蔞根與前述的蔞
藤是否有植物部位的不同則不易判定，但很可能是指根部而非莖部。

其後，桐城人孫元衡大約在清康熙四十二至四十七年期間 (1703–1708
AD) 曾經來臺任官，並撰寫兩首〈食檳榔有感〉的詩，其中一首說：

扶留藤脆香能久，古賁灰匀色更嬌。人到稱翁休更食，衰顏無處著
紅潮。[60]

這是他自己的親身體驗，而他的吃法是檳榔子、扶留藤、古賁灰（蠣灰）
三合一。

再者，陳夢林纂修的《諸羅縣志》(1717 AD) 在介紹浮留藤（即扶留
藤）時說：

浮留藤：即蒟。《說文》：「蒟，蔓生。子如桑椹，苗為浮留藤。」左
思《蜀都賦》所謂「蒟醬」，取其子為之。陳小崖《外紀》：「粵人夾
檳榔用葉；臺人憎其辣，獨用藤。」俗名荖藤，產內山；近蕭壠社者

---

59. 郁永河，《裨海紀遊》，卷上，頁 15。
60. 孫元衡，《赤崁集》(《臺灣文獻叢刊》10)，卷 1，〈乙酉·食檳榔有感〉，頁 14。

最佳。削皮脆如蔗，文如菊，根脆於藤；子如松蕤初吐，俗號荖花。橫切小片，文白點點如梅花，更香烈；類雲南蘆子。漢人納幣，取其葉滿百，束以紅絲為禮。按：荖，《正韻》無此字；或作蔞，亦非。[61]

這是相當重要的一段考釋。不但指出浮留藤、蒟、荖藤與蔞藤等四個名詞都指同一種蔓生植物。[62] 其次，他也說明蒟醬與荖花都是指其果實，浮留藤、荖藤和蔞藤都是指其苗（莖部），荖根和蔞根則都是指其根部。而關於嚼食檳榔的方式，他則引述陳小崖《外紀》的說法，指出粵人用荖葉，臺人則用荖藤。可見，當時臺灣住民和中國廣東一帶的嚼食偏好似乎已經有所不同。不過，他也提到臺灣漢人的納聘之禮有用荖葉者，因此，當時臺人吃檳榔是否真的完全不用荖葉，還有待查考（詳下文）。[63]

---

61. 周鍾瑄修，陳夢林、李欽文纂，《諸羅縣志》，卷10，〈物產志・果之屬〉，頁203–204。

62. 關於這些名詞的考釋，參見 Camille Imbault-Huart, "Le Bétel," *T'oung Pao*, 5 (1894), pp. 311–328; 容媛，〈檳榔的歷史〉，《民俗》，43（1929），頁1–51；松本信廣，〈檳榔と芭蕉：南方產植物名の研究〉，收入氏著，《東亞民族文化論考》，頁721–750；郭聲波，〈蒟醬（蔞葉）的歷史與開發〉，《中國農史》，2007：1（2007），頁8–17。

63. 目前學者在有關扶留藤的用語方面，大多接受陳夢林的說法，亦即以荖藤作為此種植物的名稱，荖花指其果實，荖葉指其葉子，而荖藤有時則特指其根部或莖部。不過，也有一些栽種者認為荖藤、荖花、荖葉是三種「同科不同種」的植物。我認為這只是分類概念的不同所致，扶留藤確實有許多不同的品種，其生物特性也不盡相同，目前臺灣農民在栽種時特別注意選種，有些利於取其葉，有些利於取其花果者，少數則可用其根莖。對於栽種者而言，其品種與栽種方式自然截然不同。但無論如何，無論古今，扶留藤的葉子、花果、根莖，都曾經被用來與檳榔同嚼。關於臺灣農民對於荖藤、荖花、荖葉「同科不同種」的說法，詳見王蜀桂，《臺灣檳榔

此外，在清康熙六十年 (1721 AD) 朱一貴之亂之後，因擔任巡臺御史而來臺的黃叔璥 (1682–1758 AD)，根據其在臺經歷、見聞，撰成《臺海使槎錄》一書，也留下有關檳榔的記載：

> 棗子檳榔，即廣東雞心。粵人俟成熟，取子而食；臺人於未熟食其青皮，細嚼麻縷相屬，即大腹皮也。中心水少許，尚未成粒；間有大者，剖視其實，與雞心無二。或云粵人食子，臺人食皮。一色青者為雄，黑臍者為雌；雄者味厚，雌者味薄。顆向上長者，尤貴。蠣房灰用孩兒茶或柑仔蜜染紅，合浮留藤食之。按：《范石湖集》云：「頃在嶠南，人好食檳榔，合蠣灰、扶留藤（一名蔞藤），食之輒昏，已而醒快。三物合和，唾如膿血，可厭。」（蔞藤一作浮留藤，土人誤作為「荖」；字釋無「荖」字。）臺地多瘴，三邑園中多種檳榔；新港、蕭壠、麻豆、目加溜灣最多，尤佳。七月，漸次成熟；至來年三、四月，則繼用鳳邑瑯嶠番社之檳榔乾。[64]

這段文字指出當時粵、臺兩地嚼食檳榔的異同，兩地雖然都是合檳榔子、蠣灰、扶留藤三者共嚼，但粵人所吃的檳榔子是成熟的（剖開後有粒狀種仁），臺人吃的則是尚未成熟的（剖開後只有水，沒有粒狀種仁）；另一種說法則是粵人吃的是檳榔子（去除外殼），臺人吃檳榔皮（外殼）。同時，他也指出當時對於檳榔品種的不同分類，有依大小分成雞心與大腹皮，也有依顏色分雌雄。此外，別有一種「顆向上長者」，應該是現代俗稱的「倒

四季青》，頁 16–18、69–91。

64. 黃叔璥，《臺海使槎錄》（《臺灣文獻叢刊》4），卷3，〈赤崁筆談・物產〉，頁 58–59。

吊子」(或叫「醉菁」),[65] 它的吃法也和目前流行的「紅灰檳榔」幾乎一模
一樣 (亦即添加孩兒茶或柑仔蜜將白色的牡蠣灰或熟石灰染紅)。而根據他
的認知,當時種植檳榔最多、最好的幾乎都是在臺灣南部的「番社」。而
且,當時臺人所嚼食的檳榔子,似乎並不限於新鮮或未成熟者,全熟或曝
乾的檳榔也可以食用。

　　其後,大約在清乾隆二十五年 (1760 AD) 左右來臺的浙江詩人孫霖,
曾撰有〈赤嵌竹枝詞〉十首,其中一首描述「原住民」的檳榔風俗云:

> 雌雄別味嚼檳榔,古賁灰和荖葉香;番女朱唇生酒暈,爭看猱採耀蠻
> 方。(檳榔產新港、蕭壟、麻豆、目加溜灣最佳。色青者雄,味厚;
> 黑臍者雌,味薄。合蠣灰、扶留藤食之。蔞藤一作浮留藤,土人誤作
> 「荖」字。社番騰越而上樹,曰猱採;不必以長鐮取之也。)[66]

根據他的觀察,番人嚼食檳榔的方式與前述文獻所提到的「臺人」(可能指
渡海來臺的漢人,也可能泛指在臺之人)基本相同。但其註文主要是抄自
前引黃叔璥《臺海使槎錄》的內容。

　　由以上資料可以知道,從西元十七世紀到十八世紀,臺灣的漢、番都
有嚼食檳榔的習慣,其嚼食方式基本上都是將檳榔子與荖藤(主要是取其
根、莖,而非果、葉)合嚼,而當時人也已注意到這和粵人主要取荖藤的
葉子有很大不同,另外,使用的檳榔子的成熟度和部位也有些差異。不過,
這樣的差異,究竟是受限於書寫者的觀察、知識所致,還是真有地域的重

---

65. 參見王蜀桂,《臺灣檳榔四季青》,頁 30–32。

66. 余文儀修,黃佾纂,《續修臺灣府志》(《臺灣文獻叢刊》121),卷 26,〈藝文七·
　　詩四·赤嵌竹枝詞〉,頁 980。

大差別，還無法明確判斷。無論如何，我們至少知道，大約從西元第一、二世紀開始，中國南方嚼食的方式就是將檳榔子、扶留藤和蠣灰（古賁灰；牡蠣粉）合併嚼食。例如，東漢章帝時期議郎楊孚的《異物志》，針對檳榔的生物特性、嚼食方法和功用說：

> 檳榔，若箭竹生竿，種之精硬，引莖直上，不生枝葉，其狀若柱。
> 其顛近上未五六尺間，洪洪腫起，若瘣木焉；因坼裂，出若黍穗，
> 無花而為實，大如桃李。又生棘針，重累其下，所以衛其實也。剖
> 其上皮，煮其膚，熟而貫之，硬如乾棗。以扶留、古賁灰并食，下
> 氣及宿食、白蟲，消穀。飲啖設為口實。[67]

關於嚼食方式，《異物志》在介紹扶留的時候也說：

> 古賁灰，牡礪灰也。與扶留、檳榔三物合食，然後善也。扶留藤，
> 似木防己。扶留、檳榔，所生相去遠，為物甚異而相成。俗曰：「檳
> 榔扶留，可以忘憂。」[68]

可惜的是，我們不知道當時人是取扶留藤的葉、果還是根、莖。但檳榔子需經過剖除外皮及煮熟的手續，或必須曝乾，屬於「乾檳榔」的食用方式。而臺灣目前也還有將檳榔直接曬乾或水煮後烘乾的作法。[69] 類似的記載還可見於魏晉南北朝時期薛瑩《荊揚已南異物志》、徐衷《南方草木狀》等

---

67. 賈思勰，《齊民要術》〔繆啟愉校釋，繆桂龍參校，《齊民要術校釋》〕，卷 10，〈五穀、果蓏、菜茹非中國物產者・檳榔〉，頁 600 引。
68. 賈思勰，《齊民要術》，卷 10，〈五穀、果蓏、菜茹非中國物產者・扶留〉，頁 623 引。
69. 參見王蜀桂，《臺灣檳榔四季青》，頁 28–29。

書。[70] 其後，兩宋之際的姚寬《西溪叢語》則說：

> 閩、廣人食檳榔，每切作片，蘸蠣灰，以荖葉裹嚼之。……初食微
> 覺似醉，面赤，故東坡詩云：「紅潮登頰醉檳榔。」[71]

這似乎是「切片」食法的較早記載，而且也明確提到是以荖葉包裹檳榔。
此外，南宋周去非《嶺外代答》也敘述當時閩廣一帶的習俗說：

> 自福建下四川與廣東西路皆食檳榔者，客至不設茶，唯以檳榔為禮。
> 其法斲而瓜分之，水調蜆灰一鈹許于蔞葉上，裹檳榔咀嚼。先吐赤
> 水一口，而後啜其餘汁。少焉，面臉潮紅，故詩人有醉檳榔之句。
> 無蜆灰處，只用石灰。無蔞葉處，只用蔞藤。廣州又加丁香、桂花、
> 三賴子諸香藥，謂之香藥檳榔。唯廣州為甚，不以貧富、長幼、男
> 女，自朝至暮，寧不食飯，唯嗜檳榔。富者以銀為盤置之，貧者以
> 錫為之。畫則就盤更啜，夜則置盤枕旁，覺即啜之。[72]

從這一段記載來看，西元十二世紀時，中國南方嚼食檳榔的風氣確實很盛，
而且分布的區域從閩廣一直到四川。當時的嚼食方法幾乎和目前臺灣的「包
葉」（白灰）檳榔一模一樣，而廣州人在檳榔嚼塊中添加香料的做法，也和
臺灣的「紅灰」檳榔很接近，只是不用荖花。更重要的是，他還提到蜆灰
（牡蠣灰）可以用石灰替代，蔞葉則可以用蔞藤替代。由此可見，中國南

---

70. 繆啟愉、邱澤奇輯釋，《漢魏六朝嶺南植物「志錄」輯釋》，頁 5、41–42、54–56、
　　65、77。

71. 姚寬，《西溪叢語》，卷上，〈閩廣人嚼檳榔〉，頁 66。

72. 周去非，《嶺外代答》（《景印文淵閣四庫全書》本 589），卷 6，〈食檳榔〉，頁 17a–b。

方嚼食檳榔並非只用荖葉而不用荖藤。

至於在漢人大量移民臺灣的西元十七世紀，大約與前述蔣毓英、郁永河同時代的屈大均，在他的《廣東新語》中也介紹了廣東各個地區吃檳榔的方法和偏好：

> 檳榔，產瓊州。以會同為上，樂會次之，儋、崖、萬、文昌、澄邁、定安、臨高、陵水又次之。⋯⋯以白心者為貴。暹羅所產曰「番檳榔」，大至徑寸，紋粗味澀，弗尚也。三、四月花開，絕香，一穗有數千百朵，色白味甜。雜扶留葉、椰片食之，亦醉人。實未熟者曰「檳榔青」。青，皮殼也。以檳榔肉兼食之，味厚而芳，瓊人最嗜之。熟者曰「檳榔肉」，亦曰「玉子」，則廉、欽、新會及西粵、交趾人嗜之。熟而乾焦連殼者曰「棗子檳榔」，則高、雷、陽江、陽春人嗜之。以鹽漬者曰「檳榔鹹」，則廣州、肇慶人嗜之。日暴既乾，心小如香附者曰「乾檳榔」，則惠、潮、東莞、順德人嗜之。當食時，鹹者直削成瓣，乾者橫剪為錢，包以扶榴，結為方勝，⋯⋯內置烏爹泥石灰或古賁粉。⋯⋯若夫灰少則澀，葉多則辣，故貴酌其中。大嚼則味不回，細嚥則甘乃永，故貴得其節。[73]

根據這段描述，當時廣東人所喜好的檳榔口味和現代臺灣其實非常類似；嫌棄產於暹羅（泰國）的番檳榔太大、太粗澀，喜歡「白心」的。[74] 其次，他們將檳榔依成熟程度分成檳榔青、檳榔肉和棗子檳榔三種，依加工的方式分成檳榔鹹、檳榔乾二種。每一種都有地區性的偏好，但都是和扶留葉、

---

73. 屈大均，《廣東新語》，卷 25，〈木語・檳榔〉，頁 628–629。

74. 關於現代臺灣偏愛的檳榔口味，參見王蜀桂，《臺灣檳榔四季青》，頁 24–68。

熟石灰（或牡蠣粉）合嚼。他還提示，扶留葉和熟石灰的用量要適中，否則會澀或辣。食用的時候，必須細嚼，不可大嚼。此外，他還提到檳榔花也可以雜扶留葉、椰片嚼食，但不曾提到用荖花或荖藤。

不過，我們似乎也不能因此認定使用荖葉是粵人嚼食檳榔獨有的特色。事實上，清代臺灣也不是完全不用荖葉包檳榔，例如，前述的鳳山縣教諭朱仕玠便有一首詩說：

> 蔞葉包灰細嚼初，何殊棘剌強含茹。新秋恰進檳榔棗，兩頰浮紅亦
> 自如。（臺地檳榔乾即大腹皮，裹以蔞葉、石灰，食之剌口。惟初出
> 青色大如棗者，名檳榔棗，不用蔞葉，惟夾浮留藤及灰食之，甚
> 佳。）[75]

由此可見，西元十八世紀時，臺人吃檳榔已同時採取包荖葉（用於較大粒的乾檳榔）和夾荖藤（用於較小粒的青檳榔）這兩種方式。其次，薛志亮、鄭兼才 (1758–1822 AD)、 謝金鑾 (1757–1820 AD) 等人在清嘉慶十一年纂修完成的《續修臺灣縣志》中也提到：

> 蔞藤，扶留也，葉如薯。南方人採其葉，或截其附根藤，夾檳榔食
> 之，用辟瘴霧。種自番禺來，其子為蒟醬。漢武帝感之而開牂柯、
> 越嶲者。[76]

這也指出當時是兼用荖葉與荖藤 （包括根和莖），而且說明品種是從番禺

---

75. 朱仕玠，《小琉球漫誌》，卷 4，〈瀛涯漁唱（上）〉，頁 38。
76. 薛志亮修，鄭兼才、謝金鑾纂，《續修臺灣縣志》（《臺灣文獻叢刊》140），卷 1，
　　〈地志‧物產‧草〉，頁 55。

（今廣州）引進的。此外，前引晚清唐贊袞的《臺陽見聞錄》也說：

> 臺人呼檳榔為棗，細嚼，麻縷相屬；即大腹皮。剖其中含水少許，
> 甚甘。逮成粒，即雞心檳榔。既熟，則如雞卵，縐而紫黑，以蔞葉、
> 石灰食之剌口。[77]

由此可見，較熟的檳榔子是用蔞葉合嚼，其觀察和朱仕玠很接近。再者，
前引完成於臺灣割讓前夕的《恆春縣志》也說當地檳榔：

> 形如黑棗，裹以蔞葉、石灰，男婦皆喜啖之，不絕於口。[78]

這大概也是成熟的檳榔或檳榔乾，因此，也是以蔞葉包裹。到了日治時期，
基本上仍然沿襲了這樣的吃法。[79]

　　綜合上述資料來看，從西元十七世紀到十九世紀末，臺灣居民嚼食檳
榔的方式，基本上和中國南方（尤其是閩粵）傳承一、二千年的習慣非常
接近，都是採取檳榔子、蔞藤、石灰（牡蠣灰）三者合嚼的方式。[80] 只不
過，在某些時期、某些地區，或是特定的族群，對於蔞藤的部位會有不同
的偏好，清代的廣東似乎較偏愛蔞葉，臺灣早期則似乎較常用蔞藤的根、

---

77. 唐贊袞，《臺陽見聞錄》，卷下，〈檳榔〉，頁 166。

78. 陳文緯修，屠繼善纂，《恆春縣志》，卷9，〈物產（鹽法）・果之屬〉，頁 155。

79. 野谷昌俊，〈臺灣に於ける食檳榔の風息〉，《人類學雜誌》，49：4，頁 27–33。

80. 容媛，〈檳榔的歷史〉，頁 1–51；王四達，〈閩臺檳榔禮俗源流略考〉，頁 53–58；林
富士，〈檳榔入華考〉，頁 94–100；司飛，〈珠江三角洲地區的檳榔習俗源流考略〉，
《中山大學研究生學刊（社會科學版）》，2006：3（2006），頁 44–52；郭聲波、劉
興亮，〈中國檳榔種植與檳榔習俗文化的歷史地理探索〉，《中國歷史地理論叢》，
2009：4（2009.10），頁 5–15。

莖部位，目前常見的莄花雖已見於記載，但是否與檳榔合嚼則不易判定。對於檳榔子的選擇也是如此，清代的廣東多數地方似乎較愛成熟的、甚至成乾的檳榔乾，臺灣則較偏愛未完全成熟的檳榔青。但是，這都不能當作粵臺或是漢番檳榔文化的根本差異。事實上，從十九世紀末到現在，海峽兩岸各地嚼食檳榔的方式、基本配方未變，但細節與口味則不斷調整。有些目前看似創新的吃法（如紅灰加料的調製），其實在古代文獻早已出現，而有些流行於傳統時期的吃法（如夾莄藤根），則目前已相當罕見了。

五、藥物：檳榔的醫藥功用

對於臺灣長期嚼食檳榔的社會現象，許多人都感到百惑不解，連土生土長的臺灣企業巨擘王永慶 (1917–2008 AD) 都曾說：「沒有絲毫正面意義的檳榔，竟然大行其道，人人爭食，已經淪為文明社會的文化死角。」[81]這種完全負面的批評也常見於官方文宣，以及反對檳榔的學者、醫師的論著與言談之中。然而，我們必須反思，任何一種東西，若真能成為「人人爭食」的對象，真的會完全「沒有絲毫正面意義」嗎？即使是被各國政府嚴加禁止的一級毒品（如海洛因），應該也不會毫無「正面意義」。

事實上，有些人嚼食檳榔並非只是隨俗養成的習慣，而是有意識的、自覺的為了維護自身的健康。無論是清代文獻還是日治時期的官、私調查和觀察報告，在提到臺灣人嗜食檳榔的風氣時，大多會注意到臺人吃檳榔的原始動機是為了辟除瘴癘之氣。茲將若干例證條列如下：

---

81. 轉引自韓良俊，〈前言：我為什麼催生「檳榔學」〉，頁 16。

一、《臺灣府志》（蔣毓英）(1685)：檳榔，……實可入藥。……蓋
　　南方地濕，不服此無以祛瘴。[82]

二、《臺灣府志》（高拱乾）(1695)：檳榔，……實可入藥。實如雞
　　心，和荖藤食之，能醉人，可以祛瘴。[83]

三、《諸羅縣志》(1717)：土產檳榔，無益饑飽，云可解瘴氣。[84]

四、《鳳山縣志》(1720)：檳榔，……一穗結實數百粒，熟於秋。切
　　開，夾以扶留藤、蠣灰食之，可去瘴氣。[85]

五、《重修臺灣縣志》(1752)：南北路之檳榔輦來於邑中，男女競食
　　不絕口。中人之家，歲靡數十千。云可解瘴氣。[86]

六、《續修臺灣縣志》(1806)：蔞藤，扶留也，……夾檳榔食之，用
　　辟瘴霧。[87]

七、《彰化縣志》(1832)：惟檳榔為散烟瘴之物，則不論貧富，不分
　　老壯，皆嚼不離口。[88]

八、《淡水廳志》(1871)：檳榔最甚，嗜者齒盡黑，謂可辟瘴，每詣
　　人多獻之為敬。遇小詬誶，一盤呼來，彼此釋憾矣。[89]

---

82. 蔣毓英，《臺灣府志》，卷4，〈物產志・果之屬〉，頁74。

83. 高拱乾，《臺灣府志》，卷7，〈風土志・土產〉，頁199–200。

84. 周鍾瑄修，陳夢林、李欽文纂，《諸羅縣志》，卷8，〈風俗志・漢俗〉，頁145。

85. 李丕煜修，陳文達、李欽文纂，《鳳山縣志》（《臺灣文獻叢刊》124），卷7，〈風土志・物產・果之屬〉，頁98。

86. 魯鼎梅修，王必昌纂，《重修臺灣縣志》，卷12，〈風土志・風俗〉，頁403。

87. 薛志亮修，鄭兼才、謝金鑾纂，《續修臺灣縣志》，卷1，〈地志・物產・草〉，頁55。

88. 李廷璧修，周璽纂，《彰化縣志》，卷9，〈風俗志・漢俗・飲食〉，頁289。

九、《臺灣通史》(1920)：檳榔可以辟瘴，故臺人多喜食之。親友往
　　來，以此相餽。檳榔之子色青如棗，剖之為二，和以蔞葉石灰，
　　啖之微辛，既而回甘。久則齒黑。檳榔之性，棄積消溼，用以
　　為藥。近時食者較少。盈盈女郎，競以皓齒相尚矣。[90]

　　除此之外，有些詩人還曾描述自己嚼食檳榔的體驗。例如，清嘉慶十
一年纂修完成的《續修臺灣縣志》，收錄了一首〈檳榔〉詩云：

　　臺灣檳榔何最美，蕭籠雞心稱無比。乍嚼面紅發軒汗，駿鵝風前如
　　飲酏。人傳此果有奇功，內能疏通外養齒。猶勝波羅與椰子，多食
　　令人厭鄙悝。我今已客久成家，不似初來畏染指。有時食鱉苦羶腥，
　　也須細嚼淨口舐。海南太守蘇夫子，日啖一粒未為侈。紅潮登頰看
　　婆娑，未必膏粱能勝此！（東坡食檳榔詩云：「先生失膏粱，便腹委
　　敗鼓；日啖過一粒，腸胃為所侮。」）[91]

這是在讚美檳榔的滋味，也說明大家嚼食檳榔的理由在於它有「奇功」，也
就是所謂的「內能疏通外養齒」。作者剛來臺之時，也不太敢吃，但「客久
成家」，逐漸就接受了，有時吃了「鱉苦羶腥」的食物之後，還必須「細
嚼」檳榔以「淨口舐」。其次，曾於清嘉慶十五年 (1810 AD) 擔任彰化知縣
的楊桂森，也有一首詩曰：

89. 陳培桂等，《淡水廳志》（《臺灣文獻叢刊》172），卷 11，〈風俗考・風俗〉，頁 299。

90. 連橫，《臺灣通史》（《臺灣文獻叢刊》128），卷 23，〈風俗志〉，頁 607。

91. 薛志亮修，鄭兼才、謝金鑾纂，《續修臺灣縣志》，卷 8，〈藝文・詩・檳榔〉，頁
　　574。

仁頻號美上林中，品藻曾誇庾信同。紫鳳卵含金露滿，頳虬乳抱翠雲空。心知雅愛昌盤供，牙慧閒將玉液融。陡覺溫顏流汗雨，真教鐵面亦春風。頰端渾認餐霞赤，潮勢憑看吐沫紅。渴斛未容茶社解，醉鄉不藉酒兵攻。自因正氣培千實，博得清香擅四功。欲倩錦郎作芹獻，丹忱依舊戀宸楓。[92]

作者一方面描述自己嚼食檳榔的感官經驗，另一方面則讚美檳榔的「四功」，也就是經常被引用的宋代羅大經《鶴林玉露》之說：

嶺南人以檳榔代茶，且謂可以禦瘴。余始至不能食，久之，亦能稍稍。居歲餘，則不可一日無此君矣。故嘗謂檳榔之功有四：一曰醒能使之醉。蓋每食之，則醺然頰赤，若飲酒然。東坡所謂「紅潮登頰醉檳榔」者是也。二曰醉能使之醒。蓋酒後嚼之，則寬氣下痰，餘醒頓解。三曰飢能使之飽。蓋飢而食之，則充然氣盛，若有飽意。四曰飽能使之飢。蓋食後食之，則飲食消化，不至停積。嘗舉似於西堂先生范㧑旉叟，曰：「子可謂『檳榔舉主』。然子知其功，未知其德，檳榔賦性疏通而不洩氣。稟味嚴正而有餘甘。有是德，故有是功也。」[93]

根據羅大經的經驗，嚼食檳榔的功效相當神奇：醒能使之醉，醉能使之醒；飢能使之飽，飽能使之飢。這也就是所謂的「四功」。在這段文字中，羅大

---

92. 李廷璧修，周璽纂，《彰化縣志》，卷12，〈藝文志·詩·紅潮登頰醉檳榔〉，頁479–480。

93. 羅大經，《鶴林玉露》，卷1，〈檳榔〉，頁247。

經也告訴我們，當時嶺南人「以檳榔代茶」，而且認為檳榔「可以禦瘴」。
事實上，唐代劉恂的《嶺表錄異》便說：

> 安南人自嫩及老，採實啖之，以不婁藤兼之瓦屋子灰，競咀嚼之。
> 自云：交州地溫，不食此無以袪其瘴癘。廣州亦噉檳榔，然不甚於
> 安南也。[94]

北宋的本草學家蘇頌也說：

> 嶺南人啖之以當果食，言南方地濕，不食此無以袪瘴癘也。生食其
> 味苦澀，得扶留藤與瓦屋子灰同咀嚼之，則柔滑甘美也。[95]

由此可見，清代臺灣住民的檳榔辟瘴、禦瘴之說，可能是承襲中國南方及
越南的檳榔論述。

　　事實上，中國大陸的「漢人」在接觸檳榔之初，便已注意到其醫藥功
能。例如，前引楊孚的《異物志》已指出：「以扶留、古賁灰并食，下氣及
宿食、白蟲，消穀。」而在中國醫藥傳統中，檳榔也早在三國、六朝時期
就已進入「本草」的著作之中，如西元第三世紀吳普的《本草》和李當之
的《藥錄》都曾提到檳榔。南朝陶弘景的《名醫別錄》則針對檳榔的產地、
藥性和功效（消穀、逐水、除痰澼、殺三蟲、伏尸、寸白）詳加介紹。但
是，比較廣泛的運用在「醫方」中，似乎要到隋唐五代時期，如孫思邈《千
金要方》、《千金翼方》和王燾《外臺秘要》都有不少使用檳榔的藥方。其
後，兩宋時期 (960–1279) 的官、私醫籍中更是大量、廣泛的將檳榔納入各

---

94. 李昉等編，《太平御覽》（《四部叢刊》本），卷 971，〈果部・檳榔〉，頁 4436b 引。
95. 李時珍，《本草綱目》，卷 31，〈果之三・夷果類・檳榔〉，頁 1830 引。

種醫方的組合之中，但主要仍然是用於消食、去水、去痰、除蟲、通氣、破積聚、與芳香等。不過，從唐代開始，檳榔也被用於壯陽、回春、生子這些與性愛、生育有關的藥方之中。另外，辟除瘟疫、瘴癘之氣，也成為常被提及的功效。而從宋元 (960–1368) 到明清時期 (1368–1911)，不僅醫方中仍保留唐宋舊方，也不斷增添新的組合，同時，從醫案中，也可以看到以檳榔為主要成分的丸、散與湯劑，或是含有檳榔的各種複方，確實被運用於臨床醫療中。[96]

總之，到了明清時期，中國醫藥界似乎已普遍認為檳榔可以防治多種疾病（包括瘟疫），例如，李時珍《本草綱目》列舉檳榔主治的各種疾病便包括：

> 消穀逐水，除痰澼，殺三蟲、伏尸，療寸白（別錄）。治腹脹，生搗末服，利水穀道。傅瘡，生肌肉止痛。燒灰，傅口吻白瘡（蘇恭）。宣利五臟六腑壅滯，破胸中氣，下水腫，治心痛積聚（甄權）。除一切風，下一切氣，通關節，利九竅，補五勞七傷，健脾調中，除煩，破癥結（大明）。主賁豚膀胱諸氣，五膈氣，風冷氣，腳氣，宿食不消（李珣）。治衝脈為病，氣逆裏急（好古）。治瀉痢後重，心腹諸痛，大小便氣秘，痰氣喘息，療諸瘧，御瘴癘（時珍）。[97]

---

96. 因相關史料繁多，考證較為瑣細，在此無法詳述，我將另外撰文處理。初步的研究，參見容媛，〈檳榔的歷史〉，頁 1–51；林富士，〈檳榔入華考〉，頁 94–100。主要的史料，詳見李時珍，《本草綱目》，卷31，〈果之三‧夷果類‧檳榔〉，頁 1829–1834。

97. 李時珍，《本草綱目》，卷31，〈果之三‧夷果類‧檳榔〉，頁 1831。

其中，瘧、瘴癘與諸蟲（三蟲、伏尸、寸白）等病症，都是現代所說的「傳染病」，或是俗稱的「瘟疫」。

　　不過，並非所有人都認為嚼食檳榔是百利而無一害。例如，南宋周去非《嶺外代答》便說：

> 自福建下四川與廣東西路皆食檳榔者，客至不設茶，唯以檳榔為禮。……詢之於人，何為酷嗜如此？答曰：辟瘴、下氣、消食。食久，頃刻不可無之。無則口舌無味，氣乃穢濁。嘗與一醫論其故，曰：檳榔能降氣，亦能耗氣。肺為氣府，居膈上，為華蓋以掩腹中之穢。久食檳榔，則肺縮不能掩，故穢氣升，聞于輔頰之間。常欲嚼檳榔以降氣，實無益於瘴。彼病瘴紛然，非不食檳榔也。[98]

在此，便有醫家否定吃檳榔禦瘴的說法，並且說明「久食檳榔」者停吃檳榔時何以會有「口舌無味，氣乃穢濁」的生理反應。其次，南宋初年吳興章杰（章傑）的〈瘴說〉（〈嶺表十說〉）[99] 也提到：

> 嶺表之俗，多食檳榔，日至十數。夫瘴癘之作，率因飲食過度，氣痞積結，而檳榔〔最〕（是）能下氣、消食、去痰，故人狃於近利而暗于

---

98. 周去非，《嶺外代答》，卷6，〈食檳榔〉，頁17a–18a。

99. 章杰的生卒年不詳，多數文獻都寫作章傑，在南宋高宗建炎四年 (1130 AD) 至紹興四年 (1134 AD) 間曾經擔任福建、廣東轉運判官；詳見李心傳，《建炎以來繫年要錄》（《景印文淵閣四庫全書》本325、326），卷34，〈建炎四年六月〉，頁515a；卷75，〈紹興四年四月〉，頁62a。此處所引的〈瘴說〉的內容，也可見於明代張介賓的《景岳全書》（《景印文淵閣四庫全書》本777），卷14，〈論瘴瘧〉，頁37b–38a，但題為〈嶺表十說〉，文字也略有出入。

遠患也。夫嶠南地熱，四時出汗，人多黃瘴。食之則臟器疏泄，一旦
病瘴，不敢發散攻下，豈盡氣候所致，檳榔蓋亦為患，殆未思爾。[100]

這雖然不否定檳榔具有緩解「瘴癘」一些症狀的功用，但是，經常食用也
會導致「臟氣疏泄」，一旦發病，反而無法採用「發散攻下」的療法。另
外，明代的本草學家盧和（撰有《食物本草》）也說：

閩廣人常服檳榔，云能祛瘴。有瘴服之可也，無瘴而服之，寧不損
正氣而有開門延寇之禍乎？[101]

這是主張，在沒有感染瘴癘的狀況下，不應該為了要預防而吃檳榔。

六、禮物：檳榔的社會功能

雖然說中國歷代的醫藥文獻都說檳榔有許多醫藥方面的功用，許多人
嚼食此物也是為了防治瘟疫、治療疾病，但誠如前述，也有人不以為然，
甚至根本否定其療效，認為多吃反而會有害健康。即便如此，檳榔還是具
有其他的社會功能，例如前引陳雲林《諸羅縣志》便認為檳榔不能解瘴癘，
而且「無益飢飽」，是「無用」之物。然而，他卻又盛讚此「無用」之物有
「大用」，而其著眼點便在於檳榔款待賓客、解決糾紛的社會功能。事實
上，有不少研究成果都已指出，從清代到日治時期，檳榔在臺灣社會一直
都是相當重要的一種「禮物」，或送給人，或獻給神。[102] 以下便參照前人研

---

100. 李時珍，《本草綱目》，卷31，〈果之三‧夷果類‧檳榔〉，頁1832引。
101. 李時珍，《本草綱目》，卷31，〈果之三‧夷果類‧檳榔〉，頁1832引。

究成果，除前引材料之外，再舉若干較為重要的史料，略作說明。

㈠款待親友與排解糾紛

　　無論是在路上或公眾場合相遇，或是在家中會面，以檳榔款待親友、
賓客，以表示友善、敬意，是傳統臺灣常見的禮儀。例如，齊體物（1691
AD 任海防捕盜同知，1694 年任臺灣府知府）的〈臺灣雜詠〉之一便說：

> 相逢歧路無他贈，手捧檳榔勸客嘗。[103]

這是相逢於路的情形。其次，王禮（？–1721 AD，1719 年任臺灣府海防捕
盜同知兼臺灣縣知縣）〈臺灣吟六首〉之一則說：

> 相逢坐定問來航，禮意殷勤話一場；急喚侍兒街上去，捧（棒）盤
> 款客買檳榔（臺俗以檳榔為禮）。[104]

---

102. 詳見江家錦，〈嚼檳榔的民俗雜記〉，頁 45–50；何一凡，〈檳榔、竹與清代臺灣的
　　社會〉，頁 16–23；尹章義，〈臺灣檳榔史〉，頁 78–87；殷登國，〈臺灣的檳榔文化
　　史〉，頁 36–39；王蜀桂，《臺灣檳榔四季青》；林翠鳳，〈竹與檳榔的文獻觀察——
　　以「陶村詩稿」為例〉，頁 111–130；朱憶湘，〈1945 年以前臺灣檳榔文化之轉變〉，
　　頁 299–336；蔣淑如，〈清代臺灣的檳榔文化〉；黃佐君，〈檳榔與清代臺灣社會〉；
　　劉正剛、張家玉，〈清代臺灣嚼食檳榔習俗探析〉，頁 46–51；Christian A.
　　Anderson, "Betel Nut Chewing Culture: The Social and Symbolic Life of an Indigenous
　　Commodity in Taiwan and Hainan," pp. 135–175; 周明儀，〈從文化觀點看檳榔之今
　　昔〉，頁 111–137。

103. 高拱乾，《臺灣府志》，卷 10，〈藝文志‧詩‧臺灣雜詠〉，頁 288。

104. 王禮修，陳文達纂，《臺灣縣志》，〈藝文志‧詩‧臺灣吟六首〉，頁 268。

這是在家中接待遠客的情形。再者，陳夢林《諸羅縣志》在介紹「番俗」時說：

> 客至，出酒以敬，先嘗而後進；香罏、瓷缾悉為樽罍。檳榔熟，則送檳榔；必采諸園，不以越宿者餉客。[105]

這是原住民的待客之道，檳榔一定用剛從檳榔園採下來的新鮮貨。此外，大約完成於西元 1897–1901 年的《嘉義管內采訪冊》也說：

> 男女多食檳榔。凡有客來往，先以檳榔為先，次以茶。或說檳榔能除瘴氣，故以多食此物。閭里所有雀角之爭、詬誶之怨，大則罰戲，小則罰檳榔、香餅，分諸鄰右，俾知孰是、孰非，以解兩造之怨。[106]

由此可見，一直到清末，臺灣人待客都是「以檳榔為先」。同時，這段文字也指出檳榔還有協助排解糾紛的功能。

而檳榔的這種特殊用途，從清領初期就已存在。例如，《重修臺灣縣志》(1752 AD) 便說：

> 鄰里詬誶，親送檳榔，事無大小，即可消釋。[107]

其次，朱景英 (活躍於 1769 AD)《海東札記》也說：

---

105. 周鍾瑄修，陳夢林、李欽文纂，《諸羅縣志》，卷 8，〈風俗志・番俗・雜俗〉，頁 163。
106. 不著撰人，《嘉義管內采訪冊》(《臺灣文獻叢刊》58)，〈打貓南堡・雜俗〉，頁 43。
107. 魯鼎梅修，王必昌纂，《重修臺灣縣志》，卷 12，〈風土志・風俗〉，頁 403。

解紛者彼此送檳榔輒和好，款客者亦以此為敬。[108]

再者，曾任臺灣府學訓導的劉家謀 (1814–1853 AD)，在清咸豐三年 (1852 AD) 所撰成的《海音詩》也說：

> 鼠牙雀角各爭強，空費條條詰誡詳；解釋兩家無限恨，不如銀盒捧檳榔。（里閭搆訟，大者親鄰置酒解之；小者饋以檳榔，不費百錢而消兩家睚眥之怨。余嘗為贊曰：「一口之貽，消怨釋忿；胡文告之煩而敝其唇吻。」）[109]

由此可見，他認為檳榔釋怨解仇的效用還在法令、官員之上。

由於檳榔常被用做「見面禮」或禮敬賓客之用，因此，有時候也會被用來招聚群眾，例如，朱景英《海東札記》描寫十八世紀下半葉臺灣械鬥的習俗時便說：

> 好鬥輕生，舊習故未殄也。每睚眥微隙，輒散檳榔，一呼閧集，當衢列械，橫擊不可嚮邇。陳肆者收所售物，如恐不及，蓋稍需則乘機攫奪盡矣。[110]

這是以檳榔召來同黨尋仇洩恨，當街械鬥，甚至趁機搶奪財物的情形。

---

108. 朱景英，《海東札記》，卷 3，〈記氣習〉，頁 28。
109. 劉家謀，《海音詩》，收入臺灣銀行經濟研究室編，《臺灣雜詠合刻》（《臺灣文獻叢刊》28），頁 25。
110. 朱景英，《海東札記》，卷 3，〈記氣習〉，頁 28。

㈡男女定情與締結婚姻

　　檳榔在臺灣男女愛戀過程和結婚禮儀中的功能也相當重要，無論是漢族還是原住民都是如此。事實上，有關檳榔、荖藤、石灰三者之間的親密關係，臺灣和越南都有非常類似的傳說，故事的主要情節都是兄弟二人和一位姑娘之間複雜的愛戀、婚姻關係，而最後三人都以自殺、殉情收場，而檳榔、荖藤與石灰三者便分別是他們死後的化身。[111]

　　而在實際生活中，原住民中的排灣、卑南、魯凱、阿美和達悟等族，男女在求愛、定情、結婚的過程中也常以檳榔傳情、送禮。[112] 閩浙總督孫爾準 (1772–1832 AD) 有一首〈番社竹枝詞〉相當能說明這樣的禮俗，詩云：

> 檳榔送罷手隨牽，紗帕車螯作聘錢。問到年庚都不省，數來明月幾
> 回圓。（合婚有禮榔，以白金為檳榔形，貧家則用乾檳榔。富者以紗
> 帕為聘，加溜灣等社有用車螯者。問名皆不知年歲，但記月圓幾
> 度耳。）[113]

111. 楊成志，〈檳榔傳說：流行安南〉，《民俗》，23／24 （1928），頁 56–57；陳益源，〈檳榔傳情〉，《國文天地》，14：6，頁 43–46；殷登國，〈臺灣的檳榔文化史〉，頁 36–39；Dawn F. Rooney, *Betel Chewing Traditions in South-East Asia*, p. 15; 吳盛枝，〈中越檳榔食俗文化的產生與流變〉，《廣西民族學院學報 （哲學社會科學版）》，2005：S1 （2005），頁 24–26；黃佐君，〈檳榔與清代臺灣社會〉，頁 41–44；Xuân Hiên Nguyên, "Betel-chewing in Vietnam: Its Past and Current Importance," *Anthropos*, 101 (2006), pp. 499–518.

112. 參見殷登國，〈臺灣的檳榔文化史〉，頁 37–38；王蜀桂，《臺灣檳榔四季青》，頁 182–191；蔣淑如，〈清代臺灣的檳榔文化〉，頁 42–43。

113. 孫爾準，《泰雲堂集》（清道光十三年〔1833 AD〕孫氏刻本），卷 14，〈臺陽籌筆

詩中「檳榔送罷手隨牽」的典故，應該是出自陳夢林《諸羅縣志》所說的「番俗」：

> 女將及笄，父母任其婆娑無拘束；番雛雜遝相要，彈嘴琴挑之，唯意所適。男親送檳榔，女受之，即私焉，謂之「牽手」。自相配，乃聞於父母，置酒飲同社之人。自稱其妻曰「牽手」，漢人對其夫而稱其妻亦曰「牽手」。已娶者曰「纖」，班白者曰「老纖」。[114]

漢人男女訂婚（訂盟、納采）之時，檳榔也經常是必備的禮物之一。[115] 或許有人會認為這是受到番俗的影響才有，但是，長期以來，中國南方（尤其是廣東）的禮俗，也有在納聘、結婚之時使用檳榔的習慣，[116] 因此，臺灣漢人可能只是延續其原鄉的習俗而已。

㈢宗教祭祀與巫術工具

　　檳榔在宗教領域也占有一席之地。臺灣原住民在這方面的運用相當廣泛。例如，平埔族西拉雅祭祀祖靈時，檳榔便是不可或缺的祭品，而要施行傷害人的巫術，又叫「做向」，也必須使用檳榔。[117] 其次，卑南族也有所

集・番社竹枝詞〉，頁 7a。

114. 周鍾瑄修，陳夢林、李欽文纂，《諸羅縣志》，卷 8，〈風俗志・番俗・雜俗〉，頁 169。

115. 參見蔣淑如，〈清代臺灣的檳榔文化〉，頁 66–69。

116. 詳見容媛，〈檳榔的歷史〉，頁 1–51；王四達，〈閩臺檳榔禮俗源流略考〉，頁 53–58；林富士，〈檳榔入華考〉，頁 94–100；司飛，〈珠江三角洲地區的檳榔習俗源流考略〉，頁 44–52；宋德劍，〈嶺南婚嫁習俗中檳榔的文化解讀——以粵東客家地區為中心〉，《汕頭大學學報（人文社會科學版）》，26：2（2010），頁 44–47、95。

謂的「檳榔咒」或「檳榔陣」，類似平埔族的「做向」，主要是以檳榔為法
器，施用各種咒語或「厭勝」的手段，用以傷害其仇敵，其鄰近的排灣、
布農、阿美族，據說也學會了這種法術。此外，阿美族有所謂的「檳榔巫」
（巫醫），可以使用檳榔（與珠子）替人念咒、施行治病的巫術。至於檳榔
在各種祭儀中被用來當作祭品的情形，在各族之中更是普遍。[118]

　　至於臺灣漢人在宗教領域使用檳榔的情形，雖然較少見於記載，但是，
丁紹儀《東瀛識略》有一段相當奇特的記載：

> 《小琉球志》云：往時北路番婦能作法詛咒，謂之向；向者，禁制
> 也，先試樹木，立枯，解而復蘇，然後用之，恐能向不能解也。田
> 園阡陌，數尺插一代，以繩環之，山豬麋鹿弗敢入；人有誤摘其瓜
> 菓啖者，脣立腫，解之平復如初。問之諸番，近已無有。今聞淡水
> 廳屬尚有能持符咒殺人者，以符灰雜烟茗檳榔誾食之，闉迷弗覺，
> 劫財恣淫，一任所為；然皆未見。惟娼家遇客至，利其貲，不利其
> 去，潛以妓口嚼餘檳榔汁濡客辮尾，客即留連不忍他適；或數日間
> 闊，妓向所奉土神前焚香紙，默誦數語，客輒心動趨往。言者鑿鑿，
> 當非臆造，是魘制餘習猶未絕也。[119]

這一段敘述透露了三個重要的訊息。第一，當時人相信「番婦」有「祝詛」
之術，這也就是前面所提到的作「向」（又寫作「响」）的法術，施術者又

---

117. 詳見江家錦，〈嚼檳榔的民俗雜記〉，頁 46。

118. 參見王蜀桂，《臺灣檳榔四季青》，頁 182–198；蔣淑如，〈清代臺灣的檳榔文化〉，
　　　頁 44–46；黃佐君，〈檳榔與清代臺灣社會〉，頁 56–61。

119. 丁紹儀，《東瀛識略》（《臺灣文獻叢刊》2），卷 3，〈習尚〉，頁 36。

叫「响婆」。[120] 第二，當時人相信有人能「持符咒殺人」，而檳榔則被用來夾藏符灰之用。第三，當時人相信，妓女能利用檳榔汁施行「法術」，藉以羈縻客人，讓他們留連不去或經常光顧。而無論何種法術，似乎都會用到檳榔。

　　文中提到的「持符咒殺人」的情事，或許是得自陳培桂《淡水廳志》(1871 AD) 的記載，此書論當地「雜俗」時說：

> 又信鬼尚巫，……最盛者莫如石碇堡：有符咒殺人者，或幻術而恣淫，或劫財而隕命，以符灰雜於烟茗檳榔間食之，罔迷弗覺，顛倒至死。其傳授漸廣。[121]

沈茂蔭《苗栗縣志》(1893 AD) 在敘述當地民俗之時也有同樣的記載。[122] 而施行這種法術的目的，以現在的流行語來說，就是「騙財」（劫財而隕命）和「騙色」（幻術而恣淫）。至於精通害人法術的「巫者」，連橫認為，包括所謂的「瞽師」和「王祿」，[123] 但是，似乎也不能將童乩排除在外。事實上，無論是令人生病、死亡的祝詛、巫蠱之術，或是能令人著迷的「厭魅」之術，在近人所編的《道壇制法》之中仍有不少相關的符咒。清代的童乩應該不難習得這一類的法術。[124]

---

120. 詳見林富士，〈清代臺灣的巫覡與巫俗：以《臺灣文獻叢刊》為主要材料的初步探討〉，《新史學》，16：3（2005），頁 23–99。

121. 陳培桂等，《淡水廳志》，卷 11，〈風俗考〉，頁 304。

122. 沈茂蔭，《苗栗縣志》（《臺灣文獻叢刊》159），卷 7，〈風俗考〉，頁 119–120。

123. 連橫，《臺灣通史》，卷 22，〈宗教志〉，頁 575–576。

124. 詳見林富士，〈清代臺灣的巫覡與巫俗〉，頁 23–99。

　　至於妓女「迷人」的法術，頗為類似傳統中國社會所謂的「媚道」或「厭魅」之術。[125] 我們不知道妓女從何習得這種法術，但是，妓女使用檳榔、崇信巫鬼，大概是非常普遍的事，例如，新竹貢生林占梅在清咸豐五年 (1855 AD) 所寫的〈與客談及崁城妓家風氣偶成〉一詩便說：

> 臺郡盛秋娘，相欣馬隊裝（各境七月盂蘭會，夜放水燈，多以妓女
> 裝成故事。年紀至二十餘者，尚辦馬隊；殊不雅觀）；倩粧簪茉莉，
> 款客捧檳榔。最尚巫家鬼，頻燒野廟香；儘觀花與柳，須待送迎王
> （有神曰南鯤身王爺，廟在鹿耳口。每年五月初至郡，六月初始回；
> 迎送之際，群妓盛服，肩輿列於街道兩傍，任人玩擇）。[126]

這首詩雖然在談「妓家風氣」，但內容除了描繪妓女的打扮和待客之道（倩粧簪茉莉，款客捧檳榔），多數字句都是在敘述臺南地區的宗教慶典和宗教活動，以及妓女在這種宗教場域中所扮演的角色。

　　除此之外，我們似乎也不能忽略，過去臺灣的佛教徒在祭拜或供養佛、菩薩時，很可能會使用檳榔。前面提到「口嚼檳榔」是清代臺灣僧人的鮮明標誌，現在看來，可能令人覺得不可思議，但在當時，檳榔在佛門中似乎是常見之物，因為，根據佛教的信仰，信徒應以各種物品或作為「供養」僧人和佛、菩薩，而檳榔就是其中之一。例如，梁朝來自扶南（大約是現今的柬埔寨一帶）僧伽婆羅所譯的《文殊師利問經》便說：

---

125. 詳見林富士，《漢代的巫者》，頁 77–80。
126. 林占梅，《潛園琴餘草簡編》（《臺灣文獻叢刊》202），〈乙卯（咸豐五年）〉，頁 72–
　　 73。

佛告文殊師利：「有三十五大供養，是菩薩摩訶薩應知：然燈、燒香、塗身、塗地、香末香、袈裟及縷，若龍子幡並諸餘幡，螺鼓、大鼓、鈴盤、舞歌以臥具，或三節鼓、腰鼓、節鼓並及截鼓。曼陀羅花持地、灑地、貫花懸繒，飯水漿飲可食可噉。及以可味香和檳榔、楊枝浴香，並及澡豆，此謂大供養。」[127]

唐代慧沼《勸發菩提心集》在闡述佛教的各種「供養」時，也引用上述經文以解說所謂的「大供養」。[128] 其次，佛教密宗有時也會在宗教儀軌中使用檳榔。例如，唐代南天竺人菩提流志 (Bodhiruci,？–727 AD) 譯的《五佛頂三昧陀羅尼經》便說：

以毒藥和檳榔伽里根，作火食法。[129]

這是密宗的儀式。僧人選擇檳榔作為法物，似乎和這種植物被印度教及佛教信徒認為具有溝通鬼神的效能有關。[130] 由此可見，無論顯密，都有可能在其日常或特殊的儀式中使用檳榔，因此，往昔的臺灣僧尼及其信眾，很有可能會在宗教場域使用檳榔，至少在清領時期是如此。

---

127. 僧伽婆羅譯，《文殊師利問經》，收入高楠順次郎、渡邊海旭編，《大正新修大藏經》，冊 14，T468，卷上，〈菩薩戒品第二〉，頁 493b。

128. 慧沼，《勸發菩提心集》，《大正新修大藏經》，冊 45，T1862，卷中，〈供養門〉，頁 392a–b。

129. 菩提流志譯，《五佛頂三昧陀羅尼經》，《大正新修大藏經》，冊 19，T952，卷 2，〈五頂王儀法秘品第六〉，頁 272c。

130. 參見 Dawn F. Rooney, *Betel Chewing Traditions in South-East Asia*, pp. 30–34.

七、結　語

　　人與人之間，為了表示友善、歉意或謝恩，往往會饋贈「禮物」。國與國之間，人與神之間，往往也是如此。而在各種禮物之中，最常見的或許是「食物」。接受者若能與饋贈者共同分食同一種食物，雙方的情誼將更加穩固，因為，那不只是表示接受對方的善意，也顯示對於饋贈者的信賴，雙方共享食物的感官經驗和記憶，將可轉化成心理上的親密感和一體感。而無論是日常食用的米、魚、肉、麵包，還是帶有「刺激性」的菸、酒、巧克力、咖啡和茶等，長期以來，也一直是大家常見、常用的禮品。因此，檳榔在許多社會被選作多功能的「禮物」，其實不難理解。例如，屈大均便說：

> 粵人最重檳榔，以為禮果。款客必先擎進，聘婦者施金染絳以充筐實。女子既受檳榔，則終身弗貳。而瓊俗嫁娶，尤以檳榔之多寡為辭。有鬭者，甲獻檳榔則乙怒立解。至持以享鬼神，陳於二伏波將軍之前以為敬。……予謂賓與郎皆貴客之稱。嵇含言：交廣人客至，必先呈此果。若邂逅不設，用相嫌恨，檳榔之義，蓋取諸此。越謠云：「一檳一榔，無蔞亦香。扶留似妾，賓門如郎。」賓門即檳榔也。又云：「檳榔為命賴扶留。」[131]

由此可見，和臺灣一樣，粵人也將檳榔當作「禮果」（禮物），用於款待賓客、男女嫁娶、解冤釋仇，甚至用來祭祀鬼神。同時，夫妻關係也被用來

---

131. 屈大均，《廣東新語》，卷25，〈木語‧檳榔〉，頁629–630。

譬喻檳榔與扶留（荖藤）之間的親密。在印度和東南亞一帶，檳榔也同樣
扮演著禮物的角色。[132]

　　事實上，透過贈送、收受、回饋禮物的過程，雙方往往可以建立或強
化彼此的「認同」(identity)。[133] 這種認同，或指文化，或指身分，或指階
層，或指宗教，或兼而有之。因此，一旦成為「習慣」或「風俗」，便很難
斷絕。更何況，除了中國和臺灣之外，檳榔在許多社會也都被認為是一種
「藥物」，只是，近代以來，隨著西方文化的東來，以及現代醫學的興盛，
逐漸被貼上「有害」甚至「毒物」的標籤。[134]

　　不過，並非所有人都能欣賞、認同檳榔，前述清代來臺的中國文人、

[132.] 參見 Dawn F. Rooney, *Betel Chewing Traditions in South-East Asia*, pp. 1–15, 30–39;
Xuân Hiên Nguyên, "Betel-chewing in Vietnam: Its Past and Current Importance," pp.
499–518; 陳鵬，〈東南亞的荖葉、檳榔〉，《世界民族》，1996：1（1996），頁 66–
69；文子，〈檳榔在越南〉，《東南亞縱橫》，2001：5（2001），頁 23；吳盛枝，〈中
越檳榔食俗文化的產生與流變〉，頁 24–26；王元林、鄭敏銳，〈東南亞檳榔文化探
析〉，《世界民族》，2005：3（2005），頁 63–69；范毅波，〈緬甸檳榔成型記〉，《商
務旅行》，2009：1（2009），頁 69–70。

[133.] 關於禮物的社會功能，參見 Marcel Mauss, *The Gift: Forms and Function of Exchange
in Archaic Societies*, translated by Ian Cunnison, with an introduction by E. E. Evans-
Pritchard (Glencoe, Ill.: Free Press, 1954).

[134.] 參見 Donald Rhind, *Betel-nut in Burma* (Rangoon: Department of Agriculture, Burma,
1936); Anthony Reid, "From Betel-Chewing to Tobacco Smoking in Indonesia," pp.
529–547; Dawn F. Rooney, *Betel Chewing Traditions in South-East Asia*, pp. 66–67;
Peter A. Reichart, *Betel and Miang, Vanishing Thai Habits* (Bangkok; Cheney: White
Lotus, 1996); Xuân Hiên Nguyên, "Betel-chewing in Vietnam: Its Past and Current
Importance," pp. 499–518.

官員之中，就有一些人從靡費財物、影響觀瞻等角度提出批評，謂其「無
謂」（陳夢林語）、「無益」（王必昌語），甚至是「唾如膿血，可厭！」（黃
叔璥語）。同時，嚼食檳榔的健康危害，也已有人提出，如周璽說會：「黑
齒耗氣」，朱仕玠更從其親身的觀察指出：「食之既久，齒牙焦黑，久則崩
脫」。日治時期，牙科醫生也從臨床經驗上注意到，並研究過嚼食檳榔對於
牙齒的損傷及其與牙周病的關係，不過，他們仍然承認，嚼食檳榔可以驅
蟲、增加食慾、減少蛀牙和平穩血壓。[135]

　　總之，大約從西元十八世紀開始，在臺灣便有人提醒嚼食者要注意健
康問題，二十世紀之後也陸續有一些相關的醫學報告，但要到 1990 年代，
隨著口腔醫學和分子生物學的進展，以及口腔癌病例被「檢出」和被研究
的數量增加，相關的國內外報告和報導才逐漸引起注意、引發關切。而隨
著政府的大力宣導，我相信大多數人都已經相信或認知到嚼食檳榔會有健
康風險。但是，檳榔卻依舊牢牢的存活在臺灣土地上！我想，讓檳榔這麼
難以根除的原因，或許就如本文的分析所示，嚼食檳榔是一種由文化薰習
所形成的飲食習慣，嚼食者之間會形成文化紐帶和身分「認同」，很難只因
為健康的因素就被摧毀。比較有效的解決之道則是提供功能類似的「替代
品」。事實上，有些社會的檳榔嚼食率曾因引進菸草而下降，其原因就在於
吸菸具有和嚼食檳榔幾乎一模一樣的社會、文化功能。唐宋以後中國嶺南

---

135. 詳見大橋平治郎，〈臺灣二於クル檳榔子嗜好習性者ノ齒牙ノ研究特二其臨床的觀
　　 察竝二齒牙二著染スル色素ノ本態及實驗的研究〉，《日本齒科學會雜誌》，26：1
　　 （1933），頁 1–23；野谷昌俊，〈臺灣に於ける食檳榔の風習〉，《人類學雜誌》，
　　 49：4（1934），頁 28–33；馬朝茂，〈食檳榔に就いて〉，《民俗臺灣》，3：10，頁
　　 14–17。

地區出現「檳榔代茶」的現象，也是因為兩者都具有類似的功能，而嶺南又是檳榔產區。但是，任何一種替代品，只要過度食用，便同樣會產生不良的副作用，也不能不慎。至於其他由文化因素所形成的生食傳統、素食傳統和食療傳統等，大概也很難在短時間之內用現代的健康、醫學觀念或是透過法律規範而加以改變。

附錄一：孫思邈《備急千金要方》「檳榔方」之製作與效用

方 名	劑型	對治疾病	出 處
慶雲散	散	主丈夫陽氣不足，不能施化，施化無成	卷第二，〈婦人方〉，頁17b–18a
五香丸	丸	治口及身臭，令香、止煩散氣	卷第六上，〈七竅病〉，頁115a
煮散除餘風方	散（煮散）	風痹	卷第八，〈諸風〉，頁168a
檳榔湯	湯	治肝虛寒，脅下痛脹滿，氣急，目昏濁，視物不明	卷第十一，〈肝藏〉，頁209a
下氣湯	湯	治胸腹背閉滿，上氣喘息	卷第十三，〈心藏〉，頁244a
檳榔湯	湯	破胸背惡氣，音聲塞閉	卷第十三，〈心藏〉，頁244a
檳榔散	散	治脾寒，飲食不消，勞倦，氣脹，噫滿，憂恚不樂	卷第十五上，〈脾臟上〉，頁272b
治胃反朝食暮吐食訖腹中刺痛方	湯	治胃反，朝食暮吐，食訖腹中刺痛	卷第十六，〈胃腑〉，頁292a
桔梗破氣丸	丸	治氣上下否塞，不能息	卷第十七，〈肺藏〉，頁310b–311a
檳榔湯	湯	治氣實若積聚，不得食息	卷第十七，〈肺藏〉，頁311a
治積年患氣，發作有時，心腹絞痛，忽然氣絕，腹中堅實方	湯	治積年患氣，發作有時，心腹絞痛，忽然氣絕，腹中堅實	卷第十七，〈肺藏〉，頁311a
治熱發氣上衝不得息，欲死不得臥方	丸	治熱發氣上衝不得息，欲死不得臥	卷第十七，〈肺藏〉，頁312a

茯苓湯	湯	治胸膈痰滿	卷第十八，〈大腸腑〉，頁 332a–332b
治胸中痰飲，腸中水鳴，食不消，嘔吐水方	湯	治胸中痰飲，腸中水鳴，食不消，嘔吐水	卷第十八，〈大腸腑〉，頁 332b–333a
治寸白蟲方	湯	治寸白蟲	卷第十八，〈大腸腑〉，頁 336b–337a
麋角丸	丸	治衰老（補腎）	卷第十九，〈腎藏〉，頁 359a–359b
治霍亂使百年不發方	丸	治霍亂使百年不發	卷第二十，〈膀胱腑〉，頁 368a–368b
檳榔湯	湯	治服散之後，忽身體浮腫	卷第二十四，〈解毒并雜治〉，頁 436a

附錄二：王燾《外臺秘要》「檳榔方」

方　名	劑型	對治疾病	出　處
木香犀角丸	丸	防諸瘴癘及蠱毒等	第五卷，〈瘴病〉，頁 159b–160a
檳榔散	散	療吐酸水	第六卷，〈霍亂及嘔吐〉，頁 193b
茯苓湯	湯	療常吐酸水脾胃中冷	第六卷，〈霍亂及嘔吐〉，頁 193b
白朮散	散	療嘔吐酸水結氣築心	第六卷，〈霍亂及嘔吐〉，頁 194a
茯苓湯	湯	療心頭結氣連胸背痛，及吐酸水日夜不止	第六卷，〈霍亂及嘔吐〉，頁 194a
當歸鶴蝨散	散	心痛	第七卷，〈心痛心腹痛及寒疝〉，頁 197a
檳榔鶴蝨散	散	諸蟲心痛	第七卷，〈心痛心腹痛及寒疝〉，頁 197b
鶴蝨丸	丸	療蛔蟲心痛	第七卷，〈心痛心腹痛及寒疝〉，頁 198b–199a
鶴蝨檳榔湯	湯	療蛔心痛	第七卷，〈心痛心腹痛及寒疝〉，頁 199a–b
桔梗散	散	主冷氣心痛肋下鳴轉，喉中妨食不消，常生食氣。每食心頭住不下	第七卷，〈心痛心腹痛及寒疝〉，頁 199b
當歸湯	湯	療惡疰撮肋連心痛	第七卷，〈心痛心腹痛及寒疝〉，頁 199b–200a
雷丸鶴蝨散	散	療心痛	第七卷，〈心痛心腹痛及寒疝〉，頁 205a–b
桃人丸	丸	療心痛，手足煩疼，食飲不入	第七卷，〈心痛心腹痛及寒疝〉，頁 206a

桔梗散	散	療心腹中氣時痛，食冷物則不安穩	第七卷，〈心痛心腹痛及寒疝〉，頁 208a
當歸湯	湯	療卒心腹痛，氣脹滿	第七卷，〈心痛心腹痛及寒疝〉，頁 208a–b
鱉甲丸	丸	療鼓脹氣急，衝心硬痛	第七卷，〈心痛心腹痛及寒疝〉，頁 209b
人參丸	丸	療患久心痛腹滿并痰飲不下食	第七卷，〈心痛心腹痛及寒疝〉，頁 210b
柴胡厚朴湯	湯	療心腹脹滿	第七卷，〈心痛心腹痛及寒疝〉，頁 210b
郁李人丸	丸	療心腹脹滿。腹中有宿水。連兩肋滿悶。氣急衝心坐不得	第七卷，〈心痛心腹痛及寒疝〉，頁 210b–211a
紫蘇湯	湯	療患氣發心腹脹滿，兩肋氣急	第七卷，〈心痛心腹痛及寒疝〉，頁 211a
必效青木香丸	丸	主氣滿腹脹不調。不消食	第七卷，〈心痛心腹痛及寒疝〉，頁 211b
延年療患腹內氣脹雷鳴胸背痛方	湯	延年療患腹內氣脹雷鳴	第七卷，〈心痛心腹痛及寒疝〉，頁 212b
檳榔湯	湯	療心頭冷硬，結痛下氣	第七卷，〈心痛心腹痛及寒疝〉，頁 213b
檳榔丸	丸	療一切氣，妨悶不能食	第七卷，〈心痛心腹痛及寒疝〉，頁 213b–214a
近效燒鹽通一切氣尤療風方	湯	通一切氣	第七卷，〈心痛心腹痛及寒疝〉，頁 214a
半夏湯	湯	療胸脅不利。腹中脹。氣急妨悶	第七卷，〈心痛心腹痛及寒疝〉，頁 216a
柴胡湯	湯	療胸膈滿塞 。 心背撮痛。走注氣悶	第七卷，〈心痛心腹痛及寒疝〉，頁 217a
柴胡湯	湯	療胸膈間伏氣不下食。臍下滿	第七卷，〈心痛心腹痛及寒疝〉，頁 217a–b

療心胸中痰積，氣噎嘔逆食不下方	湯	療心胸中痰積。氣噎嘔逆	第八卷，〈痰飲胃反噎鰄等〉，頁 226a
療胸中痰飲。腹中水鳴食不消。嘔吐水。湯方	湯	療胸中痰飲。腹中水鳴食不消。嘔吐水	第八卷，〈痰飲胃反噎鰄等〉，頁 226b
集驗療痰澼心腹痛兼冷方	散	療痰澼心腹痛	第八卷，〈痰飲胃反噎鰄等〉，頁 232b
千金茯苓湯	湯	主胸膈痰滿	第八卷，〈痰飲胃反噎鰄等〉，頁 234b
甘草飲子方	湯	療肺熱咳嗽。涕唾多黏	第九卷，〈咳嗽〉，頁 273b–274a
葶藶子十五味丸	丸	飲氣嗽經久不已	第九卷，〈咳嗽〉，頁 276a
紫菀湯	湯	療患肺脹氣急。欬嗽喘麤	第十卷，〈肺痿肺氣上氣咳嗽〉，頁 283b
療肺氣積聚。心肋下滿。急發即咳逆上氣方	湯	救急療肺氣積聚。心肋下滿	第十卷，〈肺痿肺氣上氣咳嗽〉，頁 284a–b
必效療上氣方	湯	肺痿肺氣上氣咳嗽	第十卷，〈肺痿肺氣上氣咳嗽〉，頁 288b
必效主上氣腹脹心胸滿。并咳不能食方	湯	主上氣腹脹心胸滿。并咳不能食	第十卷，〈肺痿肺氣上氣咳嗽〉，頁 296b–297a
廣濟療腹中癖氣方	丸	療腹中癖氣	第十二卷，〈癖及疝氣積聚癥瘕胸痺奔炖〉，頁 321a–b
廣濟療疝氣方	丸	療疝氣	第十二卷，〈癖及疝氣積聚癥瘕胸痺奔炖〉，頁 325a
療兩肋脹急，疝滿不能食兼頭痛壯熱身體痛方	湯	疝滿不能食	第十二卷，〈癖及疝氣積聚癥瘕胸痺奔炖〉，頁 325a–b
療癥癖疝氣不能食兼虛羸瘦四時常服方	散	療癥癖疝氣不能食	第十二卷，〈癖及疝氣積聚癥瘕胸痺奔炖〉，頁 325b

療癖飲	丸	療癖	第十二卷，〈癖及痃氣積聚癥瘕胸痹奔㹠〉，頁326a
桃人丸	丸	主痃癖氣漫心脹滿不下食。發即更脹連乳滿。頭面閉悶咳氣急	第十二卷，〈癖及痃氣積聚癥瘕胸痹奔㹠〉，頁326a–b
檳榔子丸	丸	主腹內痃癖氣滿。胸背痛不能食。日漸羸瘦四肢無力。時時心驚	第十二卷，〈癖及痃氣積聚癥瘕胸痹奔㹠〉，頁326b
療痃癖，發即兩肋弦急滿不能食方	丸	痃癖	第十二卷，〈癖及痃氣積聚癥瘕胸痹奔㹠〉，頁327a
半夏湯	湯	主腹內左肋痃癖硬急氣滿	第十二卷，〈癖及痃氣積聚癥瘕胸痹奔㹠〉，頁327a
黃耆丸	丸	療風虛盜汗不能食。腹內有痃癖氣滿者	第十二卷，〈癖及痃氣積聚癥瘕胸痹奔㹠〉，頁327b
療腹內積聚，癖氣衝心。肋急滿。時吐水不能食。兼惡寒方	丸	療腹內積聚。癖氣衝心。肋急滿。時吐水不能食。兼惡寒	第十二卷，〈癖及痃氣積聚癥瘕胸痹奔㹠〉，頁333a
白朮丸	丸	主積聚癖氣不能食。心肋下滿。四肢骨節酸疼。盜汗不絕	第十二卷，〈癖及痃氣積聚癥瘕胸痹奔㹠〉，頁333a
桃奴湯	湯	主伏連鬼氣	第十三卷，〈骨蒸傳屍鬼疰鬼魅〉，頁359a–b
初得遁尸鬼疰。心腹中刺痛不可忍方	湯	鬼疰	第十三卷，〈骨蒸傳屍鬼疰鬼魅〉，頁360a
煮散方	散	中風	第十四卷，〈中風〉，頁376b
附子湯	湯	療諸風	第十四卷，〈中風〉，頁396b–397a

苦參十二味丸	丸	療風熱未退	第十四卷，〈中風〉，頁397a–b
十九味丸	丸	療諸風	第十四卷，〈中風〉，頁398b
犀角丸	丸	濟療心虛熱風上衝頭面	第十五卷，〈風狂及諸風〉，頁408b
療頭面熱風，頭旋眼齷，項筋急強，心悶腰腳疼痛，上熱下冷健忘方	丸	療頭面熱風。頭旋眼齷。項筋急強。心悶腰腳疼痛。上熱下冷。健忘	第十五卷，〈風狂及諸風〉，頁419b
檳榔湯	湯	療肝勞虛寒。脅下痛。脹滿氣急。眼昏濁視不明	第十六卷，〈虛勞〉，頁432b–433a
人參消食八味等散	散	療脾虛勞寒	第十六卷，〈虛勞〉，頁440b–441a
療腹中冷氣，腰胯冷痛方	丸	療腹中冷氣，食不消，腰胯冷痛	第十七卷，〈虛勞〉，頁471b–472a
療患腰腎虛冷，腳膝疼痛胸膈中風氣，重聽丸方	丸	療患腰腎虛冷。腳膝疼痛胸膈中風氣	第十七卷，〈虛勞〉，頁472a
療下冷腰胯。肋下結氣刺痛方	丸	療下冷腰胯，肋下結氣刺痛	第十七卷，〈虛勞〉，頁472b
必效療腰腎病膿水方	散	療腰腎病膿水	第十七卷，〈虛勞〉，頁473a
檳榔飲子	湯	平脹	第十八卷，〈腳氣〉，頁493b
延年茯苓飲	湯	主腳氣腫氣急上氣。心悶熱煩。嘔逆不下食	第十八卷，〈腳氣〉，頁506a–b
療腳氣急上衝心悶欲死者方	湯	療腳氣急上衝心悶欲死	第十八卷，〈腳氣〉，頁507a–b
療腳氣心煩悶，氣急臥不安方	湯	療腳氣心煩悶。氣急臥不安	第十八卷，〈腳氣〉，頁507b

療腳氣攻心悶，腹脹氣急欲死者方	湯	療腳氣攻心悶。腹脹氣急欲死	第十八卷，〈腳氣〉，頁507b
射干丸	丸	療腎虛風。腳氣衝心	第十八卷，〈腳氣〉，頁507b
毒氣攻心欲死者方	湯	毒氣攻心欲死	第十八卷，〈腳氣〉，頁509a
徐王用尋常氣滿方	湯	腳氣	第十八卷，〈腳氣〉，頁509a–b
腳氣冷毒悶。心下堅。背膊痛。上氣欲死者方	湯	腳氣冷毒悶。心下堅。背膊痛。上氣欲死	第十八卷，〈腳氣〉，頁509b
近效救腳氣衝心方		近效救腳氣衝心	第十八卷，〈腳氣〉，頁510a
加減青木香丸	丸	療一切腳氣發	第十八卷，〈腳氣〉，頁510b
療腳氣上衝心狂亂悶者方	丸	療腳氣上衝心狂亂悶	第十八卷，〈腳氣〉，頁510b
療腳氣衝心，肺氣氣急及水氣臥不得立驗方	散	療腳氣衝心。肺氣氣急。及水氣臥不得	第十八卷，〈腳氣〉，頁510b–511a
崔氏療腳氣遍身腫方	湯	療腳氣遍身腫	第十九卷，〈腳氣〉，頁515a–b
療腳氣滿小便少者方	湯	療腳氣滿	第十九卷，〈腳氣〉，頁516a
療腳氣，老人弱人脹滿者方	湯	療腳氣	第十九卷，〈腳氣〉，頁516a–b
唐侍中療苦腳氣攻心方	湯	散腫氣	第十九卷，〈腳氣〉，頁517b
腫滿小便少者方	湯	腫滿小便少	第十九卷，〈腳氣〉，頁518b
紫蘇湯	湯	腳氣腫滿小便澀	第十九卷，〈腳氣〉，頁518b–519a
檳榔湯	湯	療上氣	第十九卷，〈腳氣〉，頁519b

蘇恭下氣消脹方	丸	腳氣定時候間滿腹脹不能食者。四時俱得服。下氣消脹方	第十九卷，〈腳氣〉，頁519b–520a
蘇恭下氣消脹方	湯	腳氣	第十九卷，〈腳氣〉，頁520a
蘇恭煮散	散	療腳氣	第十九卷，〈腳氣〉，頁523b–524a
療諸腳氣弱。未至大發。尋常煮散方	散	療諸腳氣弱	第十九卷，〈腳氣〉，頁524a
吳茱萸湯	湯	腳氣	第十九卷，〈腳氣〉，頁531a
腳氣風毒發隨身藥	湯	腳氣風毒	第十九卷，〈腳氣〉，頁536a
腳氣尋常氣滿湯方	湯	腳氣風毒	第十九卷，〈腳氣〉，頁536b
大檳榔丸	丸	療水腫	第二十卷，〈水病〉，頁540a–b
海蛤丸	丸	主下水氣	第二十卷，〈水病〉，頁558a
含丸方	丸	癭病	第二十三卷，〈癭瘤咽喉癭瘻〉，頁620b–621a
五香丸	丸	主口臭及身臭	第二十三卷，〈癭瘤咽喉癭瘻〉，頁643b
廣濟療疝氣核腫疼方	丸	疝氣	第二十六卷，〈痔病陰病九蟲等〉，頁711a
狐陰丸	丸	疝氣	第二十六卷，〈痔病陰病九蟲等〉，頁711a
集驗貫眾丸	丸	療九蟲動作諸病	第二十六卷，〈痔病陰病九蟲等〉，頁717b
麥門冬五隔下氣丸	丸	療肺勞熱損。生肺蟲	第二十六卷，〈痔病陰病九蟲等〉，頁718a–b

廣濟療蛔蟲方	湯	療蛔蟲	第二十六卷，〈痔病陰病九蟲等〉，頁719a
肘後療白蟲方	湯	療白蟲	第二十六卷，〈痔病陰病九蟲等〉，頁720b
救急療白蟲方	湯	療白蟲	第二十六卷，〈痔病陰病九蟲等〉，頁721a–b
廣濟療蛔蟲寸白蟲方	湯	療蛔蟲寸白蟲	第二十六卷，〈痔病陰病九蟲等〉，頁724a–b
療寸白蟲化為水泄出永除方	散	療寸白蟲	第二十六卷，〈痔病陰病九蟲等〉，頁724b
金瘡炙瘡火燒瘡等方	膏藥	金瘡炙瘡火燒瘡	第二十九卷，〈墜墮金瘡等〉，頁786a
救急五香丸	丸	療諸毒疰氣	第三十一卷，〈採藥時節所出土地諸家丸散酒煎解諸毒等〉，頁845b–846a
青木香丸	丸	療一切氣腹脹滿。心痛氣冷。食不消	第三十一卷，〈採藥時節所出土地諸家丸散酒煎解諸毒等〉，頁846a
療一切病方	湯	療一切病	第三十一卷，〈採藥時節所出土地諸家丸散酒煎解諸毒等〉，頁849a–b
劉氏療小兒冷癖疢癖氣方	丸	療小兒冷癖疢癖氣。不下食瘦。時時肋下痛	第三十五卷，〈小兒諸疾〉，頁990a
劉氏療小兒肚脹四肢熱不調方	湯	療小兒肚脹。漸瘦不食。四肢熱不調	第三十五卷，〈小兒諸疾〉，頁991a
紫菀湯	湯	療肺脹氣急。呀嗽喘麤。眠臥不得。極重恐氣即絕	第三十八卷，〈小兒諸疾〉，頁1059a

附錄三：普光《俱舍論記》

醞食成酒，即米、麥等，名為窣羅。醞餘物等所成，即根、莖等，名迷麗耶酒。即前二酒或時未熟，或熟已壞不能令醉，此非所遮，不名末陀。若令醉時，名末陀酒。……然以檳榔及稗子等，雖亦能令少時微醉而不放逸，由許食故，不成犯戒。為簡彼故，次說窣羅、迷麗耶酒，極令醉故。又《法蘊足論》第一云言諸酒者，謂窣羅酒；迷麗耶酒，及末陀酒。言窣羅酒，謂米、麥等如法蒸煮，和麴蘗汁，投諸藥物，醞釀具成，酒色香味，飲已惛醉，名窣羅酒。迷麗耶者，謂諸根、莖、葉、花、果汁，不和麴蘗，醞釀具成，酒色香味，飲已惛醉，名迷麗耶酒。言末陀者，謂蒲桃酒。或即窣羅、迷麗耶酒，飲已令醉，總名末陀。《正理》三十八釋諸酒名，非無少異，大同法蘊。

附錄四：僧伽跋陀羅譯《善見律毘婆沙》

樂家者，比丘還檀越家，以念故，或母或姊妹以手摩挲或抱，精出，不犯。因觸故，得突吉羅罪。若摩挲故出精，犯罪，是名樂家。折林者，男子與女結誓，或以香華檳榔，更相往還餉致言，以此結親。何以故？香華檳榔者，皆從林出，故名折林。若女人答餉善，大德餉極香美。我今答後餉，令此大德念我。比丘聞此已欲起精出，不犯。若因便故出，犯罪。又因不出，得偷蘭遮罪。法師曰：是名為十一。毘尼師善觀已。有罪無罪若輕若重。輕者言輕。重者說重。如律本所治者。若如是作善。譬如醫師善觀諸病隨病投藥。病者得愈，醫師得賞。故出不淨者，如是為初。心樂出而不弄不動。若精出不犯。若觸若癢無出心無罪。有出心有罪。除夢中者。若比丘夢與女人共作婬事。或夢共抱共眠。如是欲法次第，汝自當知。若精出無罪。若正出而覺，因此樂出，或以手捉，或兩髀挾，犯罪。是故有智慧比丘，若眠夢慎莫動善。若精出恐污衣席，以手捉往至洗處，不犯。若根有瘡病，以油塗之，或種種藥磨，不樂精出，無罪。若癲狂人。精出無罪。最初未制戒不犯。第一僧伽婆尸沙說竟。

附錄五：孫思邈《備急千金要方》「檳榔方」

方　名	劑型	對治疾病	全文／內容摘述	出　處
慶雲散	散	主丈夫陽氣不足，不能施化，施化無成	◎慶雲散：主丈夫陽氣不足，不能施化，施化無成方。 覆盆子　五味子各一升　天雄一兩　石斛　白朮各三兩　桑寄生四兩　天門冬九兩　兔絲子一升　紫石英二兩。 右九味治下篩，酒服方寸匕，先食，日三服。素不耐冷者，去寄生，加細辛四兩。陽氣不少而無子者，去石斛。加檳榔十五枚。	卷第二，〈婦人方上‧求子第一轉女為男附〉，頁 17b–18a
五香丸	丸	治口及身臭，令香、止煩散氣	◎五香丸：治口及身臭，令香、止煩、散氣方。 豆蔻　丁香　藿香　零陵香　青木香　白芷　桂心各一兩　香附子二兩　甘松香　當歸各半兩　檳榔二枚。 右十一味末之，蜜和丸。常含一丸如大豆，咽汁。日三夜一，亦可常含。咽汁，五日口香，十日體香，二七日衣被香，三七日下風人聞香，四七日洗手水落地香，五七日把他手亦香。慎五辛，下氣、去臭。	卷第六上，〈七竅病上‧口病第三香附〉，頁 115a
煮散除餘風方	散（煮散）	風痺	◎凡風痺，服前湯得差訖，可常服煮散除餘風方。 防風　獨活　防巳　秦芃	卷第八，〈諸風‧風痺第五〉，頁 168a

			黃耆　芍藥　人參　白朮 茯神　芎藭　遠志　升麻 石斛　牛膝　羚羊角　丹 參　甘草　厚朴　天門冬 五加皮　桂心　黃芩　地 骨皮各一兩（一云各四兩） 橘皮　生薑　麻黃　乾地 黃各三兩　檳榔（《千金翼》 作甘草）　　（藁本《千金 翼》作附子）　杜仲（《千 金翼》作麥門冬）　烏犀角 各二兩（《千金翼》作山茱 萸）　薏苡仁一升　石膏六 兩（一云三兩）。 右三十三味擣篩為麤散，和 攪令勻。每以水三升藥三 兩，煮取一升。綿濾，去 滓。頓服之，取汗。日一。 服若覺心中熱煩，以竹瀝代 水煑之。	
檳榔湯	湯	治肝虛寒， 脅下痛脹 滿，氣急， 目昏濁，視 物不明	◎治肝虛寒，脅下痛脹滿， 氣急，目昏濁，視物不明。 檳榔湯方。 檳榔二十四枚　母薑七兩 附子七枚　茯苓　橘皮 桂心各三兩　桔梗　白朮 各四兩　吳茱萸五兩。 右九味㕮咀。以水九升。煮 取三升去滓。分溫三服。若 氣喘者。加芎藭三兩半夏四 兩甘草二兩。	卷第十一，〈肝 藏·肝虛實第 二肝膽俱虛實 附〉，頁209a
下氣湯	湯	治胸腹背閉 滿，上氣喘 息	◎治胸腹背閉滿，上氣喘 息，下氣湯方。 大腹檳榔二七枚　杏仁四 七枚。	卷第十三，〈心 藏·胸痺第 七〉，頁244a

			右二味㕮咀，以童子小便三升，煎取一升半。分再服。曾患氣發。灾合服之。	
檳榔湯	湯	破胸背惡氣，音聲塞閉	◎破胸背惡氣，音聲塞閉。檳榔湯方。 檳榔四枚極大者　檳榔八枚小者 右二味㕮咀，以小兒尿二升半。煮減一升去滓。分三服。頻與五劑。永定。	卷第十三，〈心藏・胸痺第七〉，頁 244a
檳榔散	散	治脾寒，飲食不消，勞倦，氣脹，噫滿，憂恚不樂	◎治脾寒，飲食不消，勞倦，氣脹，噫滿，憂恚不樂。檳榔散方。 檳榔八枚皮子並用　人參　茯苓　陳麴　厚朴　麥蘗　白朮　吳茱萸各二兩。 右八味治下篩，食後，酒服二方寸匕。日再。一方用橘皮一兩半。	卷第十五上，〈脾臟上・脾虛實第二脾胃俱虛實消食附〉，頁 272b
治胃反朝食暮吐食訖腹中刺痛方	湯	治胃反，朝食暮吐，食訖腹中刺痛	◎治胃反，朝食暮吐，食訖腹中刺痛，此由久冷。方。 橘皮三兩　甘草　厚朴　茯苓　桂心　細辛　杏仁　竹皮各二兩　檳榔十枚　前胡八兩　生薑五兩　人參一兩。 右十二味㕮咀，以水一斗三升，煮取三升。分三服。	卷第十六，〈胃腑・反胃第四酢咽附〉，頁 292a
桔梗破氣丸	丸	治氣上下否塞，不能息	◎治氣上下否塞，不能息。桔梗破氣丸方。 桔梗　橘皮　乾薑　厚朴　枳實　細辛　亭藶各三分　胡椒　蜀椒　烏頭各二分　蓽撥十分　人參　桂心　附子　茯苓　前胡　防葵	卷第十七，〈肺藏・積氣第五七氣　五膈奔㹠附〉，頁 310b–311a

			芎藭各五分　甘草　大黃　檳榔　當歸各八分　白朮　吳茱萸各六分。 右二十四味末之，蜜丸如梧子大。酒服十丸，日三。有熱者，空腹服之。	
檳榔湯	湯	治氣實若積聚，不得食息	◎治氣實若積聚，不得食息。檳榔湯方。 檳榔三七枚　細辛一兩　半夏一升　生薑八兩　大黃　紫菀　柴胡各三兩　橘皮　甘草　紫蘇（冬用子）　茯苓各二兩　附子一枚。 右十二味㕮咀，以水一斗，煮取三升。分三服，相去如行十里久。若有癥結堅實如石，加鱉甲二兩、防葵二兩。氣上，加桑白皮切二升、枳實厚朴各二兩。消息氣力強弱，進二劑後，隔十日，更服前桔梗破氣丸。	卷第十七，〈肺藏·積氣第五七氣　五膈奔狁附〉，頁311a
治積年患氣，發作有時，心腹絞痛，忽然氣絕，腹中堅實方	湯	治積年患氣，發作有時，心腹絞痛，忽然氣絕，腹中堅實	◎治積年患氣，發作有時，心腹絞痛，忽然氣絕，腹中堅實，醫所不治，復謂是蠱。方。 檳榔大者四七枚　柴胡三兩　半夏一升　生薑八兩　附子一枚　橘皮　甘草　桂心　當歸　枳實各二兩。 右十味㕮咀，以水一斗，煮取三升。分三服，五日一劑。服三劑，永除根本。	卷第十七，〈肺藏·積氣第五七氣　五膈奔狁附〉，頁311a
治熱發氣上衝不得	丸	治熱發氣上衝不得息，	◎治熱發氣上衝不得息，欲死不得臥方。	卷第十七，〈肺藏·積氣第五

息，欲死不得臥方		欲死不得臥	桂心半兩　白石英　麥門冬　枳實　白鮮皮　貝母　茯神　檳榔仁　天門冬各二兩半　車前子一兩　人參　前胡　橘皮　白薇　杏仁各一兩半　郁李仁三兩　桃仁五分。 右十七味末之，蜜和。以竹葉飲，服十丸如梧子。日二，加至三十丸。	七氣　五膈奔㹠附〉，頁312a
茯苓湯	湯	治胸膈痰滿	◎茯苓湯。主胸膈痰滿方。茯苓四兩　半夏一升　生薑一斤　桂心八兩。 右四味㕮咀，以水八升，煮取二升半。分四服。冷極者，加大附子四兩。若氣滿者，加檳榔三七枚。	卷第十八，〈大腸腑·痰飲第六〉，頁332a–b
治胸中痰飲，腸中水鳴，食不消，嘔吐水方	湯	治胸中痰飲，腸中水鳴，食不消，嘔吐水	◎治胸中痰飲，腸中水鳴，食不消，嘔吐水方。檳榔十二枚　生薑　杏仁　白朮各四兩　半夏八兩　茯苓五兩　橘皮三兩。 右七味㕮咀，以水一斗，煮取三升，去滓。分三服。	卷第十八，〈大腸腑·痰飲第六〉，頁332b–333a
治寸白蟲方	湯	治寸白蟲	◎治寸白蟲方。檳榔二七枚。治下篩，以水二升半，先煮其皮。取一升半，去滓內末。頻服，暖臥，蟲出。出不盡，更合服，取差止。宿勿食，服之。	卷第十八，〈大腸腑·九蟲第七濕䘌附〉，頁336b、337a

| 麋角丸 | 丸 | 治衰老（補腎） | ◎麋角丸方。
秦艽　人參　甘草　肉蓯蓉　檳榔　麋角一條（炙令黃為散，與諸藥同制之）通草　菟絲子（酒浸兩宿，待乾，別擣之，各一兩）。右擣為散，如不要補，即不須此藥共煎。又可一食時候，藥似稠粥即止。火少時歇熱氣，即投諸藥散相和，攪之相得。仍待少時，漸稠，堪作丸，即以新器中盛之。以眾手一時丸之，如梧子大。若不能眾手丸，旋煖漸丸，亦得。如黏手，著少酥塗手。其服法，空腹，取三果漿以下之。如無三果漿，酒下亦得。初服叁拾丸，日加壹丸至伍拾丸為度。日貳服，初服壹百日內，忌房室服經壹月，腹內諸疾自相驅逐，有微痢勿恠。漸後多泄氣，能食。明耳目，補心神，安藏腑，填骨髓，理腰腳，能久立。髮白更黑，兒老還少。……服至貳百日，面皺自展光澤。壹年，齒落更生，強記，身輕若風，日行數百里。貳年，常令人肥飽，少食。柒拾已上，卻成後生。叁年，腸作筋髓，預見未明。肆年，常飽不食，自見仙人。叁拾已下，服之不輟，顏壹定。其藥合之時，須淨室中，不得令雞犬、女人、孝子等見。婦人服之亦佳。 | 卷第十九，〈腎藏・補腎第八〉，頁359a–b |

治霍亂使百年不發方	丸	治霍亂使百年不發	◎治霍亂使百年不發丸方。 虎掌　薇各二兩　枳實 附子　人參　檳榔　乾薑 各三兩　厚朴六兩　皂莢 三寸　白朮五兩。 右十味末之，蜜丸如梧子， 酒下二十丸。日三。武德中，有德行尼名淨明，患此已久，或一月一發，或一月再發，發即至死。時在朝大醫蔣、許、甘、巢之徒，亦不能識。余以霍亂治之，處此方得愈。故疏而記之。	卷第二十，〈膀胱腑·霍亂第六〉，頁368a–b
檳榔湯	湯	治服散之後，忽身體浮腫	◎凡服散之後，忽身體浮腫，多是取冷過所致。宜服檳榔湯方。 檳榔三十枚擣碎，以水八升，煮取二升。分再服。	卷第二十四，〈解毒并雜治·解五石毒第三〉，頁436a

附錄六：義淨《南海寄歸內法傳‧受齋軌則》

然南海十洲，齋供更成殷厚。初日將檳榔一顆及片子香油並米屑少許，並盛之葉器，安大盤中，白氎蓋之。金瓶盛水，當前瀝地，以請眾僧，令於後日中前塗身澡浴。第二日過午已後，則擊皷樂，設香華，延請尊儀。棚車輦輿，幡旗映日，法俗雲奔。引至家庭，張施帷蓋。金銅尊像，瑩飾皎然，塗以香泥，置淨盤內。咸持香水，虔誠沐浴。拭以香氎。捧入堂中，盛設香燈，方為稱讚。然後上座為其施主說陁那伽他，申述功德，方始請僧。出外澡漱，飲沙糖水，多噉檳榔，然後取散。至第三日禺中，入寺敬白時到。僧洗浴已，引向齋家。重設尊儀，略為澡沐。香華皷樂，倍於昨晨。所有供養，尊前普列。於像兩邊，名嚴童女或五或十，或可童子，量時有無。或擎香爐，執金澡罐。或捧香燈、鮮華、白拂。所有粧臺鏡奩之屬，咸持來佛前奉獻。問其何意，答是福田。今不奉獻，後寧希報？以理言之，斯亦善事。次請一僧，座前長跪，讚歎佛德。次復別請兩僧，各昇佛邊一座，略誦小經半紙一紙。或慶形像，共點佛睛，以來勝福。然後隨便各就一邊，……澡手就餐。……眾僧亦既食了，盥漱又畢，……持所施物，列在眾前。……次行檳榔豆蔻，糅以丁香龍腦，咀嚼能令口香，亦乃消食去癊。

附錄七：王琰《冥祥記》

宋王胡者，長安人也。叔死數載，元嘉二十三年忽見形。還家責胡，以修謹有闕、家事不理，罰胡五杖。傍人及鄰里並聞其語及杖聲，又見杖瘢跡，而不睹其形。唯胡猶得親接。叔謂胡曰：「吾不應死，神道須吾算諸鬼錄。今大從吏兵，恐驚損墟里，故不將進耳。」胡亦大見眾鬼紛鬧若村外。俄然，叔辭去，曰：「吾來年七月七日當復暫還，欲將汝行，遊歷幽途，使知罪福之報也，不須費設。若意不已，止可茶來耳。」至斯果還。語胡家人云：「吾今將胡遊觀，畢當使還。不足憂也。」胡即頓臥床上，泯然如盡。叔於是將胡，遍觀群山，備睹鬼怪。末至嵩高山，諸鬼過胡，並有饌設。餘施味不異世中，唯薑甚脆美。胡欲懷將還。左右人笑胡云：「止可此食。不得將還也。」胡末見一處，屋宇華曠，帳筵精整，有二少僧居焉。胡造之，二僧為設雜果檳榔等。胡遊歷久之，備見罪福苦樂之報，乃辭歸。叔謂胡曰：「汝既已知善之可修，何宜在家？白足阿練，戒行精高，可師事也。」長安道人足白，故時人謂為白足阿練也。甚為魏虜所敬，虜主事為師。胡既奉此練，於其寺中，遂見嵩山上年少僧者遊學眾中。胡大驚，與敘乖闊，問何時來。二僧答云：「貧道本住此寺，往日不憶與君相識。」胡復說嵩高之遇。此僧云：「君謬耳，豈有此耶？」至明日，二僧無何而去。胡乃具告諸沙門，敘說往日嵩山所見，眾咸驚怪，即追求二僧，不知所在。乃悟其神人焉。元嘉末，有長安僧釋曇爽，來遊江南。具說如此也。

徵引書目

一、傳統文獻

丁紹儀，《東瀛識略》，收入《臺灣文獻叢刊》，第 2 輯，南投：臺灣省文獻委員會，
　　1996，據民國四十六年 (1957) 臺灣銀行出版之臺灣文獻叢刊重新勘印。

中國社會科學院歷史研究所、中國敦煌吐魯番學會敦煌古文獻編輯委員會、英國國家
　　圖書館、倫敦大學亞非學院合編，《英藏敦煌文獻・漢文佛經以外部份》，成都：
　　四川人民出版社，1990。

丹波康賴著，趙明山等注釋，《醫心方》，瀋陽：遼寧科學技術出版社，1996。

元　開，《唐大和上東征傳》(T.2089)，收入《遊方記抄》，《大正新脩大藏經》，第 51
　　冊，東京：大正一切經刊行會，1924–1934。

元稹撰，楊軍箋注，《元稹集編年箋注・詩歌卷》，西安：三秦出版社，2002。

元稹撰，冀勤點校，《元稹集》，北京：中華書局，1982。

日華子，《日華子本草》，收入尚志鈞輯釋，《日華子本草、蜀本草（合刊本）》，合肥：
　　安徽科技技術出版社，2005。

王其禕、周曉薇編著，《隋代墓誌銘彙考》，北京：線裝書局，2007。

王重民等編，《敦煌變文集》，北京：人民文學出版社，1957。

王　棠，《燕在閣知新錄》，收入《續修四庫全書》，第 1147 冊，上海：上海古籍出版
　　社，1997，據山東省圖書館藏清康熙刻本影印。

王　溥，《唐會要》，上海：上海古籍出版社，1991。

王　燾，《外臺秘要》，臺北：中國醫藥研究所，1985。

未　名，〈某僧乞請某大德賜藥草狀〉(S.5901)，收入中國社會科學院歷史研究所、中
　　國敦煌吐魯番學會敦煌古文獻編輯委員會、英國國家圖書館、倫敦大學亞非學院
　　合編，《英藏敦煌文獻・漢文佛經以外部份》，成都：四川人民出版社，1990。

白居易撰，謝思煒校注，《白居易詩集校注》，北京：中華書局，2006。

吳任臣編，《十國春秋》，收於歐陽修，《新五代史》，北京：中華書局，1974。

李白撰，安旗等編，《新版李白全集編年注釋》，成都：巴蜀書社，2000。

李石著，謝成俠校勘，《司牧安驥集》，北京：中華書局，1957。

李吉甫，《元和郡縣圖志》，清光緒六年 (1880) 至八年 (1882) 金陵書局校刊本。

李延壽，《南史》，北京：中華書局，1975。

李昉等，《太平御覽》，臺北：臺灣商務印書館，1975。

李時珍，《本草綱目》，北京：人民衛生出版社，1975。

李珣，《海藥本草》，收入吳海鷹主編，《回族典藏全書》，蘭州：甘肅文化出版社。

杜佑著，王文錦等點校，《通典》，北京：中華書局，1988。

沈佺期撰，連波、查洪德校注，《沈佺期詩集校注》，鄭州：中州古籍出版社，1991。

孟詵著，范鳳源訂正，《敦煌石室古本草》，臺北：新文豐出版社，1976。

孟詵著，謝海州等輯校，《食療本草》，北京：人民衛生出版社，1984。

林占梅，《潛園琴餘草簡編》，收入 《臺灣文獻叢刊》，南投：臺灣省文獻委員會，
　　1993，據民國五十三年 (1964) 臺灣文獻叢刊第 202 種影印。

法國國家圖書館、上海古籍出版社編，《法國國家圖書館藏敦煌西域文獻》，上海：上
　　海古籍出版社，1995。

法　照，〈辰年正月十五日道場施物疏〉(北大 D162V)，收入國立北京大學圖書館編，
　　《北京大學圖書館藏敦煌文獻》，上海：上海古籍出版社，1995。

侯寧極，《藥譜》，收入陶穀，《清異錄》，上海：文明書局，1922，據實顏堂秘笈本影印。

俄羅斯科學院東方研究所聖彼得堡分所、俄羅斯科學出版社東方文學部、上海古籍出
　　版社編，《俄羅斯科學院東方研究所聖彼得堡分所藏敦煌文獻》，上海：上海古籍
　　出版社，1992。

姚思廉，《梁書》，北京：中華書局，1973。

姚思廉，《陳書》，北京：中華書局，1972。

柳宗元撰，尹占華、韓文奇校注，《柳宗元集校注》，北京：中華書局，2013。

段公路，《北戶錄》，收入 《文淵閣四庫全書》，第 589 冊，臺北：臺灣商務印書館，
　　1983，據國立故宮博物院藏本影印。

段成式撰，許逸民校箋，《酉陽雜俎校箋》，北京：中華書局，2015。

冥　詳，《大唐故三藏玄奘法師行狀》(T.2052)，收入《大正新脩大藏經》，第 50 冊，
　　東京：大正一切經刊行會，1924–1934。

唐慎微撰，寇宗奭衍義，張存惠重修，《經史證類備急本草》，大阪：オリエント出版
　　社，1992，據北京圖書館藏宋版影印。

孫思邈，《千金翼方》，臺北：中國醫藥研究所，1974。

孫思邈，《備急千金要方》，臺北：中國醫藥研究所，1990。

徐松輯，四川大學古籍整理研究所標點校勘，王德毅校訂，《宋會要輯稿》，臺北：中
　　央研究院歷史語言研究所，2008。

徐　鍇，《說文解字繫傳》，北京：中華書局，1987，據四部叢刊本影印。

馬繼興等輯校，《敦煌醫藥文獻輯校》，南京：江蘇古籍出版社，1998。

國立北京大學圖書館編，《北京大學圖書館藏敦煌文獻》，上海：上海古籍出版社，
　　1995。

常璩著，任乃強校注，《華陽國志校補圖注》，上海：上海古籍出版社，1987。

張鷟著，恆鶴校點，《朝野僉載》，上海：上海古籍出版社，2012。

張鷟撰，李時人、詹緒左校注，《遊仙窟校注》，北京：中華書局，2010。

曹鄴撰，梁超然、毛水清注，《曹鄴詩注》，上海：上海古籍出版社，1985。

陳　衍，《寶慶本草折衷》，收入鄭金生整理，《南宋珍稀本草三種》，北京：人民衛生
　　出版社，2007。

陶弘景著，尚志鈞輯校，《名醫別錄》，北京：人民衛生出版社，1986。

陶宗儀，《南村輟耕錄》，北京：中華書局，1959。

陸　游，《南唐書》，臺北：藝文印書館，1967。

彭定求等編，《全唐詩》，北京：中華書局，1960。

義　淨，《南海寄歸內法傳》(T.2125)，收入《大正新脩大藏經》，第 54 冊，東京：大
　　正一切經刊行會，1924–1934。

義淨著，王邦維校注，《南海寄歸內法傳校注》，北京：中華書局，1995。

董誥等編，《全唐文》，北京：中華書局，1987。

賈思勰，《齊民要術》，北京：中華書局，1985。

道　宣，《續高僧傳》(T.2060)，收入《大正新脩大藏經》，第 50 冊，東京：大正一切
　　經刊行會，1924–1934。

甄　權，《藥性論》，收入尚志鈞輯釋，《藥性論、藥性趨向分類論（合刊本）》，合肥：
　　安徽科學技術出版社，2006。

劉恂著，商璧、潘博校補，《嶺表錄異校補》，南寧：廣西民族出版社，1988。

劉昫等，《舊唐書》，北京：中華書局，1975。

慧　立，《大唐大慈恩寺三藏法師傳》(T.2053)，收入《大正新脩大藏經》，第 50 冊，
　　東京：大正一切經刊行會，1924–1934。

慧　琳，《一切經音義》(T.2128)，收入《大正新脩大藏經》，第 54 冊，東京：大正一
　　切經刊行會，1924–1934。

樊綽著，向達注，《蠻書校注》，北京：中華書局，1962。

歐陽修，《新唐書》，北京：中華書局，1975。

歐陽詢等編，汪紹楹校，《藝文類聚》，上海：上海古籍出版社，1999。

潘重規編著，《敦煌變文集新書》，臺北：中國文化大學中文研究所敦煌學研究會，
　　1984。

盧綸撰，劉初棠校注，《盧綸詩集校注》，上海：上海古籍出版社，1989。

蕭子顯，《南齊書》，北京：中華書局，1972。

蕭統編，李善注，《文選》，上海：上海古籍出版社，1986。

檀　萃，《滇海虞衡志》，臺北：新文豐，1985，據問影樓輿地叢書本排印。

韓保昇，《蜀本草》，收入尚志鈞輯釋，《日華子本草、蜀本草（合刊本）》，合肥：安
　　徽科技技術出版社，2005。

韓理洲輯校，《全隋文補遺》，西安：三秦出版社，2004。

賾藏主，《古尊宿語錄》(X.1315)，收入《卍新纂續藏經》，東京：株式會社國書刊行
　　會，1975–1989，第 68 冊。

蘇　敬，《新修本草》，收入《續修四庫全書》，第 989 冊，上海：上海古籍出版社，
　　1997，據國立故宮博物院藏本影印。

蘇軾撰，施元之註，《施註蘇詩》，收入《文淵閣四庫全書》，第 1110 冊，臺北：臺灣

商務印書館，1983，據國立故宮博物院藏本影印。

蘇頌撰，尚志鈞輯校，《本草圖經》，合肥：安徽科學技術出版社，1994。

釋惠洪，《禪林僧寶傳》，收入《文淵閣四庫全書》，第1052冊，臺北：臺灣商務印書館，1983，據國立故宮博物院藏本影印。

釋道原，《景德傳燈錄》(T.2076)，收入《大正新脩大藏經》，第51冊，東京：大正一切經刊行會，1924–1934。

二、近人論著

Anderson, Christian A. "Betel Nut Chewing Culture: The Social and Symbolic Life of an Indigenous Commodity in Taiwan and Hainan." PhD. Dissertation, University of Southern California, 2007.

IARC (The International Agency for Research on Cancer). "Betel-quid and Areca-nut Chewing," IARC Monographs on the Evaluation of Carcinogenic Risks to Humans, 37 (Lyon, 1985), pp. 141–202.

IARC. "Betel-quid and Areca-nut Chewing," IARC Monographs on the Evaluation of Carcinogenic Risks to Humans, 85 (Lyon, 2004), pp. 41–278.

Imbault-Huart, Camille. "Le Bétel," T'oung Pao, 5 (1894), pp. 311–328.

Liu, Huwy-min. "Betel Nut Consumption in Contemporary Taiwan: Gender, Class and Social Identity," Master Thesis, The Chinese University of Hong Kong, 2006.

Morarjee, Sumati. Tambula: Tradition and Art. Bombay: Morarjee, 1974.

Penzer, Norman M. "The Romance of Betel-chewing," in Poison-Damsels, and Other Essays in Folklore and Anthropology. London: Priv. print. for C. J. Sawyer, 1952, pp. 187–298.

Reichart, Peter A. Betel and miang, Vanishing Thai Habits. Bangkok; Cheney: White Lotus, 1996.

Reid, Anthony. "From Betel-Chewing to Tobacco Smoking in Indonesia," Journal of Asian Studies, 44:3 (1985), pp. 529–547.

Rhind, Donald. Betel-nut in Burma. Rangoon: Department of Agriculture, Burma, 1936.

Rooney, Dawn F. Betel Chewing Traditions in South-East Asia. Oxford: Oxford University Press, 1993.

Schafer, Edward H. The Golden Peaches of Samarkand: A Study of T'ang Exotics. Berkeley: University of California Press, 1963.

Schafer, Edward H. The Vermilion Bird: T'ang Images of the South. Berkeley: University of California Press, 1967.

Zumbroich, Thomas J. "The Origin and Diffusion of Betel Chewing: A Synthesis of Evidence from South Asia, Southeast Asia and Beyond," eJournal of Indian Medicine 1:3 (2008): 87–140.

下定雅弘,《柳宗元──逆境を生きぬいた美しき魂》,東京:勉誠出版,2009。

于志鵬,《宋前咏物詩發展史》,濟南:山東大學出版社,2013。

于賡哲,〈唐代藥材產地與市場〉,收入于賡哲,《唐代疾病、醫療史初探》,北京:中國社會科學出版社,2011。

大鐸資訊股份有限公司,《臺灣日日新報》(1898–1944) 電子資料庫。

山本信吉等,《醫心方の研究》,大阪:オリエント出版社,1994。

山田慶兒,《中国医学はいかにつくられたか》,東京都:岩波書店,1999。

中村元,《仏教植物散策》,東京:東京書籍株式會社,1986。

中國航海學會、泉州市人民政府編,《泉州港與海上絲綢之路 (二)》,北京:中國社會科學出版社,2003。

中國航海學會、泉州市人民政府編,《泉州港與海上絲綢之路》,北京:中國社會科學出版社,2002。

卞孝萱,《元稹年譜》,濟南:齊魯書社,1980。

尹章義,〈臺灣檳榔史〉,《歷史月刊》,35 (臺北,1990.12),頁 78–87。

尹楚彬,〈曹鄴生平考辨〉,《廣西師範大學學報 (哲學社會科學版)》,1990:2 (桂林,1990),頁 28–33。

文 子,〈檳榔在越南〉,《東南亞縱橫》,2001:5 (南寧,2001),頁 23。

方國瑜，〈樊綽《雲南志》考說〉，《思想戰線》，1981：1（昆明，1981），頁 1–6。

王元林、鄭敏銳，〈東南亞檳榔文化探析〉，《世界民族》，2005：3（北京，2005），頁 63–69。

王四達，〈閩臺檳榔禮俗源流略考〉，《東南文化》，2（南京，1998），頁 53–58。

王四達，〈閩臺檳榔禮俗源流略考〉，《東南文化》，2（南京，1998），頁 53–58。

王邦維，《唐高僧義淨生平及其著作論攷》，重慶：重慶出版社，1996。

王冠中，〈魏晉南北朝外來文化輸入及其對時人生活的影響〉，臺中：逢甲大學中國文學研究所碩士論文，2004。

王家葵、張瑞賢、銀海，〈《新修本草》纂修人員考〉，《中華醫史雜志》，30：4（北京，2000），頁 200–204。

王　偉，〈唐宋藥名詩研究〉，杭州：浙江大學人文學院碩士論文，2010。

王偉琴，《敦煌變文作時作者考論》，西安：西北師範大學文史學院博士論文，2009。

王蜀桂，《臺灣檳榔四季青》，臺北：常民文化，1999。

王慧芳〈泉州灣出土宋代海船的進口藥物在中國藥學史上的價值〉，《海交史研究》，4（泉州，1982），頁 60–65。

司　飛，〈珠江三角洲地區的檳榔習俗源流考略〉，《中山大學研究生學刊（社會科學版）》，27：3（廣州，2006），頁 44–52。

平岡武夫，《白居易──生涯と歲時記》，京都：朋友書店，1998。

田中謙二，〈藥名詩の系譜〉，收入藪內清、吉田光邦編，《明清時代の科學技術史》，京都：京都大学人文科学研究所，1970，頁 205–229。

安旗、薛天緯，《李白年譜》，濟南：齊魯書社，1982。

朱金城，《白居易年譜》，上海：上海古籍出版社，1982。

朱憶湘，〈1945 年以前臺灣檳榔文化之轉變〉，《淡江史學》，11（臺北，2000），頁 299–336。

江家錦，〈嚼檳榔的民俗雜記〉，《文史薈刊》，1（臺南，1959.6），頁 45–50。

行政院衛生署食品藥物管理局，〈檳榔的歷史〉，http://www.fda.gov.tw/TC/news.aspx，2012 月 12 月 14 日查。

何一凡，〈檳榔、竹與清代臺灣的社會〉，《史聯雜誌》，12（臺北，1988），頁 16–23。

何易展，〈唐代巴蜀文人仲子陵生平考述〉，《西華大學學報 （哲學社會科學版）》，2006：6（成都，2006），頁 36–40。

吳盛枝，〈中越檳榔食俗文化的產生與流變〉，《廣西民族學院學報 （哲學社會科學版）》，2005：S1（南寧，2005），頁 24–26。

宋德劍，〈嶺南婚嫁習俗中檳榔的文化解讀──以粵東客家地區為中心〉，《汕頭大學學報（人文社會科學版）》，26：2（汕頭，2010），頁 44–47、95。

宋德熹，〈美麗與哀愁──唐代妓女的生活與文化〉，收入宋德熹，《唐史識小》，臺北：稻鄉出版社，2009，頁 165–219。

杉山二郎，《鑑真》，東京：三彩社，1971。

杉立義一，《医心方の伝来》，京都：思文閣，1991。

李平，〈唐代醫家王燾考〉，《中華醫史雜志》，27：3（北京，1997），頁 181–184。

李東華，《泉州與我國中古的海上交通──九世紀末─十五世紀初》，臺北：臺灣學生書局，1986。

李純蛟，〈晚唐詩人曹鄴生平略考〉，《西華師範學院學報 （社會科學版）》，2003：6（南充，2003），頁 37–39。

李國慶，〈雜字研究〉，《新世紀圖書館》，2012：9（南京，2012），頁 61–66。

李清淵，〈李白贈衛尉張卿詩別考〉，《文學遺產》，1992：6（北京，1992），頁 54–59。

李雲晉，〈南詔行政區劃及政區建置考述〉，《大理文化》，2008：5（昆明，2008），頁 61–64。

沈文凡、楊海霞，〈唐代大歷詩人李嘉祐研究述評〉，《湖南科技學院學報》，2006：9（永州，2006），頁 25–28。

周明儀，〈從文化觀點看檳榔之今昔〉，《南華大學通識教育與跨域研究》，5（嘉義，2008），頁 111–137。

周明儀，〈從文化觀點看檳榔之今昔〉，《南華大學通識教育與跨域研究》，5（嘉義，2008），頁 111–137。

妹尾達彥，〈白居易と長安・洛陽〉，收入太田次男等編集，《白居易の文学と人生 I》，

東京：勉誠社，1993，頁 270–296。

季羨林，《文化交流的軌迹——中華蔗糖史》，北京：經濟日報出版社，1997。

屈直敏，〈袁滋《雲南記》考略〉，《中國邊疆史地研究》，19：3（北京，2009），頁
140–147。

屈直敏，《敦煌文獻與中古教育》，蘭州：甘肅教育出版社，2013。

岡西為人編著，《宋以前醫籍考》，臺北：南天書局，1977。

岩本篤志，《唐代の医薬書と敦煌文献》，東京：角川学藝出版，2015。

松本信廣，〈檳榔と芭蕉：南方產植物名の研究〉，收入氏著，《東亞民族文化論考》，
東京：誠文堂新光社，1968，頁 721–750。

松本肇，《柳宗元研究》，東京：創文社，2000。

林明華，〈我國栽種檳榔非自明代始——對《中越關係史簡編》一則史實的訂正〉，《東
南亞研究資料》，1986：3（廣州，1986），頁 99–102。

林富士，〈清代臺灣的巫覡與巫俗：以《臺灣文獻叢刊》為主要材料的初步探討〉，《新
史學》，16：3（臺北，2005），頁 23–99。

林富士，〈試論影響食品安全的文化因素——以嚼食檳榔為例〉，《中國飲食文化》，
10：1（臺北，2014），頁 43–104。

林富士，〈瘟疫、社會恐慌與藥物流行〉，《文史知識》，2013：7（臺北，2013），頁 5–
12。

林富士，〈檳榔入華考〉，《歷史月刊》，186（臺北，2003.7），頁 94–100。

林富士，〈檳榔與佛教——以漢文文獻為主的探討〉，《中央研究院歷史語言研究所集
刊》，88：3（臺北，2017），頁 463–464。

林富士，《漢代的巫者》，臺北：稻鄉出版社，1999。

林富士主編，《食品科技與現代文明》，臺北：稻鄉出版社，2010。

林瑤棋，〈從唐山人土著化談臺灣人吃檳榔及拜阿立祖〉，《臺灣源流》，32（臺中，
2005），頁 141–151。

林翠鳳，〈竹與檳榔的文獻觀察——以「陶村詩稿」為例〉，《臺中商專學報》，31（臺
中，1999），頁 111–130。

花房英樹、前川幸雄,《元稹研究》,京都：彙文堂書店,1977。

侯先棟,〈段公路《北戶錄》研究〉,武漢：華中師範大學歷史文獻學碩士論文,
　　　2013。

姚永銘,《慧琳《一切經音義》研究》,南京：江蘇古籍出版社,2003。

姚崇新,〈中外醫藥文化交流視域下的西州藥材市場〉,收入姚崇新,《中古藝術宗教
　　　與西域歷史論稿》,北京：商務印書館,2011,頁 395–420。

施逢雨,《李白生平新探》,臺北：臺灣學生書局,1999。

洪信嘉、陳建仁,〈口腔及咽癌之流行病學〉,收入韓良俊主編,《檳榔的健康危害》,
　　　臺北：健康世界雜誌,2000,頁 17–38。

皆川雅樹,《日本古代王権と唐物交易》,東京：吉川弘文館,2014。

范新俊,〈敦煌「變文」中的藥名詩〉,《醫古文知識》,2004：3（上海,2004）,頁
　　　19。

范毅波,〈緬甸檳榔成型記〉,《商務旅行》,2009：1（北京,2009）,頁 69–70。

郁賢皓,〈再談李白詩中「衛尉張卿」和「玉真公主別館」——答李清淵同志質疑〉,
　　　《南京大學學報（社會科學版）》,1994：1（南京,1994）,頁 101–106。

郁賢皓,〈李白詩中「衛尉張卿」續考〉,《南京大學學報（社會科學版）》,1993：2
　　　（南京,1993）,頁 53–54。

郎瑞萍、葉會昌,〈大曆詩人李嘉佑貶謫期間的詩歌論略〉,《蘭臺世界》,2013：33
　　　（瀋陽,2013）,頁 80–81。

孫　杰,《竹枝詞發展史》,上海：上海人民出版社,2014。

宮內廳正倉院事務所編集,柴田承二監修,《圖說正倉院藥物》,東京：中央公論社,
　　　2000。

容　媛,〈檳榔的歷史〉,《民俗》,43（廣州,1929）,頁 1–51。

徐時儀,《慧琳音義研究》,上海：上海社會科學院出版社,1997。

殷登國,〈臺灣的檳榔文化史〉,《源雜誌》,6（臺北,1996.11）,頁 36–39。

袁仁智、潘文主編,《敦煌醫藥文獻真迹釋錄》,北京：中醫古籍出版社,2015。

郝潤華,《鑑真評傳》,南京：南京大學出版社,2004。

馬朝茂，〈食檳榔に就いて〉，《民俗臺灣》，3：10（臺北，1943），頁 14–17。

馬繼興，〈《食療本草》文獻學的研究〉，收入謝海州等輯，《食療本草》，北京：人民衛生出版社，1984，頁 158–170。

馬繼興，〈《醫心方》中的古醫學文獻初探〉，《日本醫史學雜誌》，31：3（東京，1985），頁 325–371。

高明士，〈唐代敦煌的教育〉，《漢學研究》，4：2（臺北，1986），頁 231–270。

張婷，《大慈恩寺三藏法師傳》研究〉，武漢：華中師範大學歷史文獻學碩士論文，2014。

張新朋，《敦煌寫本《開蒙要訓》研究》，北京：中國社會科學出版社，2013。

曹興興、茹慧，〈中國古代檳榔的栽培技術及歷史地域分布研究〉，《農業考古》，2010：4（南昌，2010），頁 193–197。

郭聲波，〈蒟醬（蔞葉）的歷史與開發〉，《中國農史》，2007：1（南京，2007），頁 8–17。

郭聲波，《中國行政區劃通史‧唐代卷》，上海：復旦大學出版社，2012。

郭聲波、劉興亮，〈中國檳榔種植與檳榔習俗文化的歷史地理探索〉，《中國歷史地理論叢》，24：4（西安，2009），頁 5–15。

郭聲波、劉興亮，〈中國檳榔種植與檳榔習俗文化的歷史地理探索〉，《中國歷史地理論叢》，24：4（西安，2009.10），頁 5–15。

野谷昌俊，〈臺灣に於ける食檳榔の風息〉，《人類學雜誌》，49：4（東京：東京人類學會，1934），頁 27–33。

陳至興、林清榮、張斌，〈234 例口腔癌的統計與分析〉，《中國民國耳鼻喉科醫學會雜誌》，19：1（臺北，1984.6），頁 20–25。

陳良秋、萬玲，〈我國引種檳榔時間及其他〉，《中國農村小康科技》，2007：2（北京，2007），頁 48–50。

陳佳榮，《隋前南海交通史料研究》，香港：香港大學亞洲研究中心，2003。

陳佳榮、謝方、陸峻岭，《古代南海地名滙釋》，北京：中華書局，1986。

陳其南，〈檳榔文化的深度探索〉，《聯合報》，1999 年 12 月 7 日，14 版（文化版）。

陳　明，《中古醫療與外來文化》，北京：北京大學出版社，2013。

陳益源，〈檳榔傳情〉，《國文天地》，14：6（臺北，1985），頁 43–46。

陳瑾淵，《《續高僧傳》研究》，上海：復旦大學中國古代文學博士論文，2012。

陳穎、洪營東，〈王燾《外臺秘要方》探源〉，《四川中醫》，30：7（成都，2012），頁 24–25。

陳鴻瑜，《緬甸史》，臺北：臺灣商務印書館，2016

陳　鵬，〈東南亞的荖葉、檳榔〉，《世界民族》，1996：1（北京，1996），頁 66–69。

鳥越泰義，《正倉院藥物の世界——日本の藥の源流を探る》，東京：平凡社，2005。

傅璇琮，《唐代詩人叢考》，北京：中華書局，1980。

朝比奈泰彥編修，《正倉院藥物》，大阪：植物文獻刊行會，1955。

森克己，《続々日宋貿易の研究》，東京：勉誠出版，2009。

黃佐君，〈檳榔與清代臺灣社會〉，桃園：國立中央大學歷史研究所碩士論文，2006。

黃錦珠，《白居易——平易曠達的社會詩人》，臺北：幼獅文化事業公司，1988。

楊丁寧，〈唐大曆詩人李嘉祐生平交游的幾個問題〉，《首都師范大學學報（社會科學版）》，2011：S1（北京，2011），頁 63–66。

楊文新，《宋代市舶司研究》，廈門：廈門大學出版社，2013。

楊成志，〈檳榔傳說：流行安南〉，《民俗》，23/24(1928)，頁 56–57。

楊廷福，《玄奘年譜》，北京：中華書局，1988。

溫啟邦等，〈國人嚼檳榔的現況與變化〉，《臺灣衛誌》，28：5（臺北，2009），頁 407–419。

萬方、陶敏，〈王燾家世里籍生平新考〉，《山東中醫學院學報》，12：3（濟南，1988），頁 40–44。

葛應欽，〈嚼食檳榔文化源流〉，收入韓良俊主編，《檳榔的健康危害》，臺北：健康世界雜誌，2000，頁 39–45。

葛應欽，〈嚼食檳榔的文化源流〉，《健康世界》，162（臺北，1999.6），頁 32–34。

鄒介正，〈《司牧安驥集》的學術成就和影響〉，《中國農史》，1992：3（南京，1992），頁 116–119。

翟滿桂，《柳宗元永州事迹與詩文考論》，上海：三聯書店，2015。

蒲曾亮，〈李珣生平及其詞研究〉，湘潭：湘潭大學中國古代文學碩士論文，2005。

趙林濤，《盧綸研究》，保定：河北大學出版社，2010。

趙紅菊，《南朝咏物詩研究》，上海：上海古籍出版社，2009。

劉化重，〈《大慈恩寺三藏法師傳》新論〉，濟南：山東大學中國古代史碩士論文，
　　2008。

劉正剛、張家玉，〈清代臺灣嚼食檳榔習俗探析〉，《西北民族研究》，48：1（蘭州，
　　2006），頁 46–51。

劉瑞明，〈《伍子胥變文》的藥名散文新校釋〉，《敦煌研究》，2016：4（蘭州，2016），
　　頁 70–73。

德重敏夫，〈食檳榔の風俗〉，《民俗臺灣》，3：10（臺北，1943），頁 34–41。

歐天發，〈藥名文學之原理及其形式之發展〉，《嘉南學報》，31（臺南，2005），頁
　　493–513。

蔣　寅，《大曆詩人研究》，北京：北京大學出版社，2007。

蔣淑如，〈清代臺灣的檳榔文化〉，臺中：東海大學歷史學研究所碩士論文，2002。

鄭有國，《中國市舶制度研究》，福州：福建教育出版社，2004。

鄭有國，《福建市舶司與海洋貿易研究》，北京：中華書局，2010。

鄭志敏，《唐妓探微》，臺北：花木蘭文化出版社，2010。

鄭阿財、朱鳳玉，《敦煌蒙書研究》，蘭州：甘肅教育出版社，2002。

賴美淑總編輯，《檳榔嚼塊的化學致癌性暨其防制：現況與未來》，臺北：國家衛生研
　　究院，2000。

賴美淑總編輯，《檳榔嚼塊與口腔癌流行病學研究》，臺北：國家衛生研究院，2000。

賴美淑總編輯，《嚼檳榔與口腔癌癌基因、抑癌基因的突變和表現》，臺北：國家衛生
　　研究院，2000。

儲仲君，〈李嘉祐詩疑年〉，《唐代文學研究》，1990（桂林，1990），頁 134–170。

繆啟愉、邱澤奇輯釋，《漢魏六朝嶺南植物「志錄」輯釋》，北京：農業出版社，
　　1990。

韓良俊主編，《檳榔的健康危害》，臺北：健康世界雜誌，2000。

韓建立，〈《藝文類聚》編撰人員考辨〉，《南京郵電大學學報（社會科學版)》，16：4
　　（南京，2014），頁 96–101。

韓建立，《《藝文類聚》纂修考論》，臺北：花木蘭文化出版社，2012。

羅聯添編著，《柳宗元事蹟繫年暨資料類編》，臺北：國立編譯館中華叢書編審委員
　　會，1981。

藤善真澄，《道宣伝の研究》，京都：京都大学学術出版会，2002。

關周一，《中世の唐物と伝来技術》，東京：吉川弘文館，2015。

巫者的世界

林富士　著

咒法祭儀、占卜吉凶——古代巫者肩負溝通天、地、人、鬼的職責，以「神靈代言人」的身分接近政治權力核心，並為人們消災除疾。然隨時代進展，巫者卻因技能奇巧、神秘難測，漸被貶斥為怪力亂神。本書以豐富的文獻資料、嚴謹的學術考證，帶領讀者穿越詭譎迷霧，一探巫者的世界。

居鄉懷國
——南宋鄉居士人劉宰的家國理念與實踐

黃寬重　著

本書藉由描繪身處動盪不安的南宋地方士人劉宰，他的生命故事以及其所關注、推動與時代環境緊密連結的家國事業，透過認識劉宰的人格特質以及其所代表的南宋時代地方士人社會影響力，建構出更完整的南宋基層社會樣貌，試圖從與過往不同的視角理解南宋在中國歷史轉型期的關鍵地位。

最「潮」中醫史：
以形補形行不行，古人醫病智慧超展開

皮國立　著

本書以深入淺出的方式，結合作者多年專精的研究，重新詮釋中國醫療史。題材包羅萬象，上窮神醫華佗、針灸本草醫書，下至民俗刮痧、食療食補，沒有生僻冷硬的歷史，只有各種有趣故事！作者以中國文化的角度，重新省思中醫的技術與身體觀，不僅極具延伸研究價值和閱讀趣味性，同時收錄醫療史研究方法以及總體視野的文章，是一輕鬆又不失嚴謹學術性的醫療史讀本。

後現代主義與史學研究（修訂二版）

黃進興　著

二十世紀下半葉後現代主義席捲史學界，而面對後現代主義的挑戰，西方史家如何應對？本書以後現代主義下的史學為核心，闡述在後現代主義的浪潮下，西方史家如何在未知的領域中踏出史學新道路，勾勒後現代主義與史學研究之間的羈絆與聯繫。

哲人評中醫
——中國近現代學者論中醫（二版）

祖述憲　編著

本書以中西醫的衝突為核心，編選清末民初中國門戶開放後，文史哲學家或思想家論述中醫之精華，為少見以中西醫為題材、選錄「原作」編冊的書籍，能從中窺探西方新知傳入後的當代變革，與中醫在新知識體系下的變化，值得讀者從中考究與省思中西醫於近代中國的發展。

清代科舉（修訂三版）

劉兆璸　著

中國科舉制度是歷代統治者擇賢取士的重要管道，發展至清代，為金榜題名，天下學子花招百出，促使科舉制度在防弊措施上更為嚴謹周全，卻終難避免制度僵化的情況。本書以「清代科舉」為論述中心，內容蒐羅廣袤，期能作為歷代科舉制度的概見，且作者取材精要、用詞淺白，適合當作中國典章制度的入門書籍，幫助讀者認識科舉制度之大要。

劉伯溫與哪吒城
——北京建城的傳說（修訂二版）

陳學霖　著

北京城，一座千年建置的古老都城，也是明清以來的帝王之都，自建城以來便開始流傳各種離奇荒誕的故事，如有人說北京城的設計，與明初神機妙算的軍師劉伯溫有關？本書透過嚴謹的史料驗證，不僅釐清傳說的來龍去脈，並從中剖悉政治與社會的互相影響，一探人們的思維與生活樣貌。

Google 地球與秦漢長城

邢義田　著

本書為秦漢史重量級學者邢義田利用 Google 地球遙觀秦漢所修築之長城的研究成果。作者藉 Google 地球，搭配前人的研究及史書記載，考察出長城的經緯度，也找到許多以往研究及實地調查中未曾報導過的長城遺址；此外，書中使用許多經緯度資料、空照圖、地形圖，與數百張 Google 地球的截圖，帶領讀者一探秦漢長城的遺跡。

生命史學
——從醫療看中國歷史（修訂二版）

李建民　著

如今看來迷信荒誕的醫方數術，卻反映出前人深信不疑的身體理論與萬物運行的宇宙觀，而「生命史學」即是一段建構醫學體系以及文化內涵的過程。本書從中國醫療史上的幾個議題出發，透過社會風俗、醫療技術、臨床病徵的探討，叩問「什麼是生命？」的核心命題。

明朝酒文化（二版）

王春瑜　著

在中國歷史的長河之中，酒從一種飲品變成一種文化，上至政治、外交、律法，下至文學、禮俗、醫學等，都有酒的身影。本書作者以小見大，用酒的角度作為出發點，探究明朝政治社會文化的發展，以酒為墨，渲染出一幅幅鮮活生動的明朝社會生活。

族譜學論集（二版）

陳捷先　著

秦漢以後，因歷代世變的影響，中國族譜隨之精進發展，唐宋時期考試制度與新儒學的建立，中國族譜學有了新內容與新體例，並且漸次傳播到韓國、日本、琉球等東亞文化圈國家，清代族譜學更有著新發展。本書為作者多年來對中國，乃至韓國、琉球族譜深入研究的成果，書中並收集了許多散失在海外的古中國族譜資料，對中國及東亞的譜學研究深具影響，亦希冀在闡揚倫理、安定社會等方面有所貢獻。

清史論集（二版）

陳捷先　著

本書集結作者十篇清代相關研究的論文精華。從清初的三大問題：民族問題、宗教信仰問題和漢化問題，承接到清代中期皇位繼承和肅貪議題。透過精闢的文字，檢討滿洲興起時主政者處理的民族事務；分析滿族早年倡行藏傳佛教的原因；探究清廷理性仿行的漢人典章制度；一窺因承襲漢族傳統而在中衰前夕出現的貪瀆事項。

知識生產與傳播
——近代中國史學的轉型（二版）

劉龍心　著

現代中國史學與傳統史學究竟有何不同？如何轉型？這是本書要回答的兩個核心問題。民族國家的出現，是構成現代史學有別於傳統史學最重要的差異。在民族國家的主權框架下，現代中國史學以西方傳入的「長時段」、線性歷史時間觀念，取代朝代更迭循環的時間；並以「民族」、「國民」作為歷史舞臺上的主角，從而形構歷史「集體同一」的特質。在這個巨大的知識轉型過程中，歷史如何被重新書寫？新的歷史知識如何建立？本書從知識史的角度出發，將有助於吾人深入了解這些問題，並藉以思考當代史學的新出路。

立體的歷史
——從圖像看古代中國與域外文化（增訂三版）

邢義田　著

從 2D 思維進入 3D 視角，看見前所未有的「立體的歷史」！你有沒有想過，上帝為什麼要給人類兩隻眼睛？難道，研究歷史就只能案牘勞形？古人為我們留下的歷史材料浩如煙海，除了平面的文字資料外，更有琳瑯滿目、豐富多樣的圖畫資料，只有同時掌握兩者，才可以建立不同以往的「歷史」。

國家圖書館出版品預行編目資料

紅唇與黑齒：縱觀檳榔文化史／林富士著.－－初版
一刷.－－臺北市：三民，2023
面；　公分.－－（歷史聚焦）

ISBN 978-957-14-7691-9　（平裝）
1. 檳榔 2. 文化研究 3. 歷史

435.328　　　　　　　　　　　112013707

歷史聚焦

紅唇與黑齒：縱觀檳榔文化史

作　者	林富士
責任編輯	王敏安
美術編輯	陳宥心

發 行 人	劉振強
出 版 者	三民書局股份有限公司
地　址	臺北市復興北路 386 號 (復北門市)
	臺北市重慶南路一段 61 號 (重南門市)
電　話	(02)25006600
網　址	三民網路書店 https://www.sanmin.com.tw

出版日期	初版一刷 2023 年 10 月
書籍編號	S630670
ＩＳＢＮ	978-957-14-7691-9

三民書局